"十四五"时期国家重点出版物出版专项规划项目

数字中国建设出版工程·"新城建 新发展"丛书

梁 峰 总主编

城市信息模型（CIM）基础平台

陈顺清 主编

中国城市出版社

图书在版编目（CIP）数据

城市信息模型（CIM）基础平台/陈顺清主编. —
北京：中国城市出版社，2023.12
（"新城建 新发展"丛书/梁峰主编）
数字中国建设出版工程
ISBN 978-7-5074-3658-7

Ⅰ.①城… Ⅱ.①陈… Ⅲ.①城市规划—信息化—系
统设计—中国 Ⅳ.①TU984.2-39

中国国家版本馆CIP数据核字（2023）第228912号

　　本书是数字中国建设出版工程·"新城建 新发展"丛书中的一本。全书共分为5篇10个章节，基础篇对CIM的定义、内涵、特征等基本概念进行了阐述；设计篇介绍了平台设计的理论与方法；平台建设篇集中阐述了建设各级各类基础平台的流程与关键问题；实践篇列举了广州市等4个地区的CIM基础平台建设实践案例；展望篇从CIM基础平台的发展与应用两个方面做出了展望。本书内容全面，具有较强的实用性，对住房和城乡建设领域数字化管理水平的提高具有一定的推动意义。

　　本书可供城市管理者、决策者，以及CIM设计工作者参考使用。

总　策　划：沈元勤
责任编辑：徐仲莉　王砾瑶　范业庶
书籍设计：锋尚设计
责任校对：党　蕾

数字中国建设出版工程·"新城建 新发展"丛书
梁　峰　总主编
城市信息模型（CIM）基础平台
陈顺清　主编
*
中国城市出版社出版、发行（北京海淀三里河路9号）
各地新华书店、建筑书店经销
北京锋尚制版有限公司制版
北京富诚彩色印刷有限公司印刷
*
开本：787毫米×1092毫米　1/16　印张：22　字数：416千字
2023年12月第一版　2023年12月第一次印刷
定价：**140.00**元
ISBN 978-7-5074-3658-7
（904633）

丛书编委会

主　　任：梁　峰
副 主 任：张　锋　咸大庆
总 主 编：梁　峰
委　　员：陈顺清　袁宏永　张永伟　吴强华　张永刚
　　　　　马恩成　林　澎
秘　　书：隋　喆

本书编委会

主　　编：陈顺清
副 主 编：江青龙　彭进双
编　　委（按姓氏笔画排序）：
　　　　　王泉烈　包世泰　任苹苹　刘一炁　孙晓峰
　　　　　李珊珊　李荣梅　张明婕　郭源泉　董　平

让新城建为城市现代化注入强大动能
——数字中国建设出版工程·"新城建 新发展"丛书序

城市是中国式现代化的重要载体。推进国家治理体系和治理能力现代化，必须抓好城市治理体系和治理能力现代化。2020年，习近平总书记在浙江考察时指出，运用大数据、云计算、区块链、人工智能等前沿技术推动城市管理手段、管理模式、管理理念创新，从数字化到智能化再到智慧化，让城市更聪明一些、更智慧一些，是推动城市治理体系和治理能力现代化的必由之路，前景广阔。

当今世界，信息技术日新月异，数字经济蓬勃发展，深刻改变着人们生产生活方式和社会治理模式。各领域、各行业无不抢抓新一轮科技革命机遇，抢占数字化变革先机。2020年，住房和城乡建设部会同有关部门，部署推进以城市信息模型（CIM）平台、智能市政、智慧社区、智能建造等为重点，基于信息化、数字化、网络化、智能化的新型城市基础设施建设（以下简称新城建），坚持科技引领、数据赋能，提升城市建设水平和治理效能。经过3年的探索实践，新城建逐渐成为带动有效投资和消费、推动城市高质量发展、满足人民美好生活需要的重要路径和抓手。

党的二十大报告指出，打造宜居、韧性、智慧城市。这是以习近平同志为核心的党中央深刻洞察城市发展规律，科学研判城市发展形势，作出的重大战略部署，是新时代新征程建设现代化城市的客观要求。向着新目标，奋楫再出发。面临日益增多的城市安全发展风险和挑战，亟须提高城市风险防控和应对自然灾害、生产安全事故、公共卫生事件等能力，提升城市安全治理现代化水平。我们要坚持"人民城市人民建、人民城市为人民"重要理念，把人民宜居安居放在首位，以新城建驱动城市转型升级，推进城市现代化，把城市打造成为人民群众高品质生活的空间；要更好统筹发展和安全，以时时放心不下的责任感和紧迫感，推进新城建增强城市安全韧性，提升城市运行效率，筑牢安全防线、守住安全底线；要坚持科技是第一生产力，推动新一代信息技术与城市建设治理深度融合，以新城建夯实智慧城市建设基础，不断提升城市治理科学化、精细化、智能化水平。

新城建是一项专业性、技术性、系统性很强的工作。住房和城乡建设部网络安全和信息化工作专家团队编写的数字中国建设出版工程·"新城建 新发展"丛书，分7个专题介绍了新城建各项重点任务的实施理念、方法、路径和实践案例，为各级领导干部推进新城建提供了学习资料，也为高校、科研机构、企业等社会各界更好参与新城建提供了有益借鉴。期待丛书的出版能为广大读者提供启发和参考，也希望越来越多的人关注、研究、推动新城建。

姜万荣

2023年9月6日

丛书前言

加快推进数字化、网络化、智能化的新城建，是将现代信息技术与住房城乡建设事业深度融合的重大实践，是住房城乡建设领域全面践行数字中国战略部署的重要举措，也是举住房城乡建设全行业之力发展"数字住建"，开创城市高质量发展新局面的有力支点。

新城建，聚焦城市发展和安全，围绕百姓的安居乐业，充分运用现代信息技术推动城市建设治理的提质增效和安全运行，是一项专业性、技术性、系统性很强的创新性工作。现阶段新城建主要内容包括但不限于全面推进城市信息模型（CIM）平台建设、实施智能化市政基础设施建设和改造、协同发展智慧城市与智能网联汽车、建设智能化城市安全管理平台、加快推进智慧社区建设、推动智能建造与建筑工业化协同发展和推进城市运行管理服务平台建设，并在新城建试点实践中与城市更新、城市体检等重点工作深度融合，不断创新发展。

为深入贯彻、准确理解、全面推进新城建，住房和城乡建设部网络安全和信息化专家工作组，组织专家团队和专业人士编写了这套以"新城建 新发展"为主题的丛书，聚焦新一代信息技术与城市建设管理的深度融合，分七个专题以分册形式系统介绍了推进新城建重点任务的理念、方法、路径和实践。

分册一：城市信息模型（CIM）基础平台。城市是复杂的巨系统，建设城市信息模型（CIM）基础平台是让城市规划、建设、治理全流程、全要素、全方位数字化的重要手段。该分册系统介绍CIM技术国内外发展历程和理论框架，提出平台设计和建设的技术体系、基础架构和数据要求，并结合广州、南京、北京大兴国际机场临空经济区、中新天津生态城的实践案例，展现了CIM基础平台对各类数字化、智能化应用场景的数字底座支撑能力。

分册二：市政基础设施智能感知与监测。安全是发展的前提，建设市政基础设施智能感知与监测平台是以精细化管理确保城市基础设施生命线安全的有效途径。该分册借鉴欧美、日韩、新加坡等发达国家和地区经验，提出我国市政基础设施智能感知与监测的理论体系和建设内容，明确监测、运行、风险评估等方面的技术要求，同时结合合肥和佛山的实践案例，梳理总结了城市综合风险感知监测预警及细分领域的建设成效和典型经验。

分册三：智慧城市基础设施与智能网联汽车。智能网联汽车是车联网与智能车的有机结合。让"聪明的车"行稳致远，离不开"智慧的路"畅通无阻。该分册系统梳理了实现"双智"协同发展的基础设施、数据汇集、车城网支撑平台、示范应用、关键技术和产业体系，总结广州、武汉、重庆、长沙、苏州等地实践经验，提出技术研发趋势和下一步发展建议，为打造集技术、产业、数据、应用、标准于一体的"双智"协同发展体系提供有益借鉴。

分册四：城市运行管理服务平台。城市运行管理服务平台是以城市运行管理"一网统管"为目标，以物联网、大数据、人工智能等技术为支撑，为城市提供统筹协调、指挥调度、监测预警等功能的信息化平台。该分册从技术、应用、数据、管理、评价等多个维度阐述城市运行管理服务平台建设框架，并对北京、上海、杭州等6个城市的综合实践和重庆、沈阳、太原等9个城市的特色实践进行介绍，最后从政府、企业和公众等不同角度对平台未来发展进行展望。

分册五：智慧社区与数字家庭。家庭是社会的基本单元，社区是基层治理的"最后一公里"。智慧社区和数字家庭，是以科技赋能推动治理理念创新、组建城市智慧治理"神经元"的重要应用。该分册系统阐释了智慧社区和数字家庭的技术路径、核心产品、服务内容、运营管理模式、安全保障平台、标准与评价机制。介绍了老旧小区智慧化改造、新建智慧社区等不同应用实践，并提出了社区绿色低碳发展、人工智能和区块链等前沿技术在家庭中的应用等发展愿景。

分册六：智能建造与新型建筑工业化。建筑业是我国国民经济的重要支柱产业。打造"建造强国"，需要以科技创新为引领，促进先进制造技术、信息技术、节能技术与建筑业融合发展，实现智能建造与新型建筑工业化。该分册对智能建造与新型建筑工业化的理论框架、技术体系、产业链构成、关键技术与应用进行系统阐述，剖析了智能建造、新型建筑工业化、绿色建造、建筑产业互联网等方面的实践案例，展现了提升我国建造能力和水平、强化建筑全生命周期管理的宝贵经验。

分册七：城市体检方法与实践。城市是"有机生命体"，同人体一样，城市也会生病。治理各种各样的"城市病"，需要定期开展体检，发现病灶、诊断病因、开出药方，通过综合施治补齐短板和化解矛盾，"防未病""治已病"。该分册全面梳理城市体检的理论依据、方法体系、工作路径、评价指标、关键技术和信息平台建设，系统介绍了全国城市体检评估工作实践，并提供江西、上海等地的实践案例，归纳共性问题，提出解决建议，着力破解"城市病"。

丛书编委人员来自长期奋战在住房城乡建设事业和信息化一线的知名专家和专业人士，包含了行业主管、规划研究、骨干企业、知名大学、标准化组织等各类专业机构，保障了丛书内容的科学性、系统性、先进性和代表性。丛书从编撰启动到付梓成书，历时两载，百余位编者勤恳耕耘，精益求精，集结而成国内第一套系统阐述新城建的专著。丛书既可作为领导干部、科研人员的学习教材和知识读本，也可作为广大新城建一线工作者的参考资料。

丛书编撰过程中，得到了住房和城乡建设部部领导、有关司局领导以及城乡建设和信息化领域院士、权威专家的大力支持和悉心指导；得到了中国城市出版社各级领导、编辑、工作人员的精心组织、策划与审校。衷心感谢各位领导、专家、编委、编辑的支持和帮助。

推进现代信息技术与住房城乡建设事业深度融合应用，打造宜居、韧性、智慧城市，需要坚持创新发展理念，持续深入开展研究和探索，希望数字中国建设出版工程·"新城建　新发展"丛书起到抛砖引玉作用。欢迎各界批评指正。

丛书总主编

2023年11月于北京

前　　言

智慧城市已日渐成为城市智能技术的集合体和载体，推动着政府决策、各行各业和市民生活服务新模式的形成。城市信息模型（City Information Modeling，CIM）以建筑信息模型（BIM）、地理信息系统（GIS）、物联网（IoT）技术为基础，在三维数字空间精确表达多维城市信息，以实现精细的城市数字孪生、对城市进行准确的仿真预测为目标，是智慧城市的核心信息基础设施，是实现各类智慧应用的支撑，在智慧城市建设中具有非凡的意义。

作为智慧城市的新一代理论与技术基础，城市信息学包含城市科学、城市感知、城市大数据基础设施、城市计算、城市系统与应用五大维度。CIM立足于城市感知、城市大数据基础设施技术，构建城市计算与各城市分系统智慧应用的平台，是城市信息学跨学科、跨领域发展的一个范例。

本书围绕CIM基础平台的设计、建设以及实践，以理论体系结合实践应用的方式进行了系统的讲解。全书共分5篇：基础篇（第1—2章），设计篇（第3—5章），平台建设篇（第6—8章），实践篇（第9章）以及展望篇（第10章）。

基础篇对CIM的定义、内涵、特征等基本概念进行了阐述，并且对CIM基础平台做了概述，给读者以初步的认识。

在CIM基础平台建设之前，必须对总体设计以及相应原则有清晰的把握。设计篇首先向读者介绍了平台设计的理论与方法，包括需要遵循的总体原则，在设计过程中应注重的思路，以及各类系统设计的方法。在具体的设计过程中，本书从技术体系设计（第4章）和平台总体设计（第5章）两个方面进行了阐述。第4章提出了包括平台层、功能组件层等五层结构的CIM基础平台技术架构并对其进行了详细解释。此外，还介绍了当前CIM基础平台建设的关键技术及二次开发的相关内容。第5章提出了CIM基础平台架构，概括性地解释了从数据获取到提供应用服务各个层级的内容。在此架构下，数据是平台建设的基础，对数据资源进行架构设计可以规范数据采集、融合等流程。此外，本章对基础平台的功能定位、基本功能设计以及各类标准规范都做了详细描述。

平台建设篇集中阐述了建设各级各类基础平台的流程与关键问题。建设CIM基础平台，不仅需要有完备的设计，还需要结合实际情况预先进行需求分析。第6章介绍了各类需求调研与分析的方法以及需求分析的流程，以形成平台设计与建设的基础。第7章集中介绍了数据资源的建设，对基础平台数据的标准规范、获取方式、类型、分级、格式、存储、质检、融合、更新、共享等一系列问题做了详细的说明。在此基础上，第8章阐述了平台建设的内容。为形成国家、省、市三级CIM平台体系，当前CIM基础平台建设可结合本地实际情况采用统建、统分结合以及分建三种模式，并介绍了不同行政级别的功能建设区别与侧重。

实践篇列举了广州市等4个地区的CIM基础平台建设实践案例，并从建设情况、成果、特色、效益以及可借鉴的经验等方面对每个案例进行了介绍。广州市CIM基础平台的定位是为广州市提供数字化公共底座，具有"数据精、平台实、业务智、应用广、标准全"的特点；南京市通过CIM基础平台为建筑、市政规划报建审查审批极大限度地提供了机器审查的帮助；北京大兴国际机场临空经济区通过CIM基础平台进行智慧园区建设，基于平台实现业务办理、辅助智慧招商等应用；天津生态城建设了支撑生态城建设业务全过程流转的CIM完整平台，打造反映生态城建设过去、现在和未来全时域的智慧建设应用场景。

展望篇从CIM基础平台的发展与应用两个方面做出了展望，提出在未来，应朝着标准体系更规范、数据库建设更国产、平台服务更智能、安全保障更有力的方向努力，并且在模型数据汇聚共享、加工建模、高效计算服务等领域中提高应用水平。

本书广泛涵盖了CIM概念与发展现状、设计、建设、典型案例等方面，系统性强，技术内容翔实，有利于不同技术背景的读者全面了解与学习CIM相关技术与应用，在智慧城市CIM建设的实践中具有很高的指导价值。

本书可为智慧城市实践者、CIM设计工作者提供重要参考，也可作为大专院校城市信息学与智慧城市相关领域师生的参考书。

目　　录

5　展望篇

1

基础篇

第**1**章

CIM由来

CIM作为智慧城市发展的一门新技术，近几年政府、社会、民众等各方对其关注度越来越高。本章重点从我国CIM提出的背景、CIM的理论研究历程、建设实践历程以及我国CIM相关政策等方面进行介绍，梳理我国CIM建设实践特点以及CIM相关产品。

1.1 提出背景

1.1.1 工程项目审批改革的需要

推进工程建设项目审批制度改革是推动政府职能转变、深化"放管服"改革、优化营商环境的重要举措，是党中央、国务院做出的重大决策。党中央、国务院高度重视工程建设项目审批制度改革工作，习近平总书记多次强调要全面开展深化改革、优化营商环境，持续简政放权，提升服务效率，强化事中事后监管。国务院常务会议多次研究部署工程建设项目审批制度改革工作，2019年国务院办公厅印发《关于全面开展工程建设项目审批制度改革的实施意见》（以下简称《意见》），《意见》中指出要有统一的审批流程、统一的信息数据平台、统一的审批管理体系和统一的监管方式，实现工程建设项目审批"四统一"，最终建成全国统一的工程建设项目审批和管理体系。

为贯彻落实《意见》，持续落实简政放权、"放管服"政策，深化工程建设项目审批制度改革，住房和城乡建设部下发《关于开展运用建筑信息模型系统进行工程建设项目审查审批和城市信息模型平台建设试点工作的函》，从国家层面首次提出CIM，将其作为推动工程建设项目审查审批信息化的技术之一，打破单个BIM项目审查的场景局限性，通过CIM完成与建设项目周边环境和设施等三维场景的审查，从而建设具有规划审查、建筑设计方案审查、施工图审查、竣工验收备案等功能的

CIM平台，精简和改革工程建设项目审批程序，减少审批时间，推进工程建设项目审批制度改革。

1.1.2　"一网统管"建设的需要

2021年12月17日，住房和城乡建设部办公厅印发《关于全面加快建设城市运行管理服务平台的通知》（以下简称《通知》），《通知》指出：以物联网、大数据、人工智能、5G移动通信等前沿技术为支撑，整合城市运行管理服务相关信息系统，汇聚共享数据资源，加快现有信息化系统的迭代升级，全面建成城市运行管理服务平台，加强对城市运行管理服务状况的实时监测、动态分析、统筹协调、指挥监督和综合评价，推动城市运行管理"一网统管"。"一网统管"贯彻落实习近平总书记关于提高城市科学化、精细化、智能化治理水平的重要批示精神，是党中央、国务院关于智慧城市建设决策部署的重大举措，是增强城市风险抵御能力和提升城市精细化治理水平的重要路径，是运用新一代信息技术推动城市管理模式、管理手段和管理理念创新的重要载体，推进城市运行管理"一网统管"，有助于推动城市高质量发展，促进城市治理体系和治理能力现代化。

城市运行管理服务平台是开展城市运行监测和城市管理监督工作的基础性平台，是各级党委、政府抓好城市管理工作的重要抓手，也是为市民提供精准精细精致服务的重要窗口，为创建全国文明城市、国家卫生城市、国家园林城市、国家安全发展示范城市、城市体检等工作提供基础数据支撑。城市运行管理服务平台作为"一网统管"信息化平台，本质是将新一代信息技术与城市管理深度融合，构建适应高质量发展的城市安全运行管理体系，拓展智能化应用场景，实现信息共享、分级监管、联动处置。而完善和建设城市运行管理服务平台，构建支撑"一网统管"的数字底座是关键，CIM技术将在原有网格化信息系统的基础上，整合包括覆盖地上地下的市政基础设施数据、国土空间数据、BIM数据、社会资源数据、物联感知数据等，统筹构建城市运行管理"一网统管"的数字底座，支撑经济治理、社会治理和城市治理等方面，打通城市建设、管理各部门各领域壁垒，从而实现信息共享与业务联动，推动城市治理现代化，切实提高城市治理水平。

1.1.3　城市高质量发展的要求

高质量发展是我国经济社会中长期发展所面临的重要问题，是开启全面建设社会主义现代化国家新征程、实现第二个百年奋斗目标的根本路径。习近平总书记在多次重要讲话中都强调"必须把发展质量问题摆在更为突出的位置"，着力提升发展质量和效益，推动高质量发展已成为新时代发展的鲜明旗帜。

2017年10月，习近平总书记在党的十九大报告中做出了"我国经济已由高速增长阶段转向高质量发展阶段"的重要判断，并在报告中16次提到"质量"一词，"质量第一""质量强国"等概念也首次出现在党代会报告中；2018年，习近平总书记在中央经济工作会议中又进一步强调了高质量发展的重要意义，并把2018年定为"质量元年"；2020年在党的十九届五中全会中，习近平总书记就《中共中央关于制定国民经济和社会发展第十四个五年规划和二〇三五年远景目标的建议》起草情况进行说明，他指出："当前，我国社会主要矛盾已经转化为人民日益增长的美好生活需要和不平衡不充分的发展之间的矛盾，发展中的矛盾和问题集中体现在发展质量上"，这就要求我国在经济、社会、文化和生态等各个领域、各个层面都要体现出高质量发展的要求，城市作为经济社会发展的主阵地与增长极，承载着经济发展、社会进步、环境优化、人民生活改善等诸多功能，是高质量发展中的重中之重。

《"十四五"国家信息化规划》中提出：推进新型智慧城市高质量发展。通过完善CIM平台，推进城市数据资源体系和数据大脑建设，打造互联、开放、赋能的智慧中枢，探索建设数字孪生城市。CIM是城市空间的建筑与设施、资源与环境等实体的数字化表达，整合了城市地上地下、室内室外、历史现状未来多维多尺度信息模型数据和城市感知数据，构建起三维数字空间的城市信息有机综合体，实现对城市物质空间的数字化表达，以数字三维模型为载体关联社会实体、建设行为、监测感知等相关信息，在物理城市与数字城市之间建立相互映射的关联关系，运用数字城市动态监测和模拟仿真物理城市，从而实现城市规划、建设、管理服务的数字化、智能化，提升城市建设和管理智慧化水平，最终促进城市高质量发展。

1.1.4 新兴技术融合发展的驱动

近年来BIM技术、GIS技术、数字孪生和物联网等新兴技术加快融合发展，也驱动了城市信息模型的诞生和发展。从1975年Chuck Eastman教授首次提出BIM至今，BIM应用已从单一建筑行业拓展至制造业、工程建设和传媒娱乐等领域，且不断取得显著的经济效益和社会效益。BIM是将建（构）筑物的设计、施工、运维全生命周期的建筑信息统一整合到三维模型信息数据库，为设计、施工、运维以及业主等各方提供统一的三维数据，实现信息共享、协同工作。BIM是在建设工程及设施全生命周期内，对其物理和功能特性进行数字化表达，成为设施全生命周期决策的可靠基础。但它是基于工程建设项目的小场景模型，是存储微观建筑物或项目群的点信息，其已在建筑、市政工程及其他基础设施建设中得到广泛应用，虽然有助于促进工程建设管理智慧化、数字化，但不足以支撑智慧城市、数字孪生城市的建设。

GIS是以采集、储存、管理、显示和分析地球表面与空间、地理分布有关的数据，用于输入、存储、查询、分析和显示地理数据的计算机系统，其结合了地理学与地图学，广泛应用于各个领域，可以把地图视觉化和地理分析功能与数据查询、统计和分析等数据库的功能集成在一起。GIS能够提供二维和三维一体化的基础底图、统一坐标系统、连接BIM单体网络、管理和空间分析等能力。随着GIS技术的不断发展，能够对城市尺度上的地形地貌、土地利用、生态资源等宏观特征和人群特征、信息资金流动等城市中无形的社会经济活动信息进行结构化、历史性的存储。

IoT是在互联网基础上延伸和扩展的网络，把电子、通信、计算机等技术相融合，实现任何时间、任何地点，人、机、物的互联互通，即实现万物互联。物联网可以实现对城市中的建筑、资源、安防、交通、市政设施等进行监测，实现数据采集，为CIM提供端侧的数据，是CIM实时数据及数字孪生城市的基础，是CIM的重要数据来源。通过城市地上、地面、地下空间中的物联网终端设备及传感器获取附有时间标识的城市运行数据，将其映射到城市信息模型中，实现将静态数字模型升级为动态的三维数字化模型，从而实现对城市的全要素表达及精准管理，为物理世界和数字世界架起桥梁，促进数字孪生城市的发展。

GIS可实现建筑物的地理位置定位及周边环境空间分析，丰富大场景的展现，完善地理位置及周边环境的信息。而BIM整合的城市建筑物的总体信息，没有GIS作支撑，即BIM模型脱离地理空间位置，模型本身附加值不高。因此，通过将BIM和GIS技术进行融合，从而将BIM的范畴从单一化建筑物扩展到建筑群及道路、隧道、铁路等领域。GIS和BIM的单独发展难以支撑智慧城市发展的需要，随着集成技术的不断发展，GIS和BIM融合诞生了CIM，BIM是单体，CIM是群体，即BIM是CIM的细胞。与此同时，随着IoT、5G、大数据等技术的发展，IoT为CIM发展带来实时数据，展现城市的运行状态，为智慧城市的管理决策提供支持，GIS、BIM、IoT等技术的不断发展，为CIM的诞生提供了基础技术支撑，催生了CIM技术的发展。

1.2 CIM发展历程

1.2.1 国外CIM发展历程

1.2.1.1 国外CIM理论研究

国外CIM研究尚处于初级阶段，CIM最早是在2000年由Billen提出，他认为CIM是城市尺度的三维GIS模型，由建筑物、植被、交通网、公共设施和通信网络构成。这一阶段CIM概念未深入模型层面以及设施的内部构件，处于CIM萌芽期，此后几年相关技术发展缓慢，CIM极少被提及。后经多位学者研究，认为CIM由数字孪生（Digital Twin）概念演变而来，数字孪生概念最早于2003年由Grieves M. W. 教授在美国密歇根大学的产品全生命周期管理（Product Lifecycle Management，PLM）课程上提出，被称为"镜像空间模型"，后在文献《通过产品生命周期管理驱动创新和精益产品》（Driving innovative and lean products through product lifecycle management）中被定义为"信息镜像模型"和"数字孪生"。早期主要被应用在军工及航空航天领域，如美国空军研究实验室、美国国家航空航天局（NASA）基于数字孪生开展了飞行器监控管控应用，将数字孪生定义为一个集成了多物理场、多尺度、概率性的仿真过程，基于飞行器的可用高保真物理模型、历史数据以及传感器实时更新数据，构建其完整映射的虚拟模型，以刻画和反映物理系统的全生命周期过程，实现飞行器健康状态、剩余使用寿命以及任务可达性的预测。随着对数字孪生的深入研究以及应用场景不断丰富，研究人员进一步挖掘数字孪生的核心特点——虚拟现实。虚拟现实技术是一种可以创建和体验虚拟世界的计算机仿真系统，它利用计算机生成一种模拟环境，使用户沉浸到该环境中。虽然从概念上讲，虚拟现实是指构建一个虚拟的世界（可能是完全不存在的虚拟世界），数字孪生对一个真实存在的世界构建一个虚拟孪生体，但在构建过程中，都是用现有的数据构建人们可看、可操作、可互动的虚拟场景，因此可以将数字孪生看成是特殊需求的虚拟现实，而且是数字孪生区别于其他技术应用的显著特点。数字孪生逐渐被用于装备制造、医疗、城市建设等领域。2007年，Khemlani基于BIM也提出了CIM的概念，期望将BIM技术广泛应用于城市规划和建设领域。随着CIM概念的提出，人们将视野从单体建筑拓宽到建筑和城市级别的层面，为智慧城市提供技术支撑，推动数字孪生城市建设。

国外随着技术的不断发展和相关理论的研究，CIM的概念内涵不断更新，2009年，Isikdag和Zlatanova在《用BIM定义CityGML中建筑自动生成的框架》（Towards defining a framework for automatic generation of buildings in CityGML using Building

Information Models）一书中提到各种BIM的集合构成城市级别的信息模型，各类BIM的集合构成了城市级别的信息模型，加之与GIS和IoT融合后形成"工程意义上"的CIM。2013年，瑞典皇家理工学院学者Stojanovski从建筑学、地理学、交通运输学、社会学等多方面对CIM做了内涵分析，认为CIM是一个可以不断被更新定义、动态连接其他对象的"块"系统，是在GIS不断发展的过程中演化而来的，将城市与地理位置相关联，可以使城市中离散的对象在空间地理位置上形成了属性关联。2015年，De Amorim教授在其文章中指出，城市是一个复杂的系统，因此，CIM不是BIM概念在城市空间中的延伸，并在文章中解析了BIM、智慧城市（Smart City）等一些跟CIM相关的易混淆概念。2020年，Al Furjani等多位学者指出，CIM在不同的领域有不同的含义，在城市规划领域，CIM指的是City Information Modeling，是BIM在城市空间的拓展。因此，CIM扩展了BIM的语义、过程、成果、资源，以实现对城市全生命周期的数字化建模和数字化管理。

随着对CIM概念内涵的深入研究以及CIM的不断发展，越来越多的学者对CIM的应用也展开了一系列研究。2017年麦加大学Al Shaery博士在其著作中讨论了CIM与可持续性以及与智慧城市的关系，提出了CIM概论计法和动态法两种城市信息建模方法，并且分析了两种方法在城市发展计划中的适用条件。Al Furjani等针对CIM如何利用开放街道地图（Open Street Map，OSM）数据提供的志愿地理信息和空间数据集并应用于三维城市模型构建，从而规避遥感数据集在城市区域数字化过程中的局限性开展了研究。2020年，为解决巴西城市污水处理基础设施面临的挑战，Melo等基于CIM理念探索了在城市管理中的应用，利用Python开发工具和QGIS软件构建了三维可视化、易操作的地下污水处理管网系统立体化模型，可以实现对污水处理数据的记录、反馈，推进污水管网管理智能化、创新工作流程、提高公民参与度和城市治理水平。

CIM在国外已成为各大软件公司争先研发的热点技术，Autodesk公司通过开发智能建模工具InfraWorks构建了哥伦布市区模型，Bentley通过提供集成城市环境的地上和地下信息数据与模型，收集城市公用事业基础设施模型，提供了3D城市解决方案。除此之外，有些公司直接研究基于CIM的解决方案，而不再是仅对建筑物和基础设施建模解决方案的拓展，如德国的Virtual City Systems公司研发的产品Cityzenith，主要用于对城市3D建筑和景观模型的收集、管理、分发和使用；瑞士的Smarter Better Cities公司围绕可视化城市模型，开发了在线平台CloudCities，用于共享和展示智能3D城市模型。

国外正在加大对CIM的概念内涵以及相关应用的理论研究，随着数字孪生、人工智能、区块链、BIM、IoT等技术的不断发展，国外未来会涌现出一大批CIM相关应用，推动智慧城市建设。

1.2.1.2 国外CIM应用实践

1. 3D+赫尔辛基

赫尔辛基是芬兰的首都和中心城市，一直作为世界领先的生态城市倡导者和先行者，从1985年就开始了三维城市建设，于2007年率先启动生态和数字城市（住区）战略，紧接着，又启动了智慧城市战略，经过多年在数字城市、智慧城市领域的探索与实践，取得了显著的成效。

（1）建立3D+赫尔辛基。为推动赫尔辛基市数字城市战略和智慧城市战略的落地，2015年赫尔辛基启动了为期三年、价值10亿欧元的城市资产采集项目——Helsinki 3D+，重点通过采集城市基础设施信息，从而构建丰富的三维城市模型。该项目通过对超过500km^2的市域范围进行测绘，共采集600多个地面控制点的相关信息，由于时间紧、预算有限、精度要求高，采用全面的集成式实景建模与信息管理功能支撑，对采集到的大规模数据进行管理共享，简称新一代城市信息模型。

（2）集成应用程序助力实景建模落地。赫尔辛基采用了Bentley的实景建模技术进行地理定位、三维建模、基础设施运维和可视化展现。项目组团队利用Bentley Map绘制了大范围的城市底图，同时将城市管网、路网等添加到地图上。利用LiDAR激光扫描与倾斜摄影技术，采集城市的地形数据、地表数据、50000多张城市及周边岛屿的影像，总数据量达11TB。主要做了以下三方面工作：一是通过Pointools软件处理经由激光扫描获取到的点云数据，进而生成数字地形模型（DTM）；二是利用Descartes软件将倾斜摄影和正射影像集成到基础设施工作流中；三是通过Context Capture软件将赫尔辛基市DTM与处理后的图像相结合，快速生成详细的三维实景模型，总体精度高达10cm。Helsinki 3D项目除可以提供实景网格之外，还能够提供CityGML格式生成的三维城市语义信息模型，基于Bentley的实景建模技术能够提供数据互操作功能，利用同一套原始数据快速生成此类的数字城市模型，且该模型是基于数据库的，能够支持多种功能的高级城市分析和模拟，且可以在其中添加分析结果。

（3）开放数据权限提高模型利用率。Helsinki 3D+建设关乎城市建设、企业和市民的权益，Helsinki 3D+项目之所以能够成功，很大程度上是因为让利益相关者和公众参与模型的建设，能够实现高效分享模型及其数据。比如针对城市规划，搭建了市民互动平台，让市民参与到城市规划中，调动其积极性。项目团队创建了生动逼真的模型，利用LumenRT制作出动画视觉效果，直观、形象地向公共和私营企业展示城市模型，加强与市民的互动，从而获取支持，并可以利用模型为社区谋取最大利益。项目团队通过ProjectWise软件来管理界面信息，让数据在内部和外部之间实现共享，提高协同办公效率；同时，以Web门户对数据分发和访问，优化了文档管理并简化了工作流程，确保项目按时完成。除此之外，利用Bentley应用程序，赫尔辛基向众多利益相关者开放数据权限，优化模型的信息流动和利用率，凭借着开放式数据架构，赫尔辛基市正在免费向市民、私营企业和高校开放模型，使其能够用于旅游、电信以及供电行业的商业规划和开发。

2. 虚拟新加坡

新加坡是一个资源匮乏的国家，如何把有限的资源充分调动起来，转化为无限的商机，通过常规的规划和发展已经难以解决这一问题，经过多年探索，新加坡决定建设智慧城市，通过智慧城市把有限的物理空间调动起来，应对知识经济发展的挑战。因此，新加坡从 1981年开始，相继推出"国家IT计划""IT2000计划""Infocomm21"等战略，不断提升新加坡的资讯通信能力，构建完善的资讯网络。

构建实时新加坡大数据平台。2005年，新加坡制定了一个信息通信行业10年发展规划（iN2015），以期进一步提升新加坡信息产业在全球的竞争力。为了推动智慧新加坡建设，新加坡与麻省理工学院的Senseable City Lab合作，不断研发智慧化、数字化的产品，最终构建了一个集收集、处理和发布城市数据等功能于一体的"实时新加坡（Live Singapore）"的大数据平台。该平台把城市数据划分为城市运行的副产品数据、感应器主动收集的城市数据以及公众主动分享的数据三大类数据，软件应用开发者和普通市民可以通过该平台免费下载以上三类数据。

基于实时新加坡大数据平台的多种开发应用。如基于实时新加坡大数据平台收集的关于每辆出租车的地理位置、载客状态、出发地、行驶速度等实时信息和环境部门收集的整个城市范围内局部地区降雨量和降雨强度的数据相结合，开发各种应用，让出租车司机和乘客实时了解每个停车点出租车的供求情况，促进供求平衡，提高出租车管理效率和服务效率。

建设全球首个国家级的虚拟城市。2015年7月13日，达索系统公司宣布与新加坡总理办公室国家研究基金会（NRF）合作开发"虚拟新加坡（Virtual Singapore）"——一个包含语义及属性的实景整合3D虚拟空间，通过先进的信息建模技术为该模型注入静态和动态的城市数据和信息。

"虚拟新加坡"是一款配备丰富数据环境和可视化技术的协作平台，有助于新加坡政府、研究机构、企业和公民在此基础上开发工具和服务，从而应对新加坡所面临的新型复杂挑战。该平台采用达索系统3DEXPERIENCity打造动态的新加坡3D数字模型，链接所有利益关联方。该数字模型可以利用数据分析和仿真建模功能来测试概念、制定规划和研究技术，通过联结机制促进社区协作。

"虚拟新加坡"利用不同公共部门收集的图形和数据，包括地理、空间和拓扑结构以及人口统计、移动和气候等传统和实时的数据，还能呈现植被绿化、管道网络、电缆、风道和垃圾槽管等诸多信息，并按照1∶1比例打造动态的新加坡3D数字模型。通过数据分析和仿真建模功能最终实现智能化决策。例如通过"虚拟新加坡"只要知道屋顶的尺寸，就可以计算它的太阳能潜力，甚至可以模拟需要多少个太阳能电池板来为整个社区供电。"虚拟新加坡"项目通过打造丰富的可视化模型并大规模仿真新加坡市内的真实场景，用户以数字化的方式探索城市化对国家的影响，并开发相关解决方案优化与环境和灾难管理、基础设施、国土安全及社区服务有关的后勤、治理和运营。

3．法国3D雷恩

法国城市雷恩在2017—2019年与达索系统公司合作，针对城市规划、决策、管理和服务市民等领域建立城市数字模型（3D雷恩）。雷恩早期构建数字孪生城市有两点考虑，一是可以基于3D绘制城市图形，二是可以基于3D进行城市规模、治理结构以及城市的交通、能源和环境等的智慧化管理。通过设计与仿真进行整个城市的3D模型开发，针对不同用户群的需求对3D模型进行测试与评估，从而满足城市决策所需的功能与场景。3D雷恩是一个多方协作平台，支持城市建设的各参与方在平台上进行沟通协作，共同设计创新项目、产品和服务，能够进行可视化设计、模拟贸易环境及城市专业市场，虚实结合，打造贴近现实的城市数字模型。

1.2.2 国内CIM发展历程

1.2.2.1 国内CIM理论研究

CIM在国内自提出至今，时间较短，仍处于不断研究探索阶段。早在2001年，刘芝在《"数码城市"向我们走来》一文中指出：数码城市其实就是信息化的城市，是一个完整的城市信息模型，数码城市对城市建设、居民生活具有重大意义。2014年，魏力恺等在《形式追随性能——欧洲建筑数字技术研究启示》中指出：与BIM类似，CIM是在GIS的基础上延伸形成的，将城市街区规划、设计和分析评价方法相互融合，成为城市规划与设计过程中的综合决策辅助工具。2015年，同济大学吴志强院士指出，推进智慧城市发展，单靠BIM还不足以支撑智慧城市的建设，通过将各类BIM单体以及相关网络组合构成CIM，于是提出了城市智慧模型（City Intelligent Model）的概念，并不断将CIM的概念进一步深化，扩大CIM的内涵。吴志强院士从技术层面强调CIM是对城市中海量数据的收集、储存和处理；从数据层面，更加强调数据在城市各领域的智能化应用，从而实现人与信息的良好交互与整体协调。吴志强院士提出的CIM，将关注点从BIM单体建筑拓宽到BIM建筑群和City城市级层面，是微观到宏观的转变。随着云计算、大数据、移动互联网、物联网等新型技术的快速发展，吴志强院士在2018年以青岛中德生态园为例在城市智能规划转型的实践案例中，提出利用大数据、云计算、人工智能等技术构成城市智能模型（City Intelligent Model），与之前提出的城市智慧模型相比，更加强调城市智能化，即CIM是三维城市空间模型和城市动态信息的有机综合体，将微观BIM、宏观地理空间数据（GSD）、IoT数据进行统一，形成综合数据处理计算平台。通过CIM平台，能够实现快速响应城市数据的时空集成和关键问题，进而得到更精准的解决方案。2018年，张宏等在《城市信息模型（CIM）技术应用领域拓展与人造环境智慧化》中将城市信息模型定义为城市维度的信息化——CIM（City Information Modeling），包含BIM、基础设施信息模型和地理信息模型。2018年11月住房和城乡建设部《关于开展运用建筑信息模型系统进行工程建设项目审查审批和城市信息模型平台建设试点工作的函》中首次从国家政府层面提出CIM。2019年，王宝令等在《从建筑信息模型到城市信息模型》一文中指出：CIM是一个有机的复合体，基于城市信息数据构建三维城市空间模型和城市工程建设信息。2019年，广州市住房和城乡建设局在《广州市住房和城乡建设局关于试行开展房屋建筑工程施工图三维（BIM）电子辅助审查工作的通知》中提出：CIM以建筑信息模型（BIM）、数字孪生（Digital Twin）、地理信息系统（GIS）、物联网（IoT）等技术为基础，整合城市地上地下、室内室外、历史现状未来多维信息模型数据和城市感知数据，构建起三维数字空间的城市信息有机综合体，并依此规划、建造、管理城市的过程和结果的总称。2020年，经过多个CIM试点城市的阶段性成果验收和经验总结，住房和城乡建设部发布了《城市信息模型（CIM）基础平台技术导则》，首次给出部级层面的官方定义：CIM是以建筑信息模型（BIM）、地理信息系统（GIS）、物联网（IoT）等技术为基础，整合城市地上地下、室内室外、历史现状未来多维多尺度信息模型数据和城市感知数据，构建起三维数字空间的城市信息有机综合体。

自2018年官方正式提出CIM概念以来，相关行业专家也从智慧城市、数字孪生、新基建、新城建等多个角度对CIM进行探讨。奥格科技股份有限公司董事长陈顺清认为CIM是城市的基础数字底板，是城市数据大脑、城市运行管理中枢的重要组成部分，是建设数字孪生城市的基础。上海蓝色星球科技股份有限公司陈宝根博士认为CIM是采用数据和信息来模拟城市，让其接近真实城市，各城市数据和信息的不同导致城市信息模型展现的差异，也因此可以区别不同城市的CIM。上海秉匠信息科技有限公司总经理夏海兵认为CIM是以三维模型为载体，在虚拟环境中构建的建（构）筑物、地理信息以及相关信息的有机整合。CIM包含的数据是静态模型，为数字孪生城市提供基础的三维空间模型及属性信息。北京飞渡科技有限公司创始人宋彬认为CIM是一个新型的数据体，包括数据汇集介入、组织编码、数据处理、共享交换等，是一个全过程、全要素、可计算、可模拟、多尺度的新型数据。益埃毕数字科技集团杨新新认为CIM是一个代名词，并不是只有承载城市信息的平台才称之为CIM，CIM指的是城市海量的BIM数据、GIS空间定位数据、海量的物理感知数据、海量的历史现状未来多维信息数据。清华大学杜明芳副教授认为CIM是以BIM、GIS、AI、5G、区块链、卫星互联网等数字技术为治理引擎（简称数字引擎）的数字孪生城市。51WORLD公司城市事业部总经理刘晓伦认为CIM是利用BIM、三维GIS、大数据、云计算、IoT、人工智能等先进数字技术，形成与实体城市"孪生"的数字城市。中设数字技术股份有限公司总经理于洁认为CIM是将GIS、3D、IoT等多种数据进行统一集成，形成城市数字化精细化的空间底盘，是智慧城市的操作系统。上海建元基金合伙人高志良认为泛CIM指在横向上和大数据、区块链、人工智能等技术相结合，具备形成新商业模式的潜力。在CIM发展过程中，CIM相关理论不断丰富，形成百家争鸣的局面，CIM理论研究也在不断完善。

在CIM理论逐步完善的同时，为了推进CIM应用和BIM智能化报建审批和CIM平台落地，以工程建设项目审批制度改革为契机，住房和城乡建设部于2018年选取了广州、南京、厦门、雄安新区和北京城市副中心为试点，率先开展"运用建筑信息模型（BIM）进行工程项目审查审批和城市信息模型（CIM）平台建设"工作，推进工程建设项目审批程序和管理方式变革，探索CIM在智慧城市建设中的支撑作用和价值，为后续规范化、规模化推动CIM技术应用落地提供经验借鉴。

随着CIM试点工作的推进，标志着我国正式从CIM概念探索阶段步入CIM建设阶段，通过总结各试点城市CIM建设经验以及逐步完善CIM理论，住房和城乡建设部在2020年9月印发《城市信息模型（CIM）基础平台技术导则》，正式明确了CIM、CIM

基础平台及其他CIM相关术语的定义，它的出现结束了我国对CIM定义界定模糊的探讨期，为CIM建设发展提供了强有力的理论支撑。

1.2.2.2　国内CIM建设实践

从CIM平台建设试点启动到2022年，根据CIM建设内容及建设主体等特点，将我国CIM建设实践划分为两个大的阶段：试点先行阶段和推广应用阶段。

1．试点先行阶段

自2018年官方文件正式提出CIM，并将北京城市副中心、广州、南京、厦门、雄安新区列为CIM平台建设的试点城市后，各试点城市积极响应政策文件，根据试点城市自身发展基础及特点，开展CIM基础平台建设工作。2019年，官方指定的CIM建设试点城市开展工作以标准规范制定、政策研究、技术咨询、平台建设、BIM四阶段应用为主。2020年，在各试点城市建设CIM基础平台的基础上，山东、浙江、福建、天津等经济发达、智慧城市建设较成熟的省市相继开展CIM试点建设，主要探索CIM在特色园区、特色小镇等层级的应用。

（1）试点城市实践

广州市高度重视，组建了CIM平台建设试点组织机构，专门推进CIM平台建设。广州市CIM平台建设主要包括构建一个CIM基础数据库、搭建一个CIM基础平台、建设一个智慧城市一体化运营中心、构建两个基于审批制度改革的辅助系统和开发基于CIM的统一业务办理平台五方面内容。随着CIM基础平台的功能逐步完善以及CIM在城市管理等领域中的应用，基于CIM基础平台形成了"CIM+工改、CIM+智慧工地、CIM+城市更新、CIM+智慧园区、CIM+智慧社区、CIM+穗智管城市管理运行中枢"六大应用体系，推动了广州市智慧城市的建设。

南京市以"多规合一"信息平台为基础，集成试点区域范围地上、地表、地下的现状和规划数据，建设具有规划审查、建筑设计方案审查、施工图审查、竣工验收备案等功能的三维可视化的CIM平台。南京市CIM平台包括BIM系统和CIM平台两部分，BIM系统包括基于BIM技术的工程建设项目规划报建辅助设计软件以及基于BIM技术的工程建设项目规划报建智能审查审批系统；CIM平台包括CIM标准规范和数据库、南京市CIM平台、相关系统改造和集成对接、GIS基础平台软件等。南京市CIM平台具备数据融合展示、服务管理以及提效工程、建设项目、审查审批、规划资源业务应用、智慧城市运行展示等通用功能，为推动南京市智慧化建设提供支撑。

厦门市结合工程建设规划审批及与"多规合一"衔接分析业务，开展基于BIM系统的报建审查审批研究、标准研究、机制研究，建成后可以实现与"多规合一"平台衔接，实现BIM模型与CIM平台的数据整合。厦门"多规合一"CIM平台建设内容包括构建城市智慧数据库、形成BIM报建审批流程、建设BIM系统并开发报建辅助工具软件、构建"多规合一"CIM平台，从而支撑厦门实现城市精细化管理，打造"统一的空间发展平台+管理平台"定位。

（2）其他城市探索实践

2020年，在各试点城市建设CIM平台的基础上，山东、浙江、福建、天津等省市也相继开展CIM平台建设，主要探索CIM在园区、乡镇建设、管理等的应用，重点聚焦于打造数字化底图、开发平台共性及通用功能。

山东省青岛市西海岸新区泊里镇作为青岛唯一的省级新生小城市和省级经济发达镇行政管理体制改革"双试点镇"，紧跟国家政策，探索智慧城市建设，2020年，泊里镇基于CIM技术，建设智慧孪生CIM基础数据库和智慧土地开发利用分析系统，打造数字孪生城市基底——CIM智慧孪生基础信息平台，为各智慧应用提供基础数据库、交互平台、智能算法、数据互联接口和可视化引擎等，打造"智慧中枢"框架，全面提升城市一体化运作水平，在2020年世界智慧城市大赛中成功获得"治理与服务"大奖。临沂市高铁片区以推动临沂新型智慧城市建设为契机，构建高铁片区CIM城市信息化管理云平台，通过综合应用BIM+3DGIS+IoT等技术手段，整合基础地理信息数据、规划成果数据、3DGIS、BIM等时空数据，构建区域CIM城市信息模型，打造高铁片区"数字孪生"城市雏形，基于CIM平台，打破信息孤岛，整合多方数据，为实现区域规划、建设和管理全过程业务管理奠定数据基础。目前，平台已完成基础定制环境的构建、基础地图操作、数据资源展示、区域产业布局、在建项目展示以及重点项目BIM模型展示等功能研发，为后续高铁片区高水平建设、招商、运营以及新型智慧城市建设奠定良好的平台支撑。山东济南新旧动能转换先行区管委会积极探索以数字化平台建设助推城市整体建设、管理水平提升的新方法、新模式，充分借鉴雄安、前海等先进地区CIM平台建设的经验，以CIM、GIS、BIM、IoT技术为核心，借助大数据、云计算等先进技术，集成、关联各类数据以及泛在信息，建立从室内到室外、从地上到地下、从单体到城市、从二维到三维、从现状到未来等数据的集成化管理体系，打造济南新旧动能转换先行区绿色数字城市CIM平台，主要建设内容包括1个CIM基础平台，4个业务系统（规划一张蓝图系统、BIM+智能审查系统、绿色建设监管系统和绿色城市运营系统）和N个智慧应用，逐渐将济南先行区打造成全国的绿色建筑大数据中心和智慧城市建设示范区。

浙江省宁波市北仑区滨江新城是北仑融入宁波主城区的重要区块，滨江新城以

"数字北仑"建设为契机,借助大数据、BIM、3DGIS、CIM等新型技术,搭建滨江新城数字城市CIM管理平台,重点针对滨江新城核心区约5.36km²范围内建设CIM平台,搭建CIM基础平台、应用系统开发、地面及地下三维模型创建及维护、城市级三维模型应用,推动滨江新城智慧化管理水平,助力"数字北仑"建设。浙江省湖州市南浔区頔塘未来社区探索CIM在未来社区中的应用,搭建社区CIM数字化平台,以期实现社区规划设计、建设施工、运营管理全生命周期智慧管理,重点强化BIM三维建模及CIM数字底座建设,不断推动城市发展和城市更新。

中新天津生态城为贯彻住房和城乡建设部CIM试点工作要求,创新和拓宽企业与居民参与渠道,结合生态城实际情况、工作基础及优势特色,中新天津生态城建设局从城市建设及工程项目的"规、建、管、运"全生命周期角度出发,把CIM平台的建设完善与城建工作的智慧化升级有机结合,重点聚焦跨部门CIM平台治理及智慧建设、智慧规划、智慧房屋、智慧土地、地下管线、智慧工地六大发展领域,推进完善基于CIM的智慧城建协同治理体系及跨部门的协同深化建设,科学构建智慧城建CIM+应用体系。中新天津生态城建设局开展了城市信息模型(CIM)平台建设工作,建设内容包括CIM三维底板、CIM基础平台、智慧业务系统(城市规划系统、土地管理系统、城市建设系统、房屋管理系统、地下管线管理系统、绿色建筑能耗监测系统、智慧工地管理系统、海绵城市系统)三大部分,促进建设项目审批服务制度改革,助推城市建设管理高质量发展。

福建省泉州市南安芯谷智慧园区——基于CIM的规建管服一体化平台,按照"统筹规划、分步实施,政府引导、市场驱动,创新引领、融合发展"的原则,以创新园区管理、服务产业发展为目标,利用"数字孪生"理念,以园区开发运营全生命周期的"规建管服"一体化业务为主线,利用 BIM+3DGIS 和云计算、大数据、物联网、移动互联网、人工智能等信息技术,实现物理园区全过程、全要素、全方位的数字化、在线化、智能化,构建起物理维度上的实体园区和信息维度上的数字孪生园区,形成线上线下协同运作、互联互通、全面感知、智能处理、虚实融合的园区发展新形态,实现"园区规划一张图""建设监管一张网""园区治理一盘棋""招商服务一站式"的建设目标。

北京顺义区双丰街道CIM数字化管理平台探索利用CIM技术实现在街道管理的智慧化应用,重点突出三维可视化,通过BIM以三维化呈现街道室内室外建筑信息,实现室内消防主要节点水压空间可视化监控、安全风险报警和快速定位,同时,基于CIM数字化管理平台实现与网络案件管理系统无缝衔接,推动街道管理网格化、精细化。

2．推广应用阶段

2021年，随着国家关于CIM及新城建等政策文件的接连出台，推动探索CIM基础平台建设，为智慧城市提供数字化底座，推动城市智慧化管理；已建CIM基础平台的城市，逐步完善CIM基础平台功能，深化CIM基础平台+各业务场景应用，推动城市规划、建设、运营及管理智能化、精细化。2022年，随着城市级别的CIM基础平台的逐步建设及CIM相关政策的逐步完善，推动区级、园区/社区CIM平台建设，探索构建省—市—区CIM基础平台体系，打造CIM+城市体检、CIM+智慧住房、CIM+智慧停车、CIM+智慧安防、CIM+新城建等更加丰富的CIM应用场景，推动城市治理能力现代化。

（1）市级CIM基础平台建设及应用探索

2021年，各试点城市基于已建设的CIM基础平台，逐步探索CIM在住房管理、市政建设、城乡管理等领域中的应用。其他城市基于已建城市CIM基础平台的经验，逐步探索构建CIM基础平台。

福州市开展CIM基础平台建设，以CIM+BIM一体化引擎等核心技术为驱动，通过对城市空间数据、动态数据、公共数据及政务数据等城市基础时空数据资源的汇聚、治理及管理，构建城市信息模型（CIM）。主要建设福州市时空信息公共服务平台（二期，即福州市CIM基础平台），建设围绕"一项总体服务、三大核心能力系统（数据资源支撑系统、基础支撑系统、应用支撑系统）、三个专题示范应用、一套系统支撑环境、一套安全支撑系统"展开，是福建省首个实现城市各类时空信息二维和三维、地上和地下、静态和动态信息一体化融合与管理的时空平台，为全市政府部门管理和公共服务提供时空数据服务。平台能够实现对城市易涝点淹水情况进行预警，可通过公交站点和地铁站点位置分布图进行交通便利分析，可以通过视频投射技术与三维场景的无缝融合，支撑公安通过信息化手段实现现场行动零距离指挥，推动福州市智慧城市建设。

杭州市利用CIM技术，探索全面、高效、联动、新型的城市管理模式，实现城市建设科学化、三维空间化、精细化管理，打造CIM基础平台。重点建设标准规范体系、CIM数据资源体系、CIM基础信息平台、基于CIM基础平台的地下空间安全管理、楼宇安全管理、综合视频感知赋能、智慧社区、城市安全管理等场景应用建设。

湖南省积极推进"智慧住建云平台"建设，在常德市率先开展CIM基础平台建设，该平台以城市建设、城市智能管理为导向，在城市基础地理信息的基础上，建立建筑物、基础设施等城市三维数字模型，搭建常德市的数字三维底板，提高新型城市基础设施建设的合理性和科学性，为城市体检、建设工程质量检测等城市应用提供支撑，实现城市管理精细化、居民生活便利化。

苏州市根据《苏州市推进数字经济和数字化发展三年行动计划（2021—2023年）》等相关文件要求，全面推进CIM基础平台建设。聚焦测绘现状、规划管控、业务管理、社会经济等数据类型，汇集城市现状、规划、建设、管理全周期要素，构建苏州市"1+10"的CIM基础数据库，建立统一的CIM标准规范体系，形成具有苏州特色的市、县（区）两级架构的"1+10"CIM基础平台。

兰州市作为住房和城乡建设部CIM建设试点城市之一，充分借鉴广州、南京等一期试点城市建设经验，开展兰州市CIM平台建设。重点建设CIM数据库、CIM基础平台，打造智慧城市三维空间数字底座，基于CIM基础平台，以服务城市规划、建设、管理和决策为导向，开展CIM+智慧市政、CIM+智慧工地、CIM+智慧社区、CIM+BIM应用报建等试点应用，实现与CIM基础平台的有机融合，探索城市智慧治理和智能运行的新机制，推动数字城市和物理城市同步规划和建设，从而推动数字社会建设、创新社会治理方式、优化社会服务供给、推进城市治理体系和治理能力现代化。

佛山市按照上级部门关于新城建试点以及CIM平台的建设要求，借鉴广州、南京先行城市经验，利用现代信息技术手段，以工程建设项目三维数字报建为切入点，以"多规合一"平台和工程建设项目审批管理平台为基础，对接城市、土地、建设、交通、市政、公共设施等各种专业规划和建设项目全生命周期信息，同时，接入移动、监控、城市运行等实时动态数据，构建智慧城市的底座——佛山市CIM基础平台，并探索CIM+应用，为佛山市城市精细化管理提供城市大数据、城市级计算能力。全面提升佛山市政基础设施信息化、数字化和智能化水平，提升城市品质。

除此之外，云南省昆明市基于昆明市空间基础信息平台，利用已有信息化成果，建设昆明市CIM与建筑风貌管控平台，从而提升城市空间管控工作效能，增强城市管理决策能力，促进城市管理创新，实现城市和建筑风貌管控工作从粗放式向精细化管理转型，全面提高城市规划管理与决策水平。

（2）区县CIM基础平台建设及应用探索

2022年中国（湖北）自由贸易试验区宜昌片区立足新发展阶段，全面贯彻新发展理念，建设宜昌市高新区智慧园区CIM基础信息平台。以BIM、GIS、IoT、5G等技术为基础，整合园区基础地理、规划模型、物联传感等多维信息模型数据和感知数据，构建贯穿邦普一体化电池材料产业园规划、建设、管理、运行的CIM基础信息平台，形成全覆盖、全过程、全要素、全方位的园区数字底板，作为园区建设与发展的基础支撑平台。在此基础上，搭建CIM+场景应用，促进CIM价值在园区生产、生活、生态空间的充分释放。

苏州市姑苏区在姑苏区地理库以及古城保护空间大数据平台的基础上，按照"1+1+N"的总体架构建设姑苏区CIM平台。一是通过汇聚、更新、生产，建设以时空基础、资源调查、规划管控、公共专题、工程建设项目和物联网感知等数据为主体的数据资源池，形成一个统一的姑苏区CIM数据底座；二是复用已有平台资源，接入姑苏区数据底座，形成一个统一的姑苏区CIM基础平台；三是结合姑苏区发展现状，以及国家历史文化名城特色，基于CIM基础平台开展CIM+数字"孪生古城"系统以及CIM+规划管理应用系统，推进姑苏区城市规划、建设、管理智慧化。

西安市空港新城积极探索智慧城市建设，高水平打造"数字空港"，实现城市精细化管理，推动高质量发展，开展空港新城CIM数据底板建设。强化标准建设，汇聚民生、经济、安防以及时空基础等数据信息，同时加强分析和应用，以服务发展为目标，让"数字"为空港新城高质量发展做出贡献。

武汉市东湖新技术开发区为全面落实国家和地方对CIM基础平台建设的要求，同时兼顾国家"放管服"改革需求，进一步提升武汉市东湖新技术开发区政务服务水平和信息化水平，创造城市风貌展示平台和城市基础数字底座，优化社会公共服务质量。武汉市东湖新技术开发区迫切需要整合区域政务数据和各单位业务平台，建设武汉东湖新技术开发区城市信息模型平台，打通东湖新技术开发区各单位部门间数据和业务壁垒，带动政务服务能力升级。

江苏省溧阳高新区充分利用CIM、GIS、IoT等技术，融合新一代信息与通信技术，打造基于CIM的溧阳市高新区CIM+数字基座，重点建设规划范围的溧阳市高新区核心区CIM4.0数字基座、非核心区CIM3.0数字基座以及CIM数字基座基础应用功能与应用服务对接，使溧阳高新区具备透彻感知、全面互联、深入挖掘、智慧应用的能力，解决城区时空数据缺失的根本问题，将各物联网设备数据集约化三维管理，从而实现全方位、全动态的精细化管理，进而提高高新区产业集聚能力、企业经济竞争和可持续发展能力。

济南市市中区应急管理局充分利用物联监测及人工智能、大数据以及多维度的数字孪生技术，整合城市地理信息、自然灾害风险、安全生产、应急资源等数据，借助CIM基础平台汇聚与分析应急数据的功能，打造市中区数字孪生应急综合管理平台，该平台能够实现逼真的孪生场景展示、高效的数据分析，推进安全检查等工作迅速落实，开展事中科学处置及事后评估整改工作，科学助力应急救援。

成都市新津区为全面落实成都公园城市建设理念，抢抓数字经济高速增长窗口期和四川建设国家数字经济创新发展试验区战略机遇，推动新津数字化转型发展，按照《成都市新津区国民经济和社会发展第十四个五年规划和二〇三五年远景目标纲要》要求，推进"物理+数字"双开发试点和推广，构建新津区数字孪生基础底座。基于CIM城市数字底座，重点围绕天府牧山数字新城TOD核心区6km²，汇聚时空基础数据、资源调查数据、规划管控数据、工程建设项目数据、公共专题数据、物联网感知数据等各类CIM数据资源，构建形成新津区统一的CIM时空数据库和数字底板——新津区城市信息模型（CIM）规建管运系统。提升新津区"规划、建设、管理、运营"统筹协调、深度融合、归于一体的能力，推动新津城市转型和高质量发展，推进新津城市治理体系和能力现代化。

湖北省荆州市江陵县为推动智慧城市建设，以数字人防建设为抓手，利用CIM、物联网、大数据等技术，汇聚县城城区三维模型数据（江陵县中心城区范围30km²以内面积区域）以及历史数据，打造江陵县智慧城市一期暨数字城建（人防）CIM平台，加快推进数字化技术在规划、建设、管理等全过程的集成应用，实现人防工程全生命周期数据共享和信息化管理，提升人防建设管理与行业治理的数字化、网络化、智能化水平，重构信息化战争条件下防空袭行动的新型防护模式，全面推进人民防空数字化转型。

此外，深圳市龙岗区城市信息模型（CIM）平台、宁波智慧园区CIM综合应用平台、青岛胶州湾北岸（河套、红岛）城市信息模型（CIM）基础平台也在推进建设，广州、南京、烟台、常德等新基建试点城市逐步加大基于CIM基础平台的新城建相关应用。我国2019—2022年CIM实践特征见表1-1。

我国2019—2022年CIM实践特征　　　　　　　　　　　表1-1

年份	阶段	主要城市	实践内容	主要特点
2019年	试点先行阶段	以广州、南京试点城市为主	CIM基础建设，包括编制标准、构建数据库、搭建平台及开展应用	以工程建设项目审批制度改革为切入点，侧重BIM四阶段应用以及CIM基础平台的共性能力建设
2020年		广州、南京试点城市引领，青岛、济南、宁波、天津等城市	试点城市市级CIM基础平台建设，青岛、济南、宁波等城市的区级、园区级、社区级CIM基础平台建设	经济发达地区以及智慧城市发展水平高的地区尝试利用CIM技术提高智慧化管理，打造区域标杆

年份	阶段	主要城市	实践内容	主要特点
2021年	推广应用阶段	福州、杭州、常德、苏州、兰州、佛山、昆明等城市	试点城市侧重于基于CIM基础平台的应用建设，如智慧水务、应急管理、智慧社区等；其他城市着重建设区级、园区级、社区级CIM基础平台，侧重于数据汇聚、高仿真、可视化、分析与决策等能力建设，强化在园区、社区中的管理应用	基于试点城市、沿海经济发达城市的CIM实践以及相关政策的推动，西部地区逐步开始CIM基础平台建设，这个阶段CIM建设侧重于应用场景及区级、园/社区级CIM应用建设
2022年		中国（湖北）自由贸易试验区宜昌片区、苏州市姑苏区、西安空港新城、武汉市东湖新技术开发区、江苏省溧阳高新区、济南市市中区、成都市新津区、荆州市江陵县、深圳市龙岗区等	新基建试点城市侧重于CIM在车联网、市政基础设施、智慧社区等中的应用建设；其他城市侧重于CIM基础平台的建设，以数据底座及共性服务为主	区级、园区级以CIM基础平台建设为主，市级以CIM基础平台应用建设为主

1.2.2.3 国内CIM产品发展

随着CIM技术的发展，各大软件、信息化企业也不断研发CIM相关产品，目前研发的CIM产品主要聚焦在CIM基础平台，各企业根据自身的行业积累，侧重点不同，通过对市场上相关CIM产品进行研究，主要聚焦在智慧城市的底座产品上，较为典型的CIM相关产品如下：

（1）发挥GIS领域优势，探索CIM产品

依托公司在GIS行业的先发优势，探索研发CIM产品，主要包括武大吉奥、易智瑞、正元地理信息、超图、重庆市勘测院、中地数码等企业研发的产品。

吉奥城市信息模型CIM基础平台，依托在基础测绘、三维空间建模、海量数据融合、时空大数据治理、规划管理应用等领域的资源优势与技术积累，以自主可控的时空大数据技术和GIS基础平台为支撑，基于数字孪生技术和统一时空基准，研发吉奥城市信息模型CIM基础平台。平台在多源异构数据融合、时空数据治理、高逼真可视化渲染、三维空间分析、微服务灵活扩展等方面具有较好能力，具备快速便捷的二次开发能力，在自然资源、智慧城市、城市治理等领域具有较好应用。

易智瑞城市信息模型基础平台是基于企业二三维一体化GIS软件GeoScene进行开发的，包括CIM大数据中心建设、CIM汇聚与治理平台、CIM全息城市展示、CIM共享

服务中心、CIM运维管理中心五大模块，涵盖了三维城市底板数据的汇聚治理、数据管理、多源三维数据融合可视化、系统运维、共享分发等功能。GeoScene基础平台技术架构可扩展性强，利用AR、虚拟引擎等技术，实现高逼真的渲染效果，能够实现技术与业务的深度融合，打破各部门数据壁垒，构建反映城市规划设计、建设管理、过去、现在以及未来的智慧应用场景，支撑基于GeoScene基础平台的智慧应用体系。

正元CIM基础平台在城市宏观三维模型的基础上，融入城市微观建筑模型，在海量城市静态数据的基础上叠加千万级动态城市物联感知数据，打造"地上地下全空间数字孪生体"，实现全要素、对象、运行过程、结果等各类信息的镜像模拟，为智慧城市的建设提供数字底座。正元CIM基础平台包括数据融合与治理、数据可视化与空间分析、运维监控、数据共享与服务、平台开发接口等功能。研发了适用于大范围（不低于1000km²城市建成区）高精度地下空间三维模型建设的成套技术方法体系，平台基于三维立体网格剖分技术，实现部件级（内部细微结构）模型区位标识、融合共享及高效计算，形成基于地上地下全空间数据协同的地下管网实时大数据安全预警技术。

超图CIM基础平台包含数据汇聚与管理系统（向数据管理人员提供数据处理和管理、文档资料管理、指标模型管理等功能）、平台门户（包括单点登录、门户首页、个人中心、应用中心和交换中心等）、数字沙盘（提供数据展示、数据查询、数据分析等功能）、开发者中心（平台核心引擎和开发接口）以及运维中心（向管理人员提供服务资源管理、日志管理、目录管理、应用管理、权限管理以及平台配置等功能）五大模块。超图CIM基础平台具有三维化、实体化以及智能化三大亮点。

中地MapGIS城市信息模型基础平台以"BIM+GIS+IoT"融合为抓手，集成大数据、云计算、人工智能等技术，采用开放可扩展的架构搭建了上下贯通、多元应用的体系。平台实现二三维、室内室外、地上地下、动态静态数据的展示和融合集成。提供流式数据分析计算、全空间三维一体化分析、大数据计算与模拟、行业定制开发等服务，为城市综合管理多场景应用融合和跨行业业务协同提供基础支撑，提高城市科学化、精细化、智能化管理水平。

重庆市勘测院集景CIM基础平台包括CIM中心（数据库构建与管理、数据融合与治理、数据运维与监控、数据可视化与空间分析、服务器端渲染与推流）、CIM平台（立体底座服务、开放接口、创新场景）、CIM能力（展现能力、连接能力、计算能力、推演能力）为核心的总体架构体系。集景基础平台探索了GIS和AEC技术体系的融合，基础平台具有持续运维、动态连接、弹性服务以及多引擎支持四大亮点。

（2）发挥BIM建模优势，探索CIM产品

发挥企业BIM建模领域优势，研发CIM相关产品的企业以奥格科技、广联达、鲁班软件等为代表，在CIM领域研发的产品包括CIM基础平台和BIM等软件。

AgCIM基础平台是奥格科技基于BIM、CIM、云计算、大数据等技术自主研发的支撑智慧城市数字底座建设的信息平台，具备采集汇聚与存储管理大规模二三维地理空间信息、建筑信息模型、物联网感知信息、政务服务信息等多源异构数据的能力。AgCIM基础平台具备多源数据融合展示、可视分析、多规升级应用、三维模型与信息全集成、模拟仿真、视频融合、开发者中心、数据共享与服务、后台运维管理、数据治理工具等功能，平台采用了GIS/BIM/VR等多种主流图形引擎的高效混合驱动技术、规划—建设—运营的全过程CIM协同的系列技术、BIM数据与CIM数据高效融合技术、CIM平台与物联网、智能感知等融合技术、LoD高效组织与轻量化渲染技术。

广联达CIM基础平台主要包括统一接口的平台/系统服务、BIM引擎、3DGIS引擎、业务集成、数据服务、IOC数据接入、数据管理和平台运维等功能，可以实现BIM+GIS无缝融合、宏微观一体化、地上地下一体化、时空一体化，为城市、园区等多体量的建筑群在规划、设计、建设、管理四个阶段提供应用平台，支撑政府审批业务、行业监管业务和宏观决策业务场景。广联达CIM基础平台基于规建管一体化平台，构建了"城市规划一张图""城市建设监管一张网""城市治理一盘棋"，形成城市发展闭环。

鲁班城市之眼（CityEye）集成BIM、GSD、IoT、云计算、大数据等众多先进技术，可以支持上百平方公里城市级别、园区、楼宇和住户级别各形态的"规、建、管"全流程全要素的各类数字应用。CityEye系统通过1∶1复原真实城市空间信息，为众多智慧城市应用提供可视化大数据管理的数字底板。

（3）发挥数据融合与渲染优势，探索CIM相关产品

以数据加载、数据处理、数据渲染、数据融合等为核心业务的企业，依托多年在数据治理领域的经验，研发了CIM相关产品，典型的有51WORLD、优锘科技、飞渡科技、泰豪科技等企业，下面重点介绍51WDP数字孪生平台、UINO数字孪生中台和飞渡CIM基础平台三个CIM相关产品实践。

51WDP数字孪生平台更加侧重于数据的加载、格式转换、渲染、融合等功能，包括数字资产按需生成、孪生场景自由构建和应用功能灵活拓展三个特色。其中数字资产按需生成指用户可以基于时空数据自主生成L2—L3城市三维底板，支持多种格式行业三维模型快速转换与极致还原，创新三维数字资产用户加密交易与资产确权；

孪生场景自由构建指用户可以基于海量重点城市底板实现模型的快速创作，支持高精度三维模型自由摆放，体验全新一代数据驱动的实时渲染三维场景；应用功能灵活拓展，用户可以基于成熟的前端开发框架自主进行拓展，支持"PPT"式轻松上手无代码界面开发，预设行业应用模板快速触达终端用户。

UINO优锘科技研发的数字孪生中台（Digital Twin Middle Platform）作为数字孪生即服务的平台，研发的批流一体数字孪生加工引擎，能够从不同系统抽取实体对象的静态、动态等关系型数据，日志、文档等半结构化数据，图像、3D模型等非结构化数据，并提供关联、丰富、清洗等一系列数据处理能力，以更加高效地完成数字孪生实例加工，并且提供灵活丰富的数字孪生消费服务API，从而能够快速灵活支撑各类数字孪生应用，避免重复建设、烟囱式建设，缩短应用交付周期，提高应用交付质量，加速组织级数字应用的创新速度，降低数字化转型成本。

飞渡CIM基础平台包括数据汇聚、多源数据空间化（多源空间数据清洗、空间数据格式转换、数据轻量化、数据存储、质量控制）、数据管理（数据入库、元数据管理、数据源管理、数据资源目录管理、数据更新管理、业务数据表关联管理、配置管理）、服务管理、数据建模与组装、可视化分析与模拟（数据加载、可视化渲染、相机快照、数据多维展示、三维绘制、可视化分析）、数据共享与二次开发（数据共享与服务、平台开发接口、开发指南）、平台运行维护（API监控告警、统计分析、平台运行管理、数据及运行监控）功能。飞渡CIM基础平台具备数字孪生"可视化"能力和多源数据"模型化"能力、数据承载与运行能力、应用开发"组装化"能力、数字底板生产与治理能力、开放、共享能力、广泛的应用能力七大亮点。

1.3　CIM相关政策

我国一直将智慧城市以及新型智慧城市作为城市经济社会可持续发展的重点任务进行推进，无论在政策还是在发展规划方面，都给予了相关领域的大力扶持。而CIM作为智慧城市的基础核心，同样也得到了国家在政策和规划上的支持。在国家各部委以及各地方政府指引和推动下，全国各个地区直接或者间接推动CIM发展的政策陆续颁布，让城市信息模型CIM基础平台建设逐渐驶入高速发展的快车道，并且融合"数字中国""智慧城市""新城建""新基建"等国家城市发展政策与理念，对推动全国各地CIM基础平台建设、完善国家治理体系和提升城市现代化治理能力都具有重要意义。

2020年10月，住房和城乡建设部将重庆、太原、南京、苏州、杭州、嘉兴、福州、济南、青岛、济宁、郑州、广州、深圳、佛山、成都、贵阳16个城市，确定为首批新城建试点城市，其中CIM基础平台建设是试点的必选内容之一。2021年11月，天津滨海新区、烟台、温州、长沙、常德加入试点行列，我国新城建试点城市（区）增至21个。加快推进新城建，是贯彻落实习近平总书记重要指示批示精神和党中央、国务院决策部署的重要举措，有利于充分释放我国城市发展的巨大潜力，迅速落地实施一批新城建项目，带动有效投资，培育新的经济增长点，形成发展新动能；有利于加快转变城市开发建设方式，整体提升城市建设水平和运行效率，建设宜居城市、绿色城市、安全城市、智慧城市、人文城市，不断增强人民群众的获得感、幸福感、安全感。开展CIM基础平台建设，连接城市信息全要素，提高城市建设管理数字化、精细化、智能化水平，将为新城建提供坚实底座和保障。

通过对国家以及地方的CIM相关政策、文件、动态等内容的研究，可以看出CIM基础平台建设与智慧城市发展的关系：一是以CIM基础平台为手段，化解新型城镇化建设过程中遇到的"城市病"已成共识，从中央到地方政府，对CIM基础平台的建设呈积极态势；二是CIM基础平台作为一项重要的新型城市基础设施，未来将为智慧城市、数字孪生、智慧园区、智慧交通等多样化的CIM+应用提供基础支撑；三是我国CIM基础平台建设尚处于起步阶段，各级政府、学术界、企事业单位等正积极探索试点经验、标准建设、技术储备、数据体系、平台建设、平台应用等工作。

1.3.1　国家相关政策

CIM是一门新兴技术，而作为其发展的核心载体，CIM基础平台的建设正处在探索实践期，必须借助政策东风推动其建设，从而支撑智慧城市建设。自2018年以来，住房和城乡建设部、国务院、工业和信息化部、国家发展和改革委员会、自然资源部、国家市场监督管理总局、科学技术部等国家级部门各自发布或参与联合发布了多项CIM相关政策，促进城市信息模型（CIM）基础平台建设及其应用，实现了我国CIM行业政策从"无到有"的跨越。

2018年，住房和城乡建设部《关于开展运用建筑信息模型系统进行工程建设项目审查审批和城市信息模型平台建设试点工作的函》中，正式提出CIM平台，文件中指出：将北京城市副中心、广州、厦门、雄安新区、南京列入"运用建筑信息模型（BIM）进行工程项目审查审批和城市信息模型（CIM）平台建设"试点城市。试点地区将探索审批改革智能化道路，完成试点地区和行业的BIM电子化报建；以"多规合一"信息平台为基础，建立具有规划审查、建筑设计方案审查、施工图审查、竣工验收备案等功能的三维可视化CIM平台，探索建设智慧城市基础性平台。该文件对推动全国各地区开展BIM系统进行工程建设项目审查审批和CIM平台建设的工作产生积极的作用。

2020年，由住房和城乡建设部会同工业和信息化部、中央网信办印发《关于开展城市信息模型（CIM）基础平台建设的指导意见》，提出了CIM基础平台建设的基本原则、主要目标等，要求全面推进城市CIM基础平台建设和CIM基础平台在城市规划建设管理领域的广泛应用，带动自主可控技术应用和相关产业发展，提升城市精细化、智慧化管理水平。该文件全面指导各省市CIM基础平台的建设内容、建设目标等，文件的出台不仅是从政策上支持各地CIM基础平台建设工作，而且加快我国智慧城市建设迈向新的阶段。

2021年，住房和城乡建设部发布的《城市信息模型（CIM）基础平台技术导则》（修订版）给出CIM的定义，是我国具备权威性的CIM基础平台建设的技术性文件，明确说明了CIM基础平台的特点、标准规范、数据体系、功能应用、安全运维等，是推进全国各地区推进智慧城市建设，开展CIM基础平台建设的重要指导性文件。在各地的CIM基础平台标准体系尚不完备前，该导则对于各地CIM基础平台的落地建设具有突出的指导意义。

在新城建、"十四五"规划等一系列政策中都间接提出建设CIM基础平台。例如：2020年《关于加快推进新型城市基础设施建设的指导意见》和2021年《中华人民共和国国民经济和社会发展第十四个五年规划和2035年远景目标纲要》文件的颁布，都间接提出CIM平台的建设要求，分别提出了深入总结试点经验，在全国各级城市全面推进CIM平台建设，打造智慧城市的基础平台；完善城市信息模型平台和运行管理服务平台，构建城市数据资源体系，推进城市数据大脑建设。

针对国家层面，本节整理了近年来国家各部委颁布的一系列推动CIM发展的相关政策（详见附录A）。

综上所述，在国家层面的CIM相关政策引导了全国各地城市信息模型平台（CIM）的建设落地，推动全国各地CIM技术在城市规划建设管理及实现城市高质量发展方面和加速推进新型智慧城市建设、全面提升城市空间治理的精细化水平方面均发挥了其重要的作用。

1.3.2　地方相关政策

随着国家及部委层面的CIM政策接连发布，各省市地区也及时响应，根据省市城市建设、经济水平、战略规划等多方面需求，出台地方CIM相关政策，推动CIM基础平台建设，支持城市规划建设管理多场景应用，推动城市开发建设从粗放型外延式发展转向集约型内涵式发展。

从全国34个省区市来看，均直接或间接发布过CIM政策，推动CIM在各省区市的大力发展。其中发布数量最多的为智慧城市建设水平较高的浙江省，试点城市所在的广东省、江苏省位列第二、第三，山东省、山西省、福建省等发布数量均在10条以上，详见图1-1。

其中，部分省份发布的重点CIM相关政策如下：

浙江省颁布了《关于印发〈浙江省城镇住房发展"十四五"规划〉等省级备案专项规划的通知》，侧重于推进智能化市政审批服务，对接CIM平台，建立市政设施CIM平台数据库。

广东省发布了《关于印发广东省数字政府改革建设"十四五"规划的通知》，侧重于BIM技术与CIM平台的融合，主要提出了推动BIM技术与工程建造技术深度

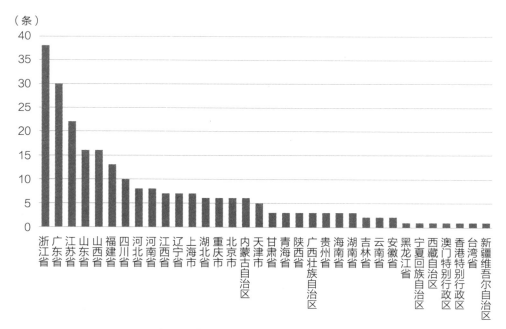

图1-1　全国CIM相关政策发布情况统计图

注：数据来源于各省市的政府机构官网发布的CIM相关政策文件，截至2022年，仅供参考

融合应用，加快自主可控CIM平台发展。建设CIM平台，加快推动自主可控BIM技术在规划、勘察、设计、施工和运营维护全生命周期的应用，推进建设全省统一的基于BIM技术的房屋建筑和市政基础设施工程设计文件管理系统。

江苏省发布了《江苏省"十四五"新型城镇化规划》，指出了依托CIM，绘制完整的"智慧城市运行图"，实时掌控城市运行态势，探索建设数字孪生城市。

山东省颁布了《山东省住房和城乡建设事业发展第十四个五年规划（2021—2025年）》，其中提出推进CIM平台建设，加快新型城市基础设施建设改造，有序开展城市体检。

山西省发布了《关于印发山西省"十四五"新业态规划的通知》，指出探索建立BIM、CIM平台，实现工程建设数据有效共享和智能化应用。

福建省厦门市发布了《厦门市推进BIM应用和CIM平台建设2020—2021年工作方案》，提出了为深入贯彻党的十九大精神，持续推进"放管服"改革，加快工程建设项目报建审批信息化，提高审批效率，为智慧城市建设奠定基础。响应住房和城乡建设部在2020年工作会议中重点提出的加快构建部、省、市三级CIM平台建设框架体系要求。

其他省市地区也发布了CIM相关政策，如《北京市"十四五"时期智慧城市发展行动纲要（征集意见稿）》提出了基于"时空一张图"推进"多规合一"。探索试点区域基于CIM的"规、建、管、运"一体联动。构建基于统一网格的城市运行管理平台，加强城市管理"一网统管"。健全公众参与社会监督机制，利用随手拍、政务维基、社区曝光台等方式，快速发现城市管理问题。

本书梳理了全国各省市地区CIM相关政策颁布情况（详见附录B）。

1.3.3　CIM政策应用方向概述

CIM+应用涉及的智慧城市行业领域广泛，包括了规划、建设、交通、水利、安防、人防、环境保护、文物保护、能源燃气等各大行业领域和一切智慧城市相关的领域。从国家及地方出台的CIM政策来看，已发布的CIM相关政策侧重于CIM基础平台建设、工程建设项目审批管理、智慧市政、智能建筑与绿色建筑发展、城市体检、多规合一、智慧社区等领域。

从全国各地发布的CIM相关政策应用方向分析（图1-2），CIM+应用基于CIM基础平台，汇聚各行业、领域应用，汇聚和分析城市信息，对接各行业平台，融合海量数据、多样化的终端，同时在工程建设项目审批管理、智慧市政、智能建筑与绿色建

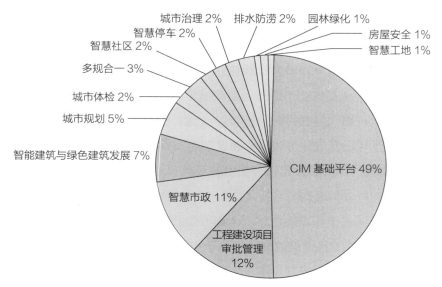

图1-2　各地CIM政策应用方向分析

筑发展、城市体检、多规合一、智慧社区等领域进行应用赋能，以"立体"的大数据让智慧城市建设更加透明化、精准化、区域化、预警化和整合化，助力智慧城市从规划、建设、招商、运营各阶段实现全生命周期管控，推进"规、设、建、管"，成为智慧城市的基础平台和核心基建。

在CIM基础平台建设层面，打造智慧城市的三维数字底座，推动城市物理空间数字化和各领域数据融合、技术融合、业务融合。CIM+应用是在CIM基础平台之上开发的应用，CIM基础平台为各类CIM+应用提供能力支撑，为城市的规划、建设、管理赋能。

在工程建设项目审批管理领域，基于CIM基础平台，完成线上线下融合互通，实现工程建设项目从立项到竣工验收和公共设施接入服务全流程所有审批服务事项网上办理，加快推进工程建设项目全流程在线审批，不断提升工程建设项目审批效能。

在城市规划、多规合一领域，基于CIM基础平台的融合，可以系统、整体、宏观反映城市空间景观格局，满足建设项目可视化展示和可量化分析的全局把控要求，有效提升城市空间形态和建设项目管控的工作效率。

在智慧市政、智慧社区、城市治理、园林绿化、智慧工地等领域，基于CIM基础平台的融合，数字城市可更精准、更系统、更动态地解决各类城市病，如交通拥堵、环境污染、病毒传染、内涝黑臭、职住失衡等。

在排水防涝领域，基于CIM基础平台的融合可以体系化地针对城市安全进行空间上防灾减灾布局规划，如消防、公安、各种应急物资库的合理部署；还可以结合物联网、公安视频监控等，实时动态监控城市安全状态，如突发人员聚集、雨洪积涝状态，及时对突发事件进行预判性响应和跟进，保障城市安全。

纵观全国试点城市的实践成果，在CIM+应用方面的特点有：（1）各地在CIM数据库整合、系统平台研发、应用体系建设等方面开展了有益的实践；（2）积极支撑了工程建设项目审批管理、智慧市政、城市规划、城市体检、城市更新等精细化城市建设治理工作；（3）探索了跨部门的CIM协同应用，并作为城市信息底座支撑新型智慧城市发展。与此同时，也可以看到面向未来的CIM发展方向：一是数据治理和信息共享需要深化；二是平台协同与公众参与需要强化；三是标准体系及机制保障需要完善。

第2章

概念内涵

2.1 CIM概述

自CIM在2018年被国家正式提出以来，已引发社会各领域的广泛关注，尤其随着国家及各省市CIM相关政策的接连出台，CIM平台在国内建设如火如荼。《城市信息模型（CIM）基础平台技术导则》（修订版）中虽然对CIM概念做了描述，但对于如何理解CIM的内涵特征、CIM演变过程、CIM与CIM基础平台的关系仍比较模糊。因此，本章重点从CIM概念内涵、CIM理论框架、CIM与CIM基础平台关系、CIM基础平台概念、CIM基础平台与新城建关系等方面做了详细阐述。

2.1.1 CIM概念内涵

CIM是构建以数字孪生技术为核心的智慧城市基础。传统的城市建设在空间规划上大都停留在二维平面，远达不到智慧化要求，三维空间的有效感知与实景可视化日益成为城市建设管理的重要抓手，也是发展新型智慧城市的关键内容。传统三维空间数据模型大多面向特定的专业领域，如地质模型、矿山模型、地表景观模型等，这些模型大部分针对单一数据类型，不能表示多源异构数据，数据和软件的耦合程度很高，重用价值不高，针对地上地下和室内室外多粒度对象统一表达等难题，需要建立更高水平的城市级三维空间模型。因此经过语义化技术进行结构提取和属性自动挂接得到的CIM平台成为发展智慧城市的基础核心。随着新型测绘、模拟仿真、深度学习等技术的成熟运用，在数字空间构建一一映射的数字孪生城市。除了三维视觉表现，还承载了城市要素的属性信息，将城市三维模型从可视化阶段真正引入城市计算领域，实现挖掘、统计、分析、决策，物理城市的数字表达经历了从最初的二维平面到三维立体、到全要素结构化的发展历程。

《城市信息模型（CIM）基础平台技术导则》（修订版）中对城市信息模型（CIM）

做了官方定义，即：以建筑信息模型（BIM）、地理信息系统（GIS）、物联网（IoT）等技术为基础，整合城市地上地下、室内室外、历史现状未来多维多尺度空间数据和物联感知数据，构建起三维数字空间的城市信息有机综合体。

城市是一个复杂的巨系统，涉及人口、土地、基础设施等多种元素，从官方给出的定义可以看出，CIM主要是对城市空间全要素高精度模型的表达以及将城市级别海量多源数据和各类模型进行汇聚和融合。

从字面意思来看，城市（City）即CIM的主体和对象，小到社区、园区，大到城市；信息（Information）即CIM的核心，包括反映城市内部属性、状态、结构以及与外部环境互联、交互的一系列行为；模型（Modeling）即CIM的呈现形式，包括虚拟静态模型和虚拟动态模型。其中，虚拟静态模型比如房屋建筑等，虚拟动态模型比如城市中的河流等。

从包含要素来看，CIM主要表达的是空间维度、时间维度和感知维度的要素。空间维度的要素主要指物理空间、社会空间、属性空间以及基于空间位置链接的三类空间的耦合系统。其中，物理空间要素主要指地上、地下各类物理空间的数据模型，包括城市地质地形、时空基础数据等地表覆盖数据，城市地下管线、综合管廊等地下空间的要素数据，以及建（构）筑物的三维模型、倾斜摄影等城市三维数据。社会空间要素指包含人、企业、政府等社会空间的数据和模型。属性空间隶属于物理空间和社会空间的一部分，是对物理空间和社会空间进行详细说明的相关数据和模型。时间维度主要指城市历史、现状以及城市未来信息的综合，能够表达城市历史变迁、展现城市现状以及城市未来规划。感知维度主要包括人流、物流、信息流等表达社会空间与物理空间耦合轨迹的"流向"感知监测数据和模型，同时，也包含新一代传感器对于城市各类实时状态的监测，例如温度感知、能耗监测等感知数据和模型。

从技术层面来看，简而言之，CIM = 3DGIS + BIM + IoT +（Application Based on CIM）。其中，3DGIS实现城市宏观大场景的数字化模拟表达和空间分析（骨架）；BIM实现了对城市细胞级（地上/地下）建筑物的物理设施、功能信息的精准表达（肌肉）；IoT是渗透进宏大场景与细胞级建筑物内外部的神经元网络和动静脉系统（神经和血液）；Application Based on CIM就是基于CIM的具体应用（氧气和能量）。

综上所述，CIM至少包含以下含义：

（1）以BIM+GIS+IoT为核心技术

从CIM提出的初衷和当前的发展来看，CIM的发展离不开BIM、GIS和IoT的技术支持，为CIM推动智慧城市发展发挥着不同的作用。BIM是对城市建（构）筑物的描述，是在小尺度下对城市中建筑物以及基础设施的描述，包含着不同阶段的建筑参数信息，可以在城市管理运营各阶段实现建筑信息资源共享，BIM技术的引入，解决了CIM中对城市建筑及基础设施内部信息缺少问题，能够将城市管理的精细程度由建筑物级别提升到建筑物的构件级别，推动城市管理精细化发展。GIS是对城市地理空间的描述，侧重于对城市场景中大尺度空间的描述，是基于时空关系将城市中各个要素进行组织和管理，主要能够实现以下两个目标：一是为城市中各种信息提供汇聚的载体，如将BIM置于GIS场景中，能够让BIM模型与周围地理要素产生联系，实现精准定位、实时感知信息的物联网节点；二是可以将与空间位置相关的信息进行集成、处理、可视化、分析与决策。IoT可以对城市运行状态进行感知、计算和处理，IoT能够让城市中万物互联，获取城市运行中的设施实时动态信息，从而为城市精准管理提供支撑。

（2）须对城市场景进行表达和呈现

CIM不仅是对城市场景中涉及的人文要素、地理要素以及社会要素进行数字化表达，还要能够反映城市场景的空间分布模式、演化过程、相互作用的机制。参考间国年教授提出的场景地理学理论，从城市的抽象表达和描述出发，CIM要能够支持语义描述、空间定位、几何形态、演化过程、要素相互关系和属性特征六个方面统一表达，并能够支持城市的全方位、多模式、三维动态可视化表达。

（3）是城市信息聚合的成果

CIM所容纳的信息覆盖不同层次、不同尺度、不同时间维度，它通过对城市中各类信息进行提取、聚合，而形成更有"智慧"的信息模型。城市中的数据从数据类型上划分，包括城市数字化模型数据（BIM数据、建模数据等）、城市运行感知数据（物联感知数据、视频感知数据、全民感知数据等）、城市的基础空间数据、城市的政务业务数据（交通、市政工程等）；从数据格式上划分，包括地图数据、文本数据、图表数据、视频数据等。通过对这些数据内容进行不同层级的特征提取和聚合，形成CIM数据模型。CIM数据模型作为新型智慧城市的基础信息模型，在模型定义、分析以及管理等方面需要全新的、专业的平台支持，以满足新型智慧城市建设需要。

2.1.2 CIM理论框架

2.1.2.1 CIM框架

城市是人力社会生产力发展到一定阶段产生的，是人类社会经济活动的产物。

随着科学技术的不断发展，人类在城市中的主导地位日益凸显，典型表现就是每个城市的规划设计不同，但是作为人类赖以生存的载体，每个城市具有相同的城市体系。

城市是一个复杂的系统，由自然系统、社会系统、经济系统、生态系统等组成。自然系统是人类生存的基础，为人类提供适宜的地理、气候、土地、有机环境等自然条件，是城市形成和发展的先决条件。城市的发展必须尊重自然的发展规律，超过自然环境的承载力，城市发展就会受到影响。社会系统是城市系统的重要组成部分，社会系统包括个体、企业、政府以及其他组织。人是城市发展的主体，由人来进行城市的建设，人也在城市中生活和工作，即人建设城市是为了满足人的需求与愿望，人的主观意识会决定城市的建设水平；政府是保证城市正常运行的机构，在城市建设和管理中承担着组织领导、公共管理、安全保障等职能；企业是城市运行必不可少的组织机构，能够为城市居民生活提供支撑，为居民提供就业，增加地方财政收入，促进城市建设、公共服务投入等，推动城市发展。城市的基础设施是人得以生活和工作的基础，承载着人的生活功能，主要包括道路、通信设施、给水排水管廊、桥梁、商业建筑、住宅建筑、医疗教育设施、园林绿化等，城市的基础设施关系到城市生活质量。

随着城镇化的纵深发展，资源对经济发展的束缚越来越大，越来越多的"城市病"的出现，如交通拥堵、资源短缺、环境恶化、住房紧张、失业率高等，严重影响了城镇化的质量。从世界城镇化发展历程看，"城市病"是在城镇化过程中出现的，我国城镇化进入了稳步发展期，急需解决因城镇化而出现的"城市病"问题。

随着CIM技术的发展及应用，智慧城市领域的专家学者、企业、政府机构等一致认为CIM是促进城市治理精细化、数字化和智慧化的重要技术。

为了解决上述共性问题，必须借助CIM技术对实体城市进行模拟仿真，从而实现对城市的监测预警，推动城市治理精细化、智慧化。要充分将CIM技术应用到智慧城市中，必须对其理论框架进行研究，CIM的理论框架脱离不开城市框架，因此，结合城市系统的构成以及CIM概念内涵，提出如图2-1所示的CIM框架。

CIM框架是在城市规划、设计、建设和管理等需求驱动下，对城市物理实体和城市现状空间、城市全生命周期中的事件、数据等的利用以及对社会实体的管理。CIM框架核心是将城市现状及城市各阶段中所产生的数据进行数字化映射，形成城市信息实体，构建一个三维数字化城市空间，即将现实城市进行镜像，变成肉眼可见的"缩小版城市"，便于社会实体基于"线上缩小版城市"的运行现状及历史数据，从而进

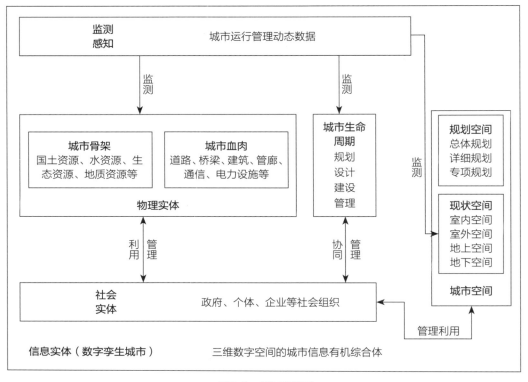

图2-1　CIM框架图

行城市未来的模拟仿真、监测预警等工作，实现在城市规划、城市建设、城市运营和城市管理阶段的智能化管理、精细化管理，使城市规划空间及布局更加合理、城市建设更加集约、城市运营管理更加精细化，为人们生活和工作提供健康、舒适的环境，促进彼此成长，实现共赢。

在CIM框架中，社会实体以不同的角色参与城市规划、设计、建设和管理的相关过程，与不同的组织机构协同城市各阶段相关工作；社会实体通过在物理实体中布设传感器等物联感知设备，进而实现对国土资源、水资源、生态资源、地质资源等"城市骨架"，道路、桥梁、建筑、管廊、通信、电力设施等"城市血肉"，城市现状空间以及对城市规划、设计、建设和管理等过程事件的监测，获取城市运行数据，感知运行状态。社会实体、物理实体、城市空间以及城市周期、事件及其各自之间的相关关系产生了信息实体，即数字孪生，构建起了三维数字空间的城市信息有机综合体。

2.1.2.2　框架相关概念

CIM理论框架涉及社会实体、物理实体、城市空间、城市生命周期以及监测感知和信息实体六大概念。

1．社会实体

CIM框架中社会实体主要指在城市发展中起决定性作用的实体，包括个人和组织。其中，个人指在城市中生活的人；组织指城市中由若干个人或群体组成的机构，有共同的目标，如政府机构、事业单位、企业和社会团体等。

2．物理实体

物理实体是城市中客观存在的，不随人的意志为转移的物质及资源城市中的物理实体包括"城市骨架"和"城市血肉"。其中"城市骨架"指城市中的资源与环境，是支撑城市运行的物质要素，包括国土资源、水资源、生态资源以及地质资源等；"城市血肉"是城市中后天人为建设的内容，包括道路、桥梁、管线管廊、房屋、园林绿化、电力、通信等基础设施。

3．城市空间

城市空间是城市中物质环境、功能活动和文化价值等组成要素之间关系的表现方式。CIM框架中城市空间主要描述城市中实体空间，包括规划空间和现状空间。其中，规划空间是对一定时期内城市空间的人口规模、产业发展、城市交通、城市绿地、居住用地和产业用地等土地利用以及空间布局的合理规划以及实施管理，一般包括总体规划、详细规划和专项规划，是城市中单个项目选址、审查的重要依据，城市在实际建设中，不会完全按照规划空间进行建设，但会朝着规划空间的方向发展；现状空间是城市中各种活动的现状载体，比如建筑内部空间、建筑与建筑、建筑与绿地等之间的空间等，现状空间随着时间的推移逐步演变为历史空间。

4．城市生命周期

城市生命周期指从城市规划、城市设计、城市建设直至城市消亡的全过程，分为城市规划阶段、城市设计阶段、城市建设阶段和城市运行管理阶段。

城市规划是规范城市建设、研究城市未来发展、城市合理布局和综合安排城市各项工程建设的综合规划，是对一定时期内城市发展的蓝图展望，是城市建设和管理的重要依据，也是开展城市设计、建设和管理的前提。城市规划是根据城市的地理环境、人文条件和经济发展状况等现状条件，针对城市经济结构、空间结构和社会结构制定适宜城市整体发展的战略性规划。

城市设计是为提高生活质量、改善城市环境、合理利用空间，在城市规划的基础上，由规划师、建筑师等设计师，运用多种综合手段，深化城市规划，对园林景观、建筑等进行设计，为城市建设提供指导。城市设计贯穿于城市建设的全过程，大到一个城市的总体设计，小到一个特定的空间场所，如一个广场、一个小品、一个绿地等的设计。城市设计包括宏观城市设计、中观城市设计、微观城市设计。宏观城市设计侧重于对城市整体环境和空间的设计；中观城市设计侧重于城市设计分区的具体范围，主要从空间布局、功能分区、建筑设计和交通组织等方面进行设计，一般包括城市空间轴线设计、城市滨水区、历史地段、城市中心区等设计；微观城市设计侧重于针对即将建设的区域，如广场、小区、公园等的具体设计。

城市建设以城市规划和设计为依据，重点对城市人居环境进行建设和改造，通过工程建设对城市中的居住建筑、公共建筑以及市政公用设施及生态环境进行改造，为城市管理提供基础性、阶段性工作，保障居民正常生活和城市社会经济稳步发展。

5．监测感知

监测感知指通过物联网技术，对建（构）筑物与设施、资源与环境、现状空间进行监测感知，建筑监测、市政设施监测、气象监测、交通监测、生态环境监测、城市安防监测。

建筑监测：通过传感器等物联感知设备对城市中相关重要建筑物的设备运行状况及能耗进行监测，获取其物联感知数据；

市政设施监测：对城市道路、桥梁、城市轨道交通、供水、排水、燃气、热力、园林绿化、环境卫生、道路照明、工业垃圾、医疗垃圾、生活垃圾处理设备等设施及其附属设施进行物联感知监测，掌握市政设施运行状况；

气象监测：对雨量、气温、气压、相对湿度以及其他气象要素进行物联感知监测，掌握气象信息；

交通监测：对交通状态进行实时监测，获取监控视频或照片等信息；

生态环境监测：对河湖水质、土壤、大气等生态环境进行物联感知监测，了解其变化；

城市安防监测：对城市安全防控主要因素进行物联监控，如治安视频和三防等的监控。

6．信息实体

信息实体是由社会实体、物理实体、空间实体以及在城市全生命周期过程中产生的各类数据，通过GIS、BIM、物联网等技术，将其形成数字孪生的实体数据，最终以CIM成果数据进行显示。CIM成果数据是指社会、物理、空间、过程等产生的各类数据的集合，包括城市空间基础、资源调查、规划管控、工程建设项目、公共专题和物联感知等数据。其中，城市空间基础数据是物理实体中建筑与设施、空间实体两类概念的实例化；资源调查数据是物理实体资源与环境概念的实例化；规划管控数据是空间实体中规划空间概念的实例化；工程建设项目数据是过程概念的实例化；公共专题数据是社会实体概念的实例化；物联感知数据是监测感知概念的实例化。

2.1.3　CIM与CIM基础平台关系

从前面章节中可以看到，CIM是一门融合了GIS、BIM、IoT等技术的新型信息技术，覆盖了新型测绘、语义建模、模拟仿真、深度学习、协同计算、虚拟现实、边缘计算等多技术门类。CIM技术核心是实现了对城市的二三维一体化、地上地下一体化、室内室外一体化的全维度、结构化信息模型表达，对城市建筑物及市政基础设施进行全生命周期跟踪和分析，从而实现对城市运行趋势进行模拟仿真，构建起"在虚拟世界试错、在物理世界执行"的"虚实融合、以虚控实"的新型智慧城市建设技术体系。

CIM作为一门信息技术，必须要有承载此技术的发展载体。而承载CIM技术的载体即是CIM基础平台，因此，要推广应用CIM技术，首要任务是先搭建CIM基础平台，没有CIM基础平台，应用CIM技术就无从谈起，CIM基础平台建设对CIM技术推广至关重要。

2.2　CIM基础平台概述

2.2.1　CIM基础平台概念

推进 CIM 基础平台建设，打造智慧城市的三维数字底座，推动 CIM 在各领域的融合应用，对于推进新型城市建设，引领城市转型升级，提高城市治理水平具有重要意义。

《城市信息模型（CIM）基础平台技术导则》（修订版）中对城市信息模型（CIM）基础平台做了官方定义，即：城市信息模型基础平台（CIM基础平台）是管理和表达城市立体空间、建筑物和基础设施等三维数字模型，支撑城市规划、建设、管理、运行工作的基础性操作平台，是智慧城市的基础性和关键性信息基础设施。

2.2.2　CIM基础平台定位

从前面CIM概念及特征可以看出，CIM同GIS、BIM一样，是一门技术，未来是支撑智慧城市建设的核心技术之一，将会应用到各个行业。因此会出现诸如水务CIM、铁路CIM、应急CIM、市政CIM等不同专业的CIM，而各个专业所需要的公共部分，即为CIM基础平台。融合了城市地上地下、室内室外、历史现状未来多维多尺度空间数据和物联感知数据，具备空间数据管理、空间分析、时空数据可视化等功能，支持不同的专业基于CIM基础平台进行各专业业务场景的二次开发。因此CIM基础平台是城市智慧化运营管理的基础平台，由城市人民政府主导建设，负责全面协调和统筹管理，并明确责任部门推进CIM基础平台的规划建设、运行管理、更新维护工作。

2.2.3　CIM基础平台与新城建

随着城镇化以及社会经济的不断发展，"城市病"不断蔓延，同时，人们对赖以生存的城市提出了更高的要求。为了防止"城市病"蔓延，转变城市发展方式、改善居住环境、提升城市品质、实现城市高质量发展是当前城市发展的重中之重，而新型基础设施与新型城镇化的统筹协调发展必将成为城市发展的新常态。

习近平总书记指出，世界正在进入以信息产业为主导的经济发展时期，我们要把握数字化、网络化、智能化融合发展的契机，以信息化、智能化为杠杆培育新动能。为深入贯彻落实习近平总书记重要指示精神，2020年8月，住房和城乡建设部、中央网信办、科技部、工业和信息化部、人力资源社会保障部、商务部及银监会七部委联合印发《关于加快推进新型城市基础设施建设的指导意见》，文件中首次提出"新城建"的概念，即是基于数字化、网络化、智能化的新型城市基础设施建设。文件中提出全面推进CIM平台建设、实施智能化市政基础设施建设和改造、协同发展智慧城市与智能网联汽车、建设智能化城市安全监管平台、推进智慧社区建设、推动智能建造与建筑工业化协同发展、推进城市综合管理服务平台建设七大任务，CIM基础平台作为新城建的首要与基础性任务，已在全国各地建设并开展应用。

CIM基础平台作为连接城市信息相关要素的新型基础设施，有助于促进城市规划、建设、管理与运营方式变革，构建包含智能交互、智能连接、智能中枢、智能应用的智能系统，提高城市建设管理数字化、精细化、网络化、智能化水平，为"新城建"提供坚实数字化底座和基础保障。而新城建其他六大任务有助于拓展CIM基础平台应用领域，创新CIM应用空间，丰富CIM基础平台应用场景，二者相辅相成，互相促进，从而为城市提质增效、转型升级带来新机遇、新发展，推动城市高质量发展。

2

设计篇

第**3**章

第 章

设计理论与方法

CIM基础平台设计是一项系统化工作，要统筹考虑CIM基础平台在智慧城市中的定位以及CIM基础平台所要承担的功能，从而有针对性、系统化地对CIM基础平台进行设计。本章结合已建CIM基础平台设计思路以及信息化平台设计的共性理论知识，重点对CIM基础平台的设计原则、设计思路以及设计方法进行体系化介绍，从而为开展CIM基础平台设计工作提供理论参考，确保CIM基础平台设计更加符合城市发展需要，切实支撑新型智慧城市建设。

3.1 设计原则

CIM基础平台作为信息系统之一，应当参照软件工程的设计流程，系统设计应具备以下原则：以先进性和实用性、共享性和兼容性、开放性和规范性、可扩展性和可维护性、安全性和保密性等作为基本建设原则，规划系统的整体构架。

（1）先进性和实用性原则

CIM基础平台建设项目建设在考虑系统的结构设计、配置、管理方式经济实用性的同时，要尽可能采用先进的技术、方法、软件、硬件和网络平台，确保系统的先进性，同时兼顾成熟性，保证系统成熟而且可靠。系统在满足全局性与整体性要求的同时，能够适应未来技术发展和需求的变化，使系统能够可持续发展。

CIM基础平台建设项目建设应从用户需求出发，充分考虑发展的需要来确定系统规模，系统应突出实用，与使用部门用户的实际需求相符合，同时，系统设计应充分考虑不同类型用户的使用习惯，力求操作简便、易用，系统响应符合多种用户的操作习惯。

（2）共享性和兼容性原则

共享性是CIM基础平台建设项目建设的一个重要原则和根本目的，在平台设计和建设过程中，必须充分考虑系统集成、数据共享、业务协同。数据共享包括本部门的数据共享给外单位和本部门办公需要外单位共享的数据两种情况。

由于以前开发的系统都是由多个开发商在不同的时期采用不同的技术单个开发的，系统架构、采用的平台、技术不尽相同。这样会导致系统之间数据共享、接口编程都有一定的困难。CIM基础平台建设项目在设计时就应该选定适当的开发平台和技术框架，尽量做到技术上保持一致性。同时要考虑系统应该具有良好的兼容性，可以兼容以前存在的业务系统。

（3）开放性和规范性原则

CIM基础平台建设项目建设要考虑与横向层面的政务信息共享平台兼容。平台在运行环境的软硬件平台选择上要符合GIS、计算机等行业标准，平台从设计到验收均执行相应的国际、国家和行业标准及省市有关标准和规定，如数据采集、数据分类、数据编码、数据库设计、数据的输入/输出、数据共享等。

系统采用的各项设备、网络平台、系统软件、应用软件均符合国际通用标准，全面符合国家有关信息安全的政策法规，能够适应国际互联网、政务专网等多层次的安全要求，并按行业标准规定具备良好的开放性。

（4）可扩展性和可维护性原则

CIM基础平台建设项目建设考虑到未来的发展和机构、业务的变化，平台需采用灵活的设计方法，在相关数据、文档和资料格式变化时，能够快速进行转换、导入、导出和扩充等，既保证了动态条件下业务流程的正确性，又保留了足够的业务可扩充性。

（5）安全性和保密性原则

CIM基础平台建设项目需建立统一的用户与权限管理，确保实现安全性和秘密性：未经授权，用户不得对数据进行访问；确保实现完整性：未经授权，用户不得对数据进行篡改，甚至删除；确保实现防抵赖性：用户在平台上的所有操作都有日志记录，防止用户抵赖。

CIM项目建设中涉及的数据属于政府内部资料，这些数据的安全性和保密性至关重要，对于涉密数据，应建立相应的涉密机房。除了安全保密以外，还应避免被破坏，对重要的数据应进行自动备份。另外，系统的安全性还体现在保证数据的真实性不被修改，保证信息变更的真实性、正确性不被篡改，因此系统应设置使用权限，严格控制用户对系统数据的操作应用，保证系统信息的保密安全。

3.2 设计思路

在进行CIM基础平台设计之前，先了解CIM基础平台的要求定位。根据《中华人民共和国国民经济和社会发展第十四个五年规划和2035年远景目标纲要》对CIM基础平台的定位："完善城市信息模型平台和运行管理服务平台，构建城市数据资源体系，推进城市数据大脑建设。探索建设数字孪生城市"，可以理解为CIM基础平台是支持数字孪生城市的城市公共数字底座，因此设计CIM基础平台时，要从基础性、专业性、可拓展性、集成性多个维度进行考虑。

（1）基础性

CIM基础平台要构建成为三维数字城市底座，最基础的功能就是要加载海量的多源异构异地异主数据，包括二三维GIS数据、BIM数据、IoT数据，以及社会经济数据，例如BIM的广泛应用，使得城市拥有大量的精细BIM模型，BIM模型需要汇聚深化应用，才能发挥BIM价值。海量的IoT数据接入CIM基础平台，在三维立体空间显示、预警、模拟现实世界中实时运行的监测数据，实现从二维平面治理向三维立体空间式的治理的升级，辅助城市精细化治理。

（2）专业性

CIM基础平台实现海量数据的汇聚、存储、加载、渲染、高效调用和仿真模拟等专业化能力，针对这些专业能力研究CIM基础平台的总体架构设计、技术路线选取以及关键技术攻关研究，提前规划评估CIM基础平台的总体框架设计、概念模型设计、系统平台设计、应用模式设计、标准体系设计、安全体系设计、数据体系设计以及保障体系设计，才能发挥出CIM基础平台的三维数字底座支撑能力。

（3）可拓展性

建设CIM基础平台可以理解为建设智慧城市的公共数字底座，CIM基础平台是把各专业都需要的公共部分通过政府统一建设，然后在CIM基础平台上开展专业、专项和综合应用，支撑其他各行各业，比如水利CIM、交通CIM、住建CIM等。因此在设计CIM基础平台时，要考虑平台的可拓展性，结合实际情况考虑平台框架和数据构成的可扩展性，满足数据汇聚更新、服务扩展和智慧城市应用延伸等需求。

（4）集成性

在建设数字中国的大背景下，CIM基础平台应该充分利用城市现有政务信息化基础设施资源，通过加强数据协同、业务协同和部门协同，支撑城市建设、城市管理、城市运行、公共服务、城市体检、城市安全、住房、管线、交通、水务、规划、自然资源、工地管理、绿色建筑、社区管理、医疗卫生、应急指挥等领域的应用，应对接工程建设项目审批管理系统、一体化在线政务服务平台等系统，并支撑智慧城市其他应用的建设与运行。因此，设计 CIM 基础平台时，考虑系统集成性，系统与系统之间要求相互独立、接口开放、职责明确，确保任何一个系统的损坏和替换不会影响到其他系统。

3.3 设计方法

在系统设计阶段，采用合适的设计方法，可以有效提高信息系统开发效率、提升系统利用和实际使用价值。随着信息技术的不断发展，信息系统的设计方法也在不断地发展更新，大致经历了结构化设计、原型法设计、面向对象的设计、面向服务的设计以及综合设计法。

结构化设计方法给出一组帮助设计人员在模块层次上区分设计质量的原理与技术。它把系统作为一系列数据流的转换，输入数据被转换为期望的输出值，通过模块化来完成自上而下实现的文档化，并作为一种评价标准在软件设计中起指导性作用，通常与结构化分析方法衔接起来使用，以数据流图为基础得到软件的模块结构。结构化设计方法适用于变换型结构和事务型结构的目标系统。结构化设计是数据模型和过程模型的结合。在设计过程中，它从整个程序的结构出发，利用模块结构图表述程序模块之间的关系。

原型法是与生命周期法完全不同的 MIS 开发方法。前述以结构化系统分析与设计为核心的新生命周期法，以其严密的理论基础、严格的阶段划分、详细的工作步骤、规范的文档要求，以及"自上而下"的开发策略，在 MIS 开发方法中起主导作用。然而，随着时间的推移、技术的进步，生命周期法和结构化设计方法的弊病逐渐暴露出来。首先，开发过程烦琐复杂，灵活性较差；其次，系统开发周期长，系统难以适应内外部环境变化。另外，生命周期法和结构化方法需要管理工作程序化、管理业务标准化、数据资料规范化，并且需要相对稳定的管理体制和业务流程，这与管理基础薄弱的单位开发 MIS 不相适应。

面向对象开发方法将面向对象的思想应用于软件开发过程中，指导开发活动，是建立在"对象"概念基础上的方法学，简称 OO（Object-Oriented）方法。面向对象方法的本质是主张参照人们认识一个现实系统的方法，完成分析、设计与实现一个软件系统，提倡用人类在现实生活中常用的思维方法来认识和理解描述客观事物，强调最终建立的系统能映射问题域，使得系统中的对象，以及对象之间的关系能够如实地反映问题域中固有的事物及其关系。对象由属性和操作组成，可按其属性进行分类，对象之间的联系通过传递消息来实现，且对象具有封装性、继承性和多态性。面向对象开发方法是以用例驱动的、以体系结构为中心的、迭代的和渐增式的开发过程，主要包括需求分析、系统分析、系统设计和系统实现四个阶段，但是各个阶段的划分不像结构化开发方法那样清晰，而是在各个阶段之间迭代进行的。

面向服务的设计，简称SOA（Service-Oriented Architecture），是为了满足在Internet环境下业务集成的需要，通过连接能完成特定任务的独立功能实体实现的一种软件系统架构。SOA是一种在计算环境中设计、开发、部署和管理离散逻辑单元（服务）模型的方法，是一个组件模型，它将应用程序的不同功能单元（称为服务）通过这些服务之间定义良好的接口和契约联系起来。接口是采用中立的方式进行定义的，它应该独立于实现服务的硬件平台、操作系统和编程语言。这使得构建在各种这样的系统中的服务可以以一种统一和通用的方式进行交互。虽然基于SOA的系统并不排除使用面向对象设计（OOD）来构建单个服务，但是其整体设计却是面向服务的。

CIM基础平台定位是作为城市三维数字底座的操作系统，平台要满足汇聚多源异构异地异主数据的融合、海量数据的可视化渲染、二三维数据的互联共享，因此在系统设计方法选择方面，主要从CIM基础平台的功能要求、用户要求、性能要求、集成要求等方面进行综合考虑。

由于CIM基础平台涉及与众多应用系统的数据共享和交互需求，因此，需要建立一个开放的、松耦合的、易于扩展的系统架构，基于此CIM基础平台主要采用面向服务的设计方法。以SOA的架构进行设计和建设，方便和各组成系统间进行数据接驳和功能调用，实现整个系统的松散耦合、提高整个系统的可扩展性。

第**4**章

技术体系设计

CIM是由城市精细化管理需求和地理信息技术、物联感知技术、建筑建模技术等新一轮科技革命发展而来，目前还处于探索阶段。随着CIM模型规模和复杂性的增加，单机处理多专业海量CIM模型的存储、查询、计算分析与表达渲染变得越来越困难。对于独立的计算机来说，多个大型场景的渲染或者城市级数量的建筑信息模型渲染具有一定难度，建立CIM模型要求则更高，而城市级数量的建筑信息模型要结合地理信息数据进行展示更是对计算机性能有很高的要求，同时也需要非常长的渲染运行时间。

总的来说，目前CIM基础平台的技术难点主要体现在多源数据融合集成、模型轻量化提取展示、三维模型语义化、物联感知数据融合等方面。为了实现多源异构异地异主数据融合集成，搭建智慧城市三维数字化底板，研究CIM高效三维引擎、BIM兼容集成、CIM与智能感知和自动识别融合等关键技术，为CIM基础平台的推广运用提供参考作用。

4.1 技术路线

CIM基础平台主要涉及二三维GIS、BIM、IoT等多源异构数据融合、发布、可视化分析与展示，并且支撑开展一系列"CIM+"智慧应用，因此CIM平台采用微服务、云平台的基础架构，总体技术路线围绕CIM数据的处理、融合、渲染、应用等主线进行开展，可表示为如图4-1所示的五层技术架构。

支撑环境层提供必要的运行环境，包括分布式数据库、AI计算框架、运行支撑框架等，选用成熟的、稳定的且具备一定先进性的技术，如采用MinIO作为大数据分布式存储。支撑环境支持过程的操作系统、数据库、中间件等。

数据处理技术层紧紧围绕二三维数据、物联网数据、业务数据的采集、融合、存

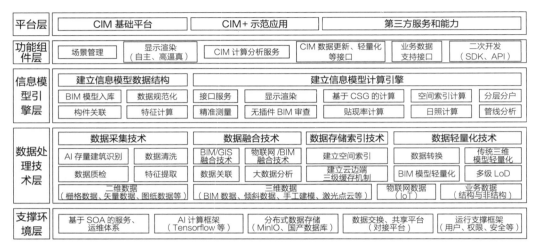

图4-1　CIM基础平台技术架构

储、索引、轻量化等方面展开，建立CIM数据库。这层一般采用自主+开源的技术路线，需根据数据特点选择必要的技术策略。如BIM与GIS融合技术，会采用二次开发读取闭源的RVT文件，然后采用自主算法实现BIM与GIS的融合。

信息模型引擎层是CIM平台的核心技术，包括建立信息模型数据结构和建立信息模型计算引擎两部分。信息模型数据结构是信息模型计算引擎的数据源，由数据处理技术产生得到。信息模型计算引擎扩展图形引擎的能力，具备显示渲染、构件计算等BIM能力。这层计算全部采用自主研发。

功能组件层基于信息模型引擎及渲染引擎提供对外的组件化功能，包括场景管理、显示渲染、CIM计算分析服务、数据更新等能力，也提供二次开发供平台调用。其中显示渲染包括支持自主、易智瑞、高逼真（游戏引擎）等渲染平台。

平台层即CIM基础平台、CIM+示范应用及与第三方服务和能力对接，面向最终使用客户，采用定制开发等技术实现。

4.1.1　基于云平台技术，使用Web3D的技术实现多终端多用户的协同共享

4.1.1.1　选用云平台技术的必要性

由于建筑行业数字化是一个漫长的逐步发展演变的过程，造成BIM应用系统在行业内的无序发展，并且以单机版、本地数据存储为主、不同的应用开发商分别在不同的时间设计、安装部署、数据模型、接口协议均有着各自的特点、即使是Web化版本也没有做到与周边系统互联、互通，无法实现行业内、行业间的能力、数据共享、

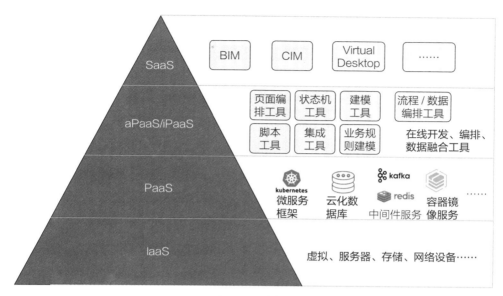

图4-2 云平台技术

继而编排出大颗粒度的行业业务能力以及由建筑条数据到块数据、由BIM到CIM的聚合、演变。具体存在的数据问题包括：数据重复输入、数据孤岛严重，数据无在线共享通道，数据格式不一致，通信协议不一致，单机应用模式，无法构建无缝协同，见图4-2。

4.1.1.2 CIM基础平台建议的云化方式

通过构建aPaaS/iPaaS云的方式封装之下的IaaS、PaaS能力，构建低成本、易使用、易维护的行业应用开发云、运行环境云以及服务提供云。其中通过IaaS的封装降低硬件OPEX、CAPEX成本；通过PaaS云的封装，降低技术中间件的使用门槛、安装部署、运维成本；通过aPaaS/iPaaS，基于PaaS提供中间件服务/部署服务之上，提供no code和low code的建筑行业应用开发环境、既有系统的集成封装能力，以及新构建BIM应用的运行环境，同时支持既有BIM应用在该环境中通过镜像打包安装。通过可视化、模型驱动的快速应用构建降低开发门槛，通过基于元数据驱动的微服务开发、部署模式，使建筑行业应用易于扩展、部署；行业应用最终以SaaS服务的方式提供给行业使用者。最终为构建、集成、运行、运维行业BIM应用、融合行业数据以及其他行业用程序提供更便捷的方式。这些特征包括：

1. 行业数据沉淀、共享

建筑行业的大数据时代，是以BIM为代表的贯穿建筑物全生命周期的信息系统的应用为契机，BIM的核心在于Information，其应用是大数据时代的必然产物。而BIM

作为建筑业的源代码，其不仅能够处理项目级的基础数据，最大的优势是承载海量项目数据。建筑业是数据量最大、规模最大的行业，随着BIM的发展及普及，势必会促使建筑行业大数据时代的到来。

但是随之而来的是数据"条""块"分割越来越严重，重复采集、重复录入、不断做"条数据"的增量化，造成数据拥堵，同时互相割裂、互不融通，使建筑行业的数据持有者数据单一、数据封闭、数据垄断问题日益严重，因为没有实现信息共享与互通，进而导致同一数据多部门、多时间重复采集、重复录入，也造成大量的人力资源、数据存储资源、网络资源浪费，行业内、行业间数据无法联动及共享。

通过云化平台的采集，建立一个开放、共享、连接的数据基地，而各个数据提供方提供的数据就像一个个可插拔的板卡，它们只有融合和集成到主板上，才能发挥数据资产真正的价值。

2．专业服务能力云化共享

通过云平台微服务框架可以注册、发现第三方的能力，例如基础BIM数据服务能力、专业分析能力，通过在云平台微服务框架中注册后，上层在开发BIM系统时，可以避免重复造轮子，快速构建BIM应用。这类行业应用的核心能力可以做到一次开发，多处使用，加快上层应用的构建速度，同时使核心能力服务质量更加可靠、边际成本更低，见图4-3。

3．数据聚合

打造公共的云化行业数据汇聚平台，让离散的"条数据"更迅速、更全面地聚合成"块数据"，为数据的职能分析、碰撞构建基础。以数据为核心，以"块数据"为突破口，打造一个开放、共享的数据聚合、共享公共云平台。通过该云平台对数据进

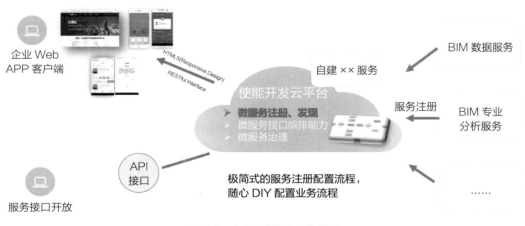

图4-3 专业服务能力云化共享

行存储或第三方数据平台对接、对数据进行管理，包括安全性管理、分类存储、数据清洗、转换、脱敏等，为数据碰撞、挖掘、分析提供基础性平台支撑，数据聚合处理流程见图4-4和图4-5。

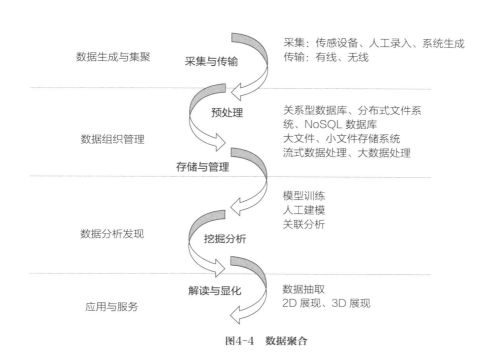

图4-4　数据聚合

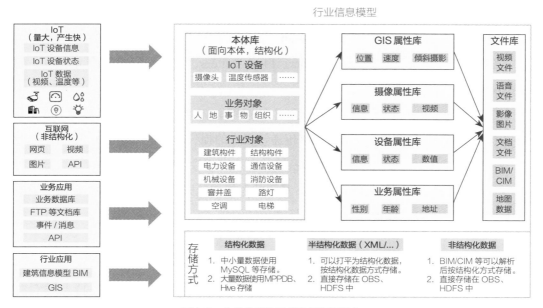

图4-5　公共的云化行业数据汇聚平台

4．更高的安全性

云技术从网络、系统、虚拟化、应用、服务、管理多层次提供端到端安全解决方案，相比本地部署方式，为客户提供更安全、更专业、更可靠、更稳定的服务，对客户的相关资产及其客户提供恰当的保护。

同时通过基于aPaaS云、PaaS云端到端的工具实现全在线开发、集成、部署能力，降低系统的开发、部署成本，见图4-6。

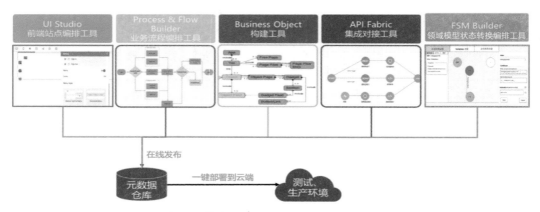

图4-6　基于aPaaS云、PaaS云端到端的工具

iPaaS/aPaaS云提供了端到端配置、开发工具，用来降低开发门槛和成本、提升开发效率，这些工具包括：

（1）站点、页面构建工具，UI Studio，支持PC/Pad/Phone三屏页面的在线编排。

（2）APP构建工具，Process Builder、Flow Builder，可以通过拖拽图元和服务的方式快速编排构建商业应用。

（3）Business Object构建工具，领域专家可以直接使用该工具构建Business Object，降低需求沟通成本，以及需求传递过程中的损失。

（4）API Fabric，可快速集成外部系统并在线完成接口联调测试。

（5）领域模型状态转换编排工具，基于状态机快速完成领域模型状态转换逻辑的编排，尤其适用于IoT设备模型状态转换逻辑的编排。

4.1.2　云原生技术

采用云原生2.0（图4-7）技术体系，充分利用微服务、容器化、持续交付、DevOps等技术，贯穿建模、开发、测试、部署、运维等软件过程。

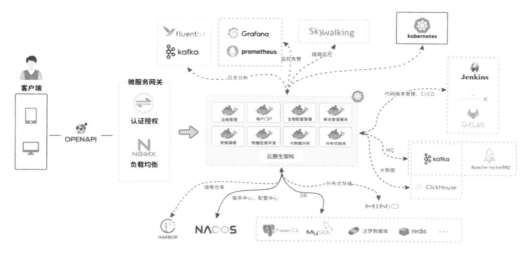

图4-7 云原生架构

平台由多个微服务组成，每个服务提供镜像可直接在容器环境中运行，通过Kubernetes对这些容器的运行环境进行编排，实现了集群环境的轻松构建和对"有压力"的服务快速扩容，突破了单体应用设计繁杂、性能方面等诸多瓶颈。平台在网关端实现了降级、限流、熔断和黑白名单等功能，保障了后端服务的平稳运行。平台通过Fluent bit实现了对各种日志的收集查询，通过日志信息快速定位问题所在。平台使用Prometheus系列监控，可对服务器、数据库、网关、中间件、应用等几乎所有环境进行监控并图形化展示，由于微服务化会使整个请求的响应链路变长，链路跟踪Skywalking可以监控整个链路的调用过程，可以帮助发现不合理的调用和改进耗时长的服务。

1. 微服务架构

平台基于微服务架构思想设计"小而自治"，集成Spring Boot、Spring Cloud等主流微服务技术框架，采用RESTful软件架构风格；应用与应用之间独立运行，具备分布式松耦合等特点；软件采用"面向对象"设计，让平台具备高内聚、低耦合等特点；同时，在开发团队构建上，各应用业务边界更清晰，开发互不干涉，团队组建更灵活，工作效率更高效。

平台提供最佳实践微服务部署方案、最合适的服务拆分方式，让平台具备可扩展性、高可用性以及高性能等特点。同时，微服务架构是实现云原生容器化部署的基础，平台可将应用构建应用镜像，在容器化环境中实现"一次构建，到处运行"，也可实现资源隔离、网络隔离，无缝运行于各类多云环境。

2．端到端全生命周期流水线

DevOps是云原生的重要特点，在软件开发生产过程中必定会有频繁的变更，CI与CD的分离，通过手动适配变更，必然会出错，DevOps可以很好地帮助开发人员排除"人"的因素，保证在生产交付迭代集成中准确无误，降低沟通成本，让平台具备快速交付产品和提高交付质量的能力。

平台基于Jenkins、GitLab、Harbor、Nexus等工具搭建具备CI/CD工作流的DevOps系统，与可视化容器化平台深度整合，支持容器化和非容器化环境，提供一站式的解决方案，帮助开发和运维团队通过简单易用的方式构建、测试和发布应用到容器化平台。同时，提供插件管理、Binary-to-Image（B2I）、Source-to-Image（S2I）、代码依赖缓存、代码质量分析、流水线日志等增强功能。通过平台DevOps系统可实现自动拉取代码、项目编译、构建镜像、推送镜像、代码质量检查、项目部署全自动一条龙服务，极大降低开发成本。

3．声明式API

在微服务架构中，大多服务是无状态的，平台在服务接口上，采用声明式接口封装，声明式接口也可视为封装在有状态接口上的无状态接口，能并发处理多个写操作，并且具备Merge能力；接口无状态减少了接口跟踪状态，让接口更易于理解，提高接口的可测试性和可审计性；从而让功能API变得更简单，易于维护，可靠性也更高。同时，在处理并发性时，能够推断变更对特定应用的影响，让服务与服务之间调用更加稳定、可靠。

平台提供可视化建模中心，中心支持可视化拖拽物理表快速创建业务模型的功能，并支持自定义配置接口来操作模型数据，提供可视化的接口参数配置、在线接口调试、接口测试等功能，可快速声明并生成API接口；同时，中心集成了SQL构造器、SQL执行器和接口构造器等内核引擎，实现了模型接口"零代码"动态生成和声明式API管理。然而，声明式API设计的运用，让AgCIM Base应用强大的功能变得更加简单、易用。

4.2　关键技术

在GIS平台上集成BIM软件以及构建一体化的CIM基础平台，我们在如下几个方面提供了关键技术支撑，包括CIM空间索引技术、CIM数据轻量化技术、多源异构数据融合等。

4.2.1　CIM高效引擎技术

CIM高效引擎包括高效调度引擎、高效渲染引擎及高效计算引擎。高效调度引擎负责从服务器调取对应的轻量化数据和可计算数据，并转换为计算机三维引擎能够直接用于渲染的内存数据，同时平衡外存和内存的交换，控制显示质量。高效渲染引擎负责CIM数据高逼真渲染，从三维可视化渲染技术方面考虑，采用PBR、可编程流水线等技术提升三维渲染效果。高效计算引擎负责CIM数据的快速计算能力，支持平台的三维计算和专业计算。利用空间编码和空间索引技术，发挥前后端多级计算和并行计算能力。研究高效三维引擎技术，在二维GIS引擎技术的基础扩展定义二三维一体化对象模型、统一组织管理二三维数据、二三维一体化图形分层分级渲染，研究三维计算分析模型及其实现的高性能算法。

CIM引擎是将现实中的物理实体抽象为计算机可存储识别的几何实体，能快速检索并向计算机终端或以API形式提供多边体、各种曲线或多维图像等可视化表现形式的算法实现的集合，涉及CIM数据模型、查询检索、实体表达及渲染等关键技术。因此项目从模型融合设计、数据组织存储、对象索引、实体几何表达、图形渲染等多个环节进行攻关与优化，设计了能兼容二维GIS、实景三维模型和建筑信息模型BIM等各类模型的几何图形、属性一体化存储方案，采用分布式存储框架与技术。CIMStudio产品实现表达模型的轻量化和多级LoD。CIMViewer深化三维渲染引擎，利用信息模型引擎在服务器端计算复杂的功能，前端采用Worker等策略提高计算效率。

但CIM引擎还有很多需要突破的地方，根据CIM引擎的定义，包括如下几个方面：（1）高效调度引擎面临海量数据时，会出现一些网络延时的情况，根本原因是网络吞吐量大、本地机器运行效率达到了瓶颈，故需要在边缘计算、提炼数据等方面开展研究。（2）高效渲染引擎面临高仿真渲染时信息加载过慢的情况，需要消耗大量的渲染资源；而常规渲染则质量差，细节性不够，故需要平衡渲染效果，综合提升渲染能力。（3）高效计算引擎还处于初级阶段，不能完全做到全自动全智能的分析，故需要引用大数据、人工智能及其他智能模拟算法强化基础能力。

4.2.2　CIM数据索引技术

CIM数据类型众多，本书重点提出影像地形、3D模型、BIM模型、二维SHP等数据的索引技术。不同CIM数据索引技术见图4-8。

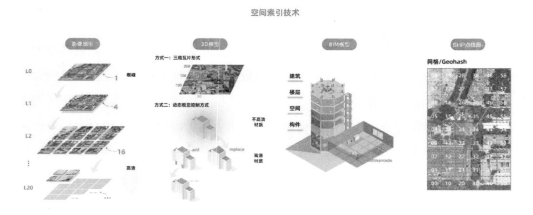

图4-8　不同CIM数据空间索引技术

4.2.2.1　影像地形的空间索引技术

影像地形的空间索引技术在GIS领域已经得到解决。这里简单说明下切片的空间索引技术。影像地形的切片数据会建立从0级到20级（部分情况下到22级）的LoD。上层LoD（低精度）和下层LoD（高精度）具有明显的等比关系，包括比例尺、分辨率。

4.2.2.2　3D模型的空间索引技术

这里的三维模型一般是指代手工建模、倾斜摄影、白模等表面模型。这类三维模型的特点是仅表达建筑（地形、桥梁等）外部，没有内部细节，所以有部分学者也把它们看作地表模型的一部分。故一般采用两种空间索引技术。

第一种技术是三维瓦片技术，跟影像地形切片非常相似，即对三维场景中模型按金字塔划分，建立金字塔LoD瓦片。其中上层LoD（低精度）和下层LoD（高精度）同样为等比关系，包括比例尺和分辨率。不过跟影像地形的空间索引不一样的是，三维瓦片的切片LoD并不一定等比，还可以根据模型的紧密程度（如顶点密集程度、建筑密集程度）有权重地切片。同时切片的次数也没有20级之多，一般最上级是200m的瓦片，最下级是25m的瓦片，建立4级LoD。

第二种技术是动态细节控制技术，它建立在对模型的细节控制。下级LoD（高精度）与上级LoD（低精度）的差异是细节补充和细节深化。比如下级LoD补充建筑门窗或对屋顶样式从平面样式深化为更细节的斜屋顶样式。

4.2.2.3　BIM模型空间索引技术

BIM模型在表达上属于三维模型的一种，但比三维模型更深化。根据CIM平台用

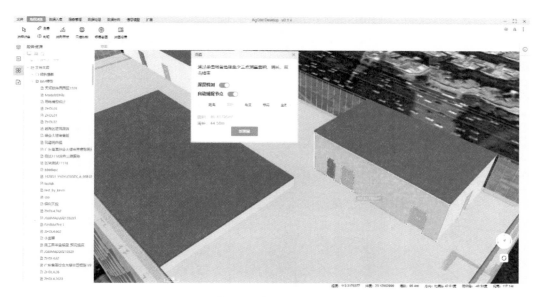

图4-9 基于BIM空间索引实现精准测量

户操作习惯，一般先看建筑的外部构造，再进入室内了解情况。BIM模型的空间索引技术也是从两个方面开展。

第一个方面是建筑层面，包括建筑外壳等信息。可按常规三维模型空间索引技术来管理。

第二个方面是建筑内部，建立楼层、空间、构件这三级的空间索引关系。即先定位楼层、再定位空间，最后对构件进行定位。如果建立空间与构件的关系比较复杂（比如墙体一般会涉及多个空间）则可以去掉空间索引，建立楼层下的构件索引技术。这里我们采用二维空间Huffman编码。具体算法是判断每个构件可被哪个空间包围盒最小化包含，见图4-9。

4.2.2.4 二维SHP空间索引技术

二维矢量数据的空间索引也是比较成熟的一种技术，包括空间网格技术、空间Hash编码技术。空间网格技术即将空间划分为网格，依次计算每个要素所在的网格编号，以此作为要素的空间编码。空间Hash编码包括GeoHash技术。GeoHash首先利用空间填充曲线将二维、三维等多维空间点索引转换为一维，采用GeoHash编码对三维空间数据进行分形和降维，见图4-10。

然后利用GeoHash字符串的长短来决定要划分区域的大小，可以划分为1—12个等级，当单元的长度和宽度选定之后，GeoHash的长度也就确定下来了，这样就把地图分为一个个的矩形区域，见图4-11。

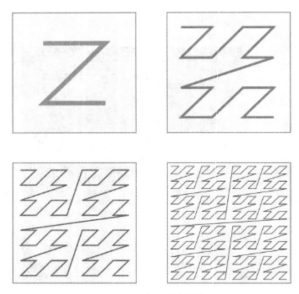

字符串长度		单元宽度		单元高度
1	≤	5000km	×	5000km
2	≤	1250km	×	625km
3	≤	156km	×	156km
4	≤	39.1km	×	19.5km
5	≤	4.89km	×	4.89km
6	≤	1.22km	×	0.61km
7	≤	153m	×	153m
8	≤	38.2m	×	19.1m
9	≤	4.77m	×	4.77m
10	≤	1.19m	×	0.596m
11	≤	149mm	×	149mm
12	≤	37.2mm	×	18.6mm

图4-10　空间填充曲线　　　　　　图4-11　GeoHash编码示例

4.2.2.5　其他信息

上述3D、BIM模型的空间索引技术一般可同时用于瓦片切片和数据管理、数据更新上。比如三维模型的更新可采用分区分片的办法，也可以采用单栋建筑更新的办法。另外上面的空间索引技术需要结合云平台的相关实现技术，建立分区域、分专业、分类型的空间索引策略。

4.2.3　CIM智能感知融合技术

通过CIM感知结合自然、社会制度不仅能够对工程建设周期的自动化识别管理，还能为城市建设在解决社会问题方面提供科学建设依据。

通过使用CIM与遥感的结合，能够识别出建筑过程的前、中、后来进行工程管理，分析建筑过程的质量、周期。视频设备通过图形图像分析与CIM结合能够识别出建筑设计与施工过程的对比分析，能够快速修正施工中可能存在的问题。在社会经济与人类安全中，能够将CIM与城市感知设备结合动态实时进行目标追踪，在发生紧急状况时能够快速定位CIM模型，通过CIM构造与物联网设备动态定位为施救过程提供帮助。

4.2.4　CIM数据轻量化技术

CIM数据类型众多，不同类型的CIM数据轻量化技术也应有所差异。倾斜摄影数

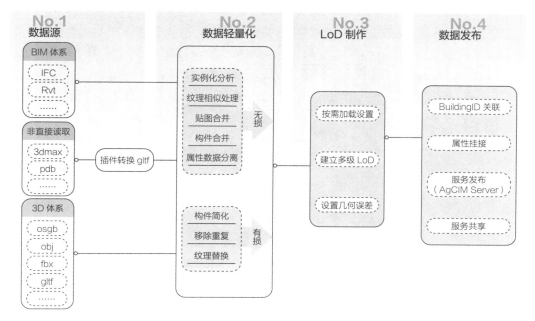

图4-12 三维数据轻量化技术路线

据单位尺度下顶点多、面多，但结构简单，无内部结构。所以轻量化技术应从顶点、层级等方面入手；三维数据（人工建模）在单位尺度下顶点少、但图片冗余很大、内部结构简单，所以轻量化技术应从压缩图片、建立立体空间的切片逻辑入手；BIM数据在单位尺度下顶点少，但内部结构复杂，渲染批次较多，所以其轻量化技术应从实例化、合并构件等方法着手。

其他的轻量化方法包括数模分离、简化三角网、模型拆分子对象、删减子对象、模型切分、移除背立面顶点、相似对象提取、参数化几何描述、图元合并、数据流压缩、LoD提取与轻量化、BIM图片材质提取等技术。这里主要介绍倾斜数据、手工建模数据、BIM模型数据轻量化处理技术，见图4-12。

4.2.4.1 基于图像相似性的手工建模的轻量化

手工建模数据是人工采集表面照片然后在设计软件中贴图形成的，所以存在大量重复的纹理信息。经图片相似性处理，可以压缩20%以上的纹理数据，相应的速度可提升20%以上。手工建模模型轻量化流程和效果见图4-13和图4-14。

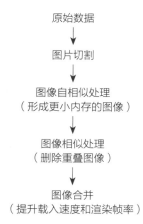

图4-13 手工建模模型轻量化流程

图4-14　手工建模模型轻量化效果

4.2.4.2　基于实例化的BIM模型轻量化

BIM模型中每一个实际存在的建筑构件都具有GeometryInstance，对于可载入族所对应的族类型也都拥有GeometryInstance，而一个GeometryInstance中包含了一个或者一组Solid，每一个Solid都是由三个顶点组成的三角片和其对应的法向量拼接而成的，而每一个可载入族实例都是由其对应的族类型的所有顶点和法向量经过空间矩阵变换获得的。因此几何引用便是将原来每一个实例的几何导出一个原始几何，和与之对应每个实例的变换矩阵建立联系实现。简单地说，就是BIM模型里面很多构件都是相似的，可以进行实例化渲染。BIM模型轻量化示意图见图4-15。

图4-15　BIM模型轻量化

4.2.4.3　基于顶点压缩的倾斜摄影数据轻量化

基于顶点压缩的倾斜摄影数据轻量化主要包括切换材质格式、合并或删除子节点。倾斜摄影模型轻量化成果示意图见图4-16。

图4-16　倾斜摄影模型轻量化

4.2.5　基于材质优化的CIM高效渲染技术

三维平台采用材质纹理表征真实的物理世界。一般情况下，材质数据远大于几何数据，占据了大量的存储和绘制设备资源，在模型绘制时显著增加了纹理载入次数和绘制批次，影响模型渲染效率。同时城市三维模型的纹理数据具有数据量大、尺寸不一致、图像质量低等特点，故优化材质数据是CIM平台优化的必要技术路径。

材质纹理的优化可分为对材质结构的优化及材质加载调用的优化。前者是指优化材质数据的结构信息，使之存储更有效的信息。后者是为优化加载和显示策略进行的优化。

随着三维技术和计算机技术的发展，除了引入基本的纹理LoD技术，我们还采用智能算法优化材质，最大限度地提高材质的使用效率，优化渲染效果。CIM材质优化策略包括：

1. 基于遗传算法的纹理合并技术

一般而言，一个三维模型具有多个材质纹理。当纹理数量非常多的时候，会严重影响加载效率和渲染效率。基于贴图合并的思想，利用遗传算法将纹理图片进行贴图合并，减少图片数量，从而达到模型轻量化的目的。具体实现思路为利用最低水平法对模型贴图进行排样，与遗传算法相结合找出排样最优解，将多张贴图合并到一张贴图中，压缩模型数据量，减少碎片化的访问时间，提高模型加载与显示效率。

2．基于图像熵和清晰度的纹理压缩策略

由于现有的建模、采集等技术固有的缺陷，存在信息含量低但分辨率高的图像，造成了不必要的空间浪费。因此，可利用材质纹理压缩技术对这些图像进行压缩。

图像信息熵值和清晰度是衡量图像信息含量的重要指标，熵值是衡量图像信息丰富程度的指标，熵值越大，图像信息量越高，反之亦然。清晰度是图像质量评价的重要标准之一，清晰度较高的图像一般具有较为丰富的细节信息、较大的分辨率和尺寸。在CIM场景中，模型在不同场景下的展示效果有所差异：大场景无需展示模型纹理细节，而小场景下则需要展示详细细节。因此，可基于信息熵和清晰度对图像进行合理压缩。

3．基于KTX的材质纹理选择策略

一般模型的材质类型包括jpg、png、webp和压缩纹理格式（dds），这些材质是常规的计算机图像格式。为提高渲染效率，通常会使用压缩纹理格式，同时也可以将传统的图片材质转为压缩纹理格式，但是在转换的过程中需要经过解码，会出现图像质量下降和体积变化，影响渲染效果。Ktx2材质是谷歌提出来的一种新的材质类型，相比于传统的jpg等图像格式，具备快速转码、体积更小、加载效率更高、更加节省内存（显存）等优势。但一般的三维引擎并不完整支持Ktx2材质，故需通过修改三维引擎（如着色器代码）来支持Ktx2材质的加载。

4．基于边缘计算的材质替换策略

低精度LoD的材质纹理数据的数据量比较少，但抢占了大量的网络线程。为减少网络请求，可使用相似纹理。在使用相似纹理之前，需要将模型的瓦片数据与纹理数据做分离，计算低精度LoD材质纹理的特征，再匹配相似的纹理数据。而边缘服务器存储低精度LoD的纹理，通过边缘计算快速匹配及响应，从而实现低精度LoD材质的网络访问。

4.2.6　CIM服务高效调用技术

针对多细节层次三维空间数据自适应可视化的特点，在三维实时可视化过程中通常会在瞬间产生大量的三维空间数据查询请求，尤其是多用户并发对三维应用服务器造成的巨大负载，需要在三维应用服务器上建立支持多用户并发的多线程模型，达到多用户请求并行处理的能力。基于此，搭建基于线程池和数据库链接池的多线程调度模型，有助于线程池模型实现多线程并发控制，且动态自适应调整；数据库链接池模型实现数据库链接的重用，提高对数据库操作的性能。通过建立基于数据内容的多线程调度任务分配机制，使不同类型数据的调度任务能并行处理，并合理分配在多核处理器上的工作负载。同时建立三维空间数据实时调度与预调度相结合的调度机制，通过实时调度和预调度分别建立不同的线程池和数据库链接池，达到实时调度和预调度并行处理的目的，并通过基于视点预测和数据内容相关性的三维空间数据预调度方法，将下一步可能实时调度的数据预先从三维空间数据库中读取出来，并在应用服务器缓存中进行管理，提高应用服务器缓存的命中率，使实时调度不再频繁地进行数据库查询操作，显著提高数据调度的效率。

4.2.7 服务场景聚合技术

针对CIM平台数据和服务共享过程中人工处理数据工作量大，重复存储浪费资源、用户调用效率低等现象，通过基于CIM平台的场景服务分发技术，根据应用场景的范围大小，从粗到细快速提供从服务聚合到场景聚合再到分权分域分发的定制化多源异构数据融合服务，实现服务对外快速发布共享。其步骤包括：根据多源数据分类，对同一类型的数据服务进行聚合处理，把多源服务融合进同一个场景；服务聚合处理器通过场景聚合组件，对场景进行聚合处理；然后客户端渲染引擎，通过请求场景服务接口查看相应的场景服务；服务管理组件对聚合后的场景服务进行分权分域分发，客户端通过资源服务地址获取申请的各类资源服务。本技术可根据应用场景的范围大小，从粗到细快速提供从服务聚合到场景聚合再到分权分域分发的定制化多源异构数据融合服务，辅助用户进行计算和分析，并可实现对外发布共享（图4-17）。

随着CIM平台的使用，注册到CIM平台的BIM数据、基础地理数据服务和公共专题数据服务必然会越来越多。这些服务当中有些不能够完全满足用户需要，还需要对

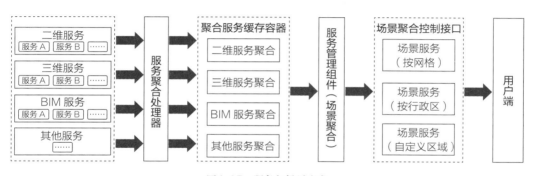

图4-17 服务与场景聚合

其进行部分提取，平台提供服务拆分技术，可以按照用户要求将大范围的地图服务进行服务拆分，形成用户需要的特定范围内的服务。

另外，对于很多用户来说，可能需要从平台申请几十个服务来支撑一个业务系统的应用，这也会让用户眼花缭乱，加重用户运维成本。通过服务聚合功能，可以将n个服务通过聚合器聚合成1个服务，给用户带来便利。同时，在很多情况下，政府部门之间或者设计、审批单位之间的电子政务网络是星形网络结构，这就意味着各部门间网络不能互通，只能访问到上一节点的网络，通过服务聚合技术，可以解决这一问题。

平台设计了逻辑服务，在单个服务发布完成后，用户通过添加逻辑服务，可以将多个服务组织成一个逻辑服务，也可以将一个服务拆分成几个服务，添加需要的服务进逻辑服务，并重新发布。用户可根据需要，配置自己的逻辑服务。

（1）服务聚合

微服务架构是一种将一个单一应用程序开发为一组小型服务的方法，每个服务运行在自己的进程中，服务间通信采用轻量级通信机制（通常用http资源API，如RESTful API）。这些服务围绕业务能力构建并且可通过全自动部署机制独立部署。这些服务共用一个最小型的集中式的管理，服务可用不同的语言开发，使用不同的数据存储技术。

图4-18表示了一个微服务应用的架构。图中将所有服务都注册到服务发现组件上，服务之间使用轻量级的通信机制通信。由图可以看到，除了Service A、Service B，还有服务发现组件、服务网关、配置服务器等组件。

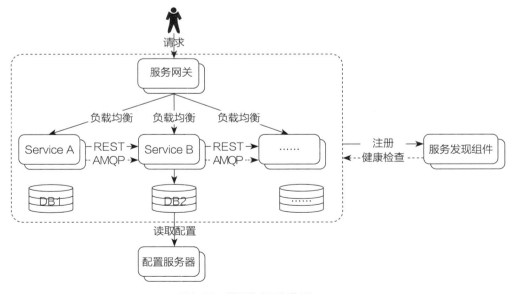

图4-18　微服务应用架构图

（2）数据共享与服务

CIM数据共享应包含在线共享、前置交换和离线拷贝三种方式，在线共享可提供浏览、查询、下载、订阅、在线服务调用等方式共享CIM数据，前置交换可通过前置机交换CIM数据，离线拷贝可通过移动介质拷贝共享数据。CIM数据共享与交换应包含通过CIM基础平台直接相互转换数据格式和采用标准的或公开的数据格式进行格式转换。

CIM数据集成网关处理用户的数据请求，并支持用户通过多种方式来访问数据。还提供标准化的数据服务，包括REST、WFS、WMS等服务，支持多用户分发、数据快速检索，支持消息队列，实现系统的统一访问。

（3）数据更新

CIM数据集成网关利用数据总线等技术，实现对各种数据的接入，支持服务注册、格式转换、数据清洗等功能，并支持对接入的服务进行管理。可以单次以Web Service服务或按批次以二三维服务用来触发CIM平台中相关行为。

CIM数据库采用要素更新、专题更新、局部更新和整体更新等方式。更新数据的坐标系统和高程基准与原有数据的坐标系统和高程基准相同，精度与原有数据精度保持一致。几何数据和属性数据同步更新，并保持相互之间的关联，数据更新后及时更新数据库索引及元数据。数据更新时，数据组织符合原有数据分类编码和数据结构要求，保证新旧数据之间的正确接边和要素之间的拓扑关系。

4.2.8　多模态CIM数据储存检索及分析技术

CIM数据具有多时空、多尺度、多源、异构等特点，其模态可分为时间模态、状态模态和表达模态，时间模态是不同时间节点下数据的形式，状态模态是指数据的业务流转状态，表达模态是指数据的呈现形式，包括文字、图形、三维等。采用Elasticsearch大数据技术，建立CIM数据时间模块模态、状态模态和表达模态的搜索模型，实现多模块数据的检索和分析。

Elasticsearch是一个分布式、高扩展、高实时的搜索与数据分析引擎，它是将全文检索、数据分析以及分布式技术合并在了一起，可用于全文搜索、结构化搜索、分析，它能很方便地使大量数据具有搜索、分析和探索的能力。充分利用Elasticsearch的水平伸缩性，能使数据在生产环境变得更有价值。Elasticsearch的实现原理主要分为以下几个步骤，首先用户将数据提交到Elasticsearch数据库中，再通过分词控制器将对应的语句分词及其权重和分词结果一并存入数据，当用户搜索数据时，再根据权重将结果排名，打分，再将返回结果呈现给用户。Elasticsearch可以用于搜索各种文档。它提供可扩展的搜索，具有接近实时的搜索，并支持多租户。Elasticsearch是分布式的，这意味着索引可以被分成分片，每个分片可以有零个或多个副本。每个节点托管一个或多个分片，并充当协调器将操作委托给正确的分片。再平衡和路由是自动完成的。相关数据通常存储在同一个索引中，该索引由一个或多个主分片和零个或多个复制分片组成。一旦创建了索引，就不能更改主分片的数量。

4.2.9 数据汇聚融合与存储技术

数据的汇聚与储存是作为搭建数据信息平台的重要基础。理论上，CIM平台不但需要融合各尺度下的各类多源异构数据，还要充分对接物联网等新兴信息技术，保障数据的及时更新与储存。

4.2.9.1 数据汇聚

首先需将数据进行汇聚，根据统一的时空基准，统一的数据格式以及数据入库标准，形成数据资源池。

其中统一时空基准是指：多源异构数据需要在统一的坐标系下进行展示，采用2000国家大地坐标系（CGCS2000）或与之联系的城市独立坐标系，高程基准应采用1985国家高程基准，将不同来源、不同坐标的数据加工处理成在统一的基准下，确保坐标一致性和地理位置信息的正确展示，通过坐标转换、空间配准、同名点匹配等技术为多源数据融合提供支撑。

统一数据格式标准：针对多源异构的城市空间数据服务发布与共享，需要采用统一的数据格式标准，对矢量数据、栅格数据、倾斜摄影模型、人工建模数据、BIM模型、点云数据、影像等各类数据进行整合，为多源地理空间数据在不同终端（移动端、浏览器、桌面端）中的存储、绘制、共享与互操作提供技术支撑。

4.2.9.2 数据存储

基于Hadoop分布式存储架构，采用分布式数据存储作为空间数据库，建立Geo索引，实现海量遥感数据的并行计算，解决传统数据存储和调度的性能瓶颈问题。通过研究基于混合分割的海量异构数据组织模型、基于内容的多维索引、基于数据访问特征的存储机制等大数据存储与索引技术；具体采用Hadoop的分布式文件系统HDFS，对城市大数据结构化、半结构化和非结构化数据进行存储，存储节点可动态部署和扩展，在同一架构下支持从TB级到PB级等不同规模的数据存储。针对CIM数据多源异构的特点，采用Hadoop Spatial框架进行分布式存储处理。特别是处理非结构化数据时，Hadoop在性能和成本方面都具有优势，数据存储逻辑结构见图4-19。

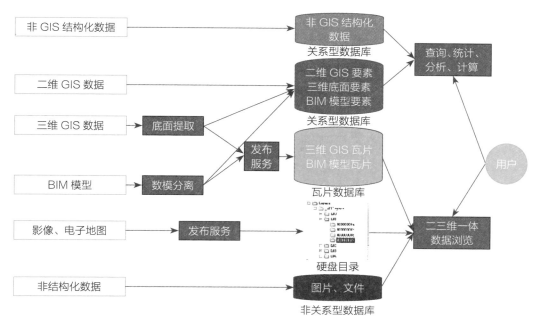

图4-19 数据存储逻辑结构

4.2.9.3 数据融合

　　CIM数据融合最大的技术挑战在于BIM与GIS的融合。BIM数据量大、结构复杂、专业性强，一般需要对数据进行轻量化处理。同时为了能最大程度还原BIM的能力，BIM数据融合也应保留BIM模型的属性、几何和语义信息。对此，建立BIM数据库，建立高效的空间索引，建立BIM计算引擎是BIM融合的关键技术。

　　CIM的数据融合可以从表达效果融合和业务融合两种思路来开展。其中表达效果融合是两种或多种数据一起相互支持，形成三维的、空间的、可视化效果好的方式来体现。这包括影像+地形形成表面地理，还包括在三维上表达矢量数据，具备发光、高亮、流体线等效果。业务融合主要从数据的语义来开展，如规划管控盒子拉伸成三维后，可以非常明显地看到控制要求。BIM+物联网融合是非常明显的，具备交互能力的一种方式，可以把物联网获得数据直观地显示到BIM构件中，点击BIM构件也支持物联网设备的管控。

　　多源数据精准融合：在统一的空间坐标、数据格式标准基础上，多源异构的数据需要在统一的空间地址和编码上进行衔接和匹配，形成统一的城市空间资产。在DEM和DOM、BIM与GIS、倾斜摄影模型与GIS、激光点云与GIS、BIM与倾斜摄影、物联感知数据与GIS等各类数据融合的基础上，建立信息资源统一的时空框架，做到空间定位、编码一致，并在CIM基础平台中建立起有机联系，实现多源信息的准

67

确集成与定位关联，是平台建设的重点。

多源数据智能语义融合：有些CIM数据在数据生产后并未挂接或具备属性信息。可利用诸如AI智能识别技术等手段对倾斜摄影数据进行实体识别，实现模型单体化、轻量化等能力，提高多源数据精准融合。

4.2.9.4 服务发布

根据第一步汇聚的CIM资源，根据数据入库的标准进行自动化或半自动化的发布服务。其中CIM数据服务包括CIM的三维瓦片数据服务及CIM的信息模型数据服务。服务发布的具体能力由轻量化技术、BIM数据入库等技术和功能支撑。

平台采用分布式存储计算，提高了系统的服务发布能力以及数据加载的效率。

4.2.10 实时视频与CIM融合技术

针对无法准确获得摄像头空间位置及相机内外参数的问题，基于启发式算法的模拟退火法研发程序自动计算出摄像机位置、方位及投影矩阵参数，实现摄像头实时视频与三维场景的自动、快速、精确位置匹配，支持多路视频与CIM场景自动融合，相邻摄像头实时视频可无缝衔接，支持投影畸变自动优化改善并提供自定义投影范围编辑，支持多视频同步机制，同一时刻支持多路视频同步播放。

在地理信息系统（GIS）领域中，基于倾斜摄影测量技术制作的实景三维场景具有多项优势，不仅能完整地还原地形地貌，尤其是城市环境中的建筑物外立面、近地面广告牌等环境细节，而且具有高精度的可量测性，可进行全角度的三维测量。但是，实景三维场景是某一时间节点的成果，本质上属于静态地图，数据的现势性问题无法避免。为解决这个问题，实景三维GIS越来越多地接入物联网传感器，融合现实世界的动态情况，来满足各自的业务需求。如接入定位信号，在实景三维场景中显示人员和车辆实时位置等。其中一项最重要的物联网传感器就是视频监控设备，负责将现实世界的实时图像信息接入由实景三维数据构建的虚拟现实场景，并得到广泛应用。然而单一视频监控图像的视域范围有限，多路视频切换或分屏播放都会导致监控目标失去焦点，影响监控效果。同时屏幕化的视频监控图像孤立于周边环境，不能通过屏幕画面直观地了解视频监控图像在现实世界中的确切位置，及其与周边环境的关系。因此将视频监控图像以几何投影方式贴合到地面（简称"视频贴地"）融合到实景三维场景中，多路视频画面在空间上拼接，形成较大区域的连续画面，确立完整的视频监控环境成为GIS应用研究中一项十分必要的工作。

目前，已有不少方法实现了三维场景与视频监控实时画面融合，但这些方法都需要人工实现视频画面与三维场景的校准，系统用户需要调整摄像头的地理坐标、朝向、俯角、拍摄距离等多个参数的值来找到最优解，这几种参数组合起来让调整的次数可能达到成千上万次，而且还不一定找到最佳的组合形式，效率低且准确度不高。

CIM无缝集成了包括实景三维模型、人工建模的精细三维模型、BIM模型等数据，对三维场景与视频监控实时画面融合提出了更高的要求，例如CIM场景中精细三维模型的位置、高度、大小、长度等可能与现实世界物体的高度、大小、长度等存在误差，导致增加了三维场景与视频监控实时画面精准融合的难度。

利用启发式算法中的模拟退火算法，解决了在无法准确获得摄像头空间位置及相机内外参数的情况下，可自动、快速、自适应地求解摄像机位置、方位及投影变换参数，实现视频与三维场景的较高贴合，不需要人工通过系统调整摄像头的地理坐标、朝向、俯角、拍摄距离等多个参数的值来实现视频监控摄像头实时视频画面与CIM三维场景信息的融合，为高效、准确实现多路视频与CIM场景自动融合提供了一种有效的解决方案。

4.2.11　存量建筑自动识别和快速采集建库

存量建筑通常指在一定使用期限内仍可使用或保留一些使用价值的建筑物，包括可以再利用的日常旧建筑，也包含具有保护意义的特定历史建筑。存量建筑按性质可分为三大类：居住建筑、公共建筑和工业建筑。其中居住类存量建筑包括城中村、住宅、宿舍等，公共类存量建筑主要有办公建筑、商业建筑等。存量建筑具有巨大的空间价值、经济价值和文化价值。

传统的地物信息提取主要依靠人工判读，过分依赖人的主观知识与精神状况，在耗费巨大人力资源的同时无法保证信息提取的准确性与时效性，导致结果在实用性与通用性上都无法满足需求，在遥感技术快速发展的今天这个问题变得更加严峻，低效率的信息提取阻碍了相关领域的快速发展，同时造成了国家遥感资源的浪费。将遥感数据与计算机技术，特别是图像处理的相关手段结合起来，是遥感影像信息提取技术的一个发展方向。借助于计算机强大的计算能力以及图像算法的自动化处理能力，能让人摆脱繁重的手工作业，同时大大提升信息提取的效率，对于地物信息提取的时效性有了极大的保障，具有重大的实用意义。

项目研究了基于现有的建筑物智能识别技术和方法，多技术、多数据融合提高存量建筑的识别效率。

基于遥感数据、倾斜摄影数据进行存量建筑的识别，面临数据量大、数据种类丰富、数据被周边影响大等特点。基于AI的存量建筑自动识别可大大减少人工的识别工作量。建立存量建筑智能识别云平台可提高智能识别的管理能力，促进资源、算力的共享，也方便二次开发或数据的再利用。

4.2.12 云边端协同的三维服务高速缓存技术

随着CIM平台的深入应用，各委办局需要基于CIM基础平台进行开发以及展示应用，随着用户量的增长以及服务的频繁调用，以及硬件和带宽资源有一定的瓶颈，网络传输之间的时间损耗等影响，存在以下问题：（1）原来的服务协议版本低可能与浏览器产生"队头堵塞"等的问题；（2）海量CIM数据服务，与要求的网络带宽不匹配，直接通过政务外网的百兆光纤出口会存在网络瓶颈；（3）三维服务软件拓展成本高，难以横向扩展；（4）CIM业务范畴广，涉面宽，更新管理分级分域困难。

为了解决以上问题，实现三维服务进行快速访问以及保证业务系统使用的顺畅性；基于此研发了云边协同的三维服务高速缓存技术，使服务资源能够快速访问，并支持异地横向扩展。

1．CIM数据的特征分析

数据更新的时效性特征；CIM基础平台包括了大量的存档数据，比如年度的倾斜摄影数据服务。

数据访问的地域性特征：各地委办局会更倾向访问本区域数据。

数据内容的一致性特征：CIM基础平台包括了大量的一致性数据特征，即包括了诸多的非业务控制数据。

2．核心技术设计

（1）设计思路

采用高速缓存组件，提升三维数据服务调用速度，并降低数据库的压力，支持横向扩展集群支持高并发。

在现有CIM高效缓存策略的基础上补充区级（或片区级）边缘服务器，该服务器对内具备高速带宽，并能够提前准备本区域CIM数据。

（2）具体实施

云边协同高速缓存架构如图4-20所示。

首先服务直接从服务站点进行缓存，缓存站点可以对CIM服务进行缓存（并且缓存的服务集群可以低成本地扩容）。

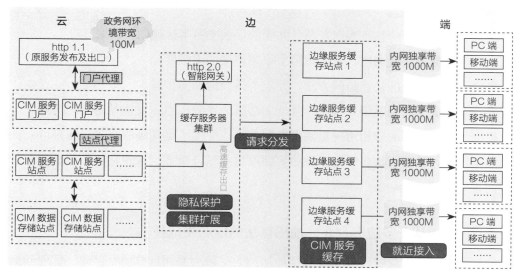

图4-20　云边协同高速缓存架构

　　智能网关可以进行反向代理以及根据客户端请求进行分流，可以起到服务监控、权限管理、请求分发等的作用。

　　对于已建立边缘小站的地区，智能网关会根据客户端的请求，以就近接入原则进行边缘站点分配。

　　分配到边缘站点的客户端会从边缘站点中拉取资源（如果是同一内网环境能达到千兆独享带宽可大大提升平台访问的性能）。

　　高速服务缓存机制如图4-21所示，如果客户端的请求能在缓存服务器端或者边缘缓存服务器端找到服务，就可以直接拉取缓存服务器中的服务，而不需要拉取服务站点中的数据，如果数据缺少则会再请求服务站点。

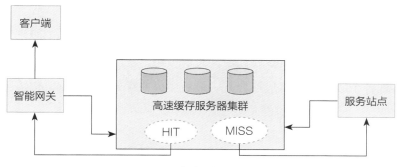

图4-21　高速服务缓存机制

（3）实现效果

实现了服务器对内具备高速带宽，并能够提前准备本区域CIM数据。

实现了数据的快速调用，进而保障了系统使用的流畅度。

提供了服务资源的快速访问方法，并能支持异地横向扩展。

实现了低成本的高速带宽策略，降低中心服务器的压力，支持异地横向扩展。

根据各业务部门的应用情况定制缓存服务器，提供了更高级的服务访问接口，支持按网格、按行政区、按自定义区域等多种模型的场景服务，有效弥补非聚合状态下管理困难等问题。

4.2.13　基于多边形合并、抽稀算法的LoD生成技术

CIM平台为了承载城市级三维数据的加载，一般会采用LoD技术存储、管理和渲染模型。白模数据是CIM平台基础数据之一。通常的做法是基于建筑的尺寸来设定LoD的精度。该技术的缺点是没有考虑建筑群的视觉效果。举例来说，城中村的建筑是非常小的，但是非常聚集、数量较多，如果基于建筑尺寸计算像素误差，则即使在大的LoD级别（也可以理解与建筑距离很近）下建筑也会消失，形成建筑空洞效果。

为解决这个问题，一个简单且可行的办法就是针对连片建筑在不同LoD级别下进行建筑合并，从而保证城市建筑轮廓。由于合并后数据量减少，故能够降低内存消耗，提高渲染效率。另外可选择添加轮廓线使得建筑在较大比例尺下仍然可分辨建筑形态。

经初步测算，与传统技术相比，该方法可降低内存占用3%，平均提高1帧渲染效率。

1．技术路线

整个技术处理过程具备如下特征：实现了在不同LoD级别下建筑不同的表现形式；实现了建筑合并；充分考虑到了合并后建筑群轮廓特征；考虑了多级LoD下的白模数据存储规范。具体技术实现路径如图4-22所示。

首先要分析不同LoD级别下的建筑可见特征，即设定在各个LoD级别下建筑合并的条件，比如建筑相邻的距离参数、建筑大小匹配、建筑合并的优选策略。然后根据合并策略实现各个级别下的多边形合并。最后生成并存储LoD数据，但渲染的调度策略不需要改变。

2．技术要点

（1）多边形合并与抽稀

根据建筑之间的距离，对建筑与建筑之间的空间关系进行判断，过滤和筛选出需

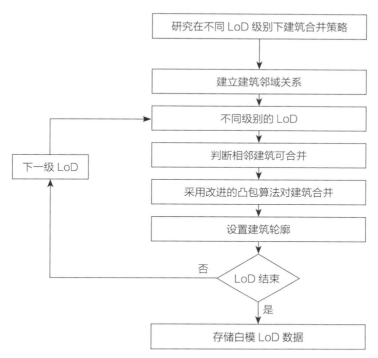

图4-22　多策略白模LoD技术路线

要进行合并的对象，并进行自动合并。

　　进行自动合并时，要根据过滤算法选取需要进行合并的多边形组。进行两两合并时：首先要确定一个预合并模型，然后在选取另一个的过程中，选取可能与之合并的模型与选定模型的距离须在一定范围内，确保运算效率。将限定模型间，距离范围内的模型间距离从小到大排序，依次对两两模型组进行是否合并判断，当两个模型间面积的差的绝对值处于设定阈值内时，则执行合并，直至排序表为空或达到设定好的合并数量上限。

　　多个合并时，可以考虑采用聚类算法，确定哪几个建筑模型为同一聚类，合并为一个大块，见图4-23和图4-24。

　　使用合并凸包算法，将选中的两个相邻建筑模型进行合并，合并后的多边形如图4-25所示。

　　合并后的多边形往往会存在所要表达的图形对象不光滑或者不符合标准，因此需要通过某种规则，在保证矢量曲线形状不变的情况下，最大限度地减少数据点个数，即对数据进行采样简化。常用的抽稀算法包括：道格拉斯–普客（Douglas-Peuker）算法和垂距极限值法，抽稀后的图形如图4-26所示。

图4-23　多边形1

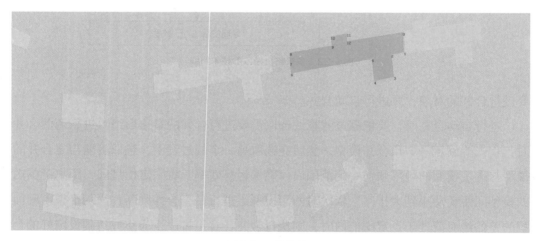

图4-24　多边形2

（2）改进的凸包算法

多边形的合并采用的是改进的凸包算法。凸包是一个图形学中的概念，大体意思为过某些点作一个多边形，使这个多边形能把所有点都"包"起来。当这个多边形是凸多边形的时候，我们就称之为"凸包"。常用的凸包算法一般采用Graham扫描法。建筑模型合并不论是两两合并还是多模型合并，本质上也是通过把每个建筑的点形成凸包来实现。

Graham扫描法的基本思想：先找到凸包上的一个点，然后从那个点开始按逆时

图4-25　合并后的多边形

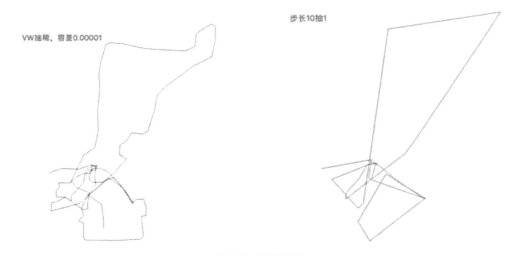

图4-26　抽稀前后

针方向逐个找凸包上的点，进行极角排序，并对其查询使用。改进的凸包算法主要步骤为：1）计算要合并的多边形的凸包；2）获得每个凸包点所在的多边形。对于凸包的每对相邻点（P1、P2），即可得到这两个点对应的多边形，这两点可能位于同一个多边形，也可能位于不同的多边形。如果位于同一个多边形，则判断这两个点所在多边形之间是否还有其他顶点，若有其他顶点，则将该点插入两者之间。

　　如果（P1、P2）位于不同的多边形，则看第一个多边形该顶点（P1）的下一个顶点（P3），是否与P2直接满足一定的距离和角度的关系，如果满足，则插入该点

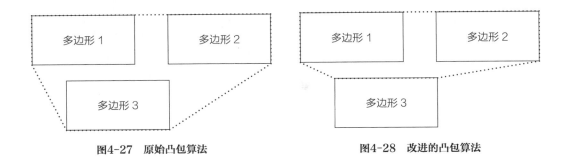

图4-27　原始凸包算法　　　　　　图4-28　改进的凸包算法

（P3）。同理对P2进行同类操作。通过对凸包算法的改进，可使合并后的多边形更符合实际场景，见图4-27和图4-28。

（3）白模数据的LoD存储策略

CIM平台所使用的三维模型服务格式使用层次细节级别（HLoD）来自适应地加载和优化三维模型。这样做能够使模型在离相机很远的时候渲染低分辨率的瓦片，在离相机近的时候渲染高分辨的瓦片。图块集由一棵树组成，由根定义，并递归地定义了其子图块，可以通过不同类型的空间数据结构进行组织。运行时引擎是通用的，将渲染由瓦片集定义的任何树。可以使用切片格式和细化方法的任何组合，从而能够灵活地支持异构数据集。目前CIM平台所使用的三维模型服务格式主要支持四叉树、八叉树、KD树、格网结构四种存储结构，其中每一种结构又支持各种变种结构，例如四叉树可为松散四叉树或是自定义权重的四叉树。

对于不同的数据类型，存储为三维服务格式时需要使用合适的存储结构作为LoD存储策略，空间数据结构主要影响效率，以四叉树和八叉树为例，四叉树切片过程慢，但一次需读入的内存少；八叉树切片过程快，但一次需读入的内存多。四叉树适用于在高度上不太好切分的数据，所以对于白模数据的LoD，这里选择四叉树作为三维服务格式的存储结构。

（4）多边形顶点优化

在不同级别LoD的建设过程中，可以对多边形顶点进行优化。在模型精确度和硬件处理能力之间进行折中，即在保持模型几何外观和允许误差范围内，采用适当的简化操作，减少原始模型的顶点数，达到用户需要的简化速度和质量要求，或者二者之间一个极佳的平衡。

常见的多边形网格模型全局简化算法有顶点聚类算法、表面偏移算法、外形逼近算法等。

（5）设置建筑轮廓线

建筑轮廓线是前端展示建筑模型外边缘界线的方式，由于采取了多边形合并，合并后需要构建新的建筑轮廓线，因此需要把模型数据自带轮廓线的属性写入模型瓦片并被三维引擎自动识别。

3．效果与总结

随视野范围距离白模的距离逐渐变远，白模具有合并效果，效果见图4-29—图4-31。

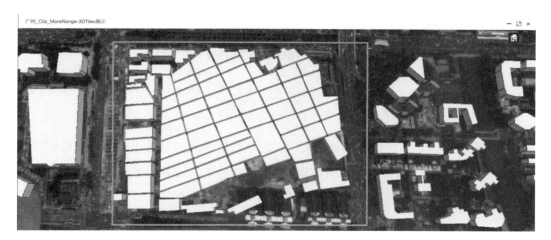

图4-29　LoD2效果下的白模

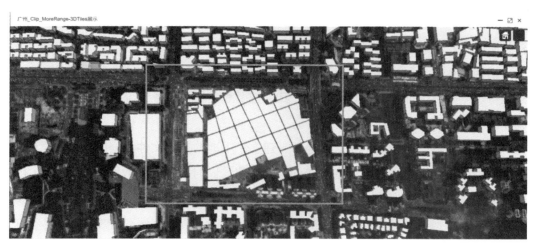

图4-30　LoD1效果下的白模

图4-31　LoD0效果下的白模

4.2.14　多级缓存技术

CIM平台要满足市域信息的处理要求，面临数据访问的巨大压力。根据实际项目情况，一般200km²的城市三维模型数据就会到1TB以上，随着业务的发展，这个量会不断地增大。

根据CIM数据的特点，可以分为结构化数据和瓦片数据。其中结构化数据多采用关系型数据库存储，而瓦片数据服务会采用云存储大数据库的形式。结构化数据中有非常多是直接从数据库读取并计算的。而瓦片数据一般在一定时间内是静态的。所以根据这些特点定义了三级缓存，分别为面向服务器的一级缓存、面向边缘侧的二级缓存和面向客户端的三级缓存。

结构化数据采用代理缓存技术，其定时从源数据中汇聚得到前端要使用的数据，并支持定制的数据抽取、计算等功能。其关键要点是根据业务情况做定制开发。多级缓存技术流程图见图4-32。

针对海量数据传输到客户端本地后，建立了本地的空间文件数据库，并对文件建立了加密处理，大大加速了后期的访问运行效率，同时也保障了数据的安全性。CIM平台采用基于三维数据服务的高效缓存、基于边缘服务器的网络优化以及场景服务聚合分发策略，提升了三维数据服务的调用速度，提高了资源存储和管理的效率，基于边缘服务器建立多级缓存优缺点。具体办法包括：

（1）采用了高速缓存组件，提升三维数据服务调用速度，并降低数据库的压力，支持横向扩展集群支持高并发。

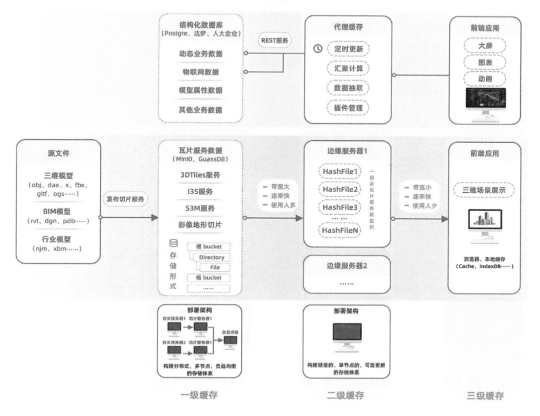

图4-32　多级缓存技术流程图

（2）在现有CIM高效缓存策略的基础上补充区级（或片区级）边缘服务器，该服务器对内具备高速带宽，并能够提前准备本区域CIM数据，传统方式和优化方式的区别见图4-33。

采用多级缓存后，可实现：

（1）服务器对内具备高速带宽，并能够提前准备本区域CIM数据。

（2）实现了数据的快速调用，进而保障了系统使用的流畅度。

（3）提供了服务资源的快速访问方法，并能支持异地横向扩展。

（4）提出了基于三维服务的高效缓存及边缘计算小站的应用。

（5）根据各业务部门的应用情况定制缓存服务器。

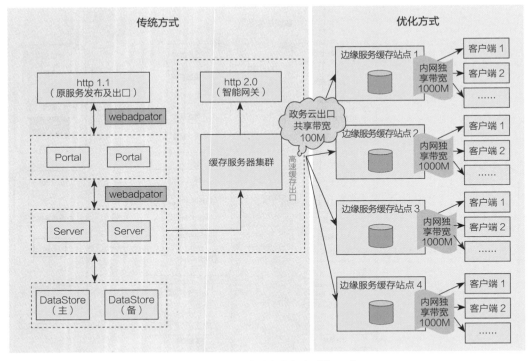

图4-33　传统方式和优化方式的区别

4.2.15　AI图像识别技术

人工智能（Artificial Intelligence，AI）用于空间信息领域的分析、方法和解决方案，称为地理空间智能（Geospatial AI），简称GeoAI。

近年来，随着类神经网络、数据挖掘、物联网、大数据分析、人工智能与深度学习的技术不断发展与强化，许多智能化的方法可用于数据分析。空间信息作为一个整合各领域的学科，通过这些智能化的方式，分析时间与空间的变迁，解决以往较为困难的问题，扩展了更多的应用可能性。在人工智能与深度学习下的空间信息科学，除了能够自动智能地识别地理数据的对象之外，更为重要的是找出对象之间的关系，以及对象与空间的模式，形成规则，强化后续学习的准确率。GeoAI通过数据整理和清洗、AI算法、计算框架、建模和自动化处理框架等过程实现空间智能的应用，为空间环境系统提供强有力的支持，可以更准确地洞悉、分析和预测周围环境。在智能化分析过程中，GeoAI结合大量的数据，比如卫星影像、无人机影像、点云、要素数据、自然语言、视频等，各类数据处理后形成样本数据，对样本进行管理和训练，通过机器学习（如分类、聚合、预测）和大量深度学习，得到训练模型，进而对模型结果进行处理、分析和预测，实现目标检测、对象分类、实例分割和图像分类等，也能

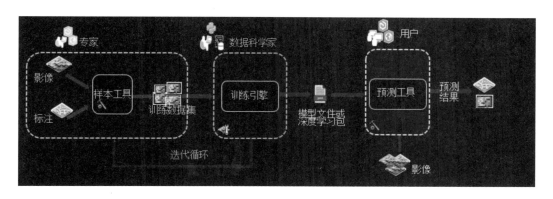

图4-34 AI图像识别机器学习

够洞悉空间分布规律，预测事物的空间变化情况等。

当前，AI与CIM基础平台的结合包括基于图片视频的物体识别、智能识别三维模型、智能识别影像数据、基于AI的BIM智能审查技术（图4-34）等。

1．存量建筑自动识别

存量建筑自动识别和快速采集建库：基于遥感数据、倾斜摄影数据进行存量建筑的识别，面临数据量大、数据种类丰富、数据被周边影响大等问题。基于AI的存量建筑自动识别可大大减少人工的识别工作量。建立存量建筑智能识别云平台可提高智能识别的管理能力，促进资源、算力的共享，也方便二次开发或数据的再利用。

2．影像分割技术

基于Unet算法的建筑识别。Unet通过拼接融合特征图，这样做的好处是：深层网络层，有更大的感受野，更关注图像本质的特征，而浅层特征图关注的是纹理特征。因此无论深层、浅层的特征图，都有其作用，通过这种拼接融合，使得网络能够很好地学习到特征。而在建筑物遥感影像图像中，建筑物遥感影像的语义较为简单，在某个区域内结构较为固定，都是一个固定的建筑成像。

Unet算法最大的特点是encoder-decoder的U形结构和skip-connection。encoder即U形结构的左边部分，通过多次下采样后的低分辨率信息，能够提供分割目标在整个图像的上下文语义信息，可理解为图像特征的提取。decoder部分即U形结构的右边部分，相比于FCN和deep lab，Unet共进行4次上采样，并在同一个stage使用skip-connection即"copy and crop"，保证了最后的特征图能够融合更多的不同尺度特征，从而进行多尺度预测，使得分割图恢复边缘等信息更加精细。除此之外，Unet在小批量的数据集上表现不错，100多张训练集就能取得不错的效果，Unet结构比较简单，容易复现并且对计算硬件的资源要求不是特别高。Unet算法是基于TensorFlow框架实现的。

3．建筑边缘优化

在未做任何处理的情况下，AI所判断的建筑边界不是非常好，存在严重的锯齿或边缘柔和的问题，不能正常拟合建筑边界。故需要使用一些拟合算法将建筑边缘"拉直"，解决建筑轮廓不清晰、边界不柔和的问题。

通过生成识别出的建筑轮廓最小规则外包矩形，即能完全包围该建筑物轮廓的最小的矩形，并且该矩形的边平行或垂直于图像的底或边，这样就可以获得建筑物轮廓在图像上垂直和水平方向的范围，优化后的效果如图4-35所示。

图4-35　建筑边缘优化

4．建筑色彩识别

屋顶面纹理获取的自动化程度较高，从大比例尺的航空影像中获取城市建筑物屋顶面纹理是有效的途径之一。侧面纹理数据的采集主要通过自动识别提取和人工后期处理（进行交互贴图）的方式完成。其中，侧面纹理信息分两种情况：基于非垂直投影摄影的方式，可以通过遥感影像直接提取；对于投影方式为垂直投影，利用纹理库中的数据进行调用，或者利用无人机数据拍摄得到。当建筑物侧面被遮挡时，利用高精度无人机进行补拍，实现纹理提取与映射。同时，支持对建筑物上的广告、Logo、文字等标志的识别，实现实景真三维建筑模型建模。采用色彩识别后的效果图如图4-36所示。

图4-36　建筑色彩识别

4.3　二次开发

目前主流的软件系统开发模式有独立开发、宿主型二次开发两种。独立开发模式相当于从零开始造房子，包括系统需求、系统架构、语言选择、算法设计、国产适配等都由开发者独立设计完成，优点在于无须依赖商用软件，缺点是项目开发耗时长、开发出的产品功能很难和专业的商用软件媲美。宿主型二次开发模式是指基于商用软件进行应用系统开发，商用软件提供了可供用户进行二次开发的脚本语言及开发指南教程，优点在于省事省力省心，缺点是二次开发的系统不能脱离原平台，并且开发功能有限。

为了更好满足用户个性化需求、缩短开发时间、提高工作效率，CIM基础平台还需要具备二次开发能力。平台宜采用网络应用程序接口（Web API）的方式，提供开发接口（API）、软件开发工具包（SDK），开发指南或示例等说明文档。在现有产品的基础上，侧重解决单纯的产品化、个性化需求不能满足的问题，缩短开发工作量和降低风险。

4.3.1　二次开发体系结构

在设计CIM基础平台的数据接口时需要遵循面向对象、软件数据接口的高容错性及高健壮性，软件数据接口要具有可扩展性、高内聚低耦合，尽量与业内的标准数据接口规范相符等原则，进行数据服务接口、功能服务接口的封装，以满足不同的交换场景，国家级/省级/市级CIM基础平台API开放接口架构图见图4-37。

国家级和省级平台	市级平台
□ 平台宜提供开发接口（API）和软件开发工具包（SDK），应提供开发指南或示例等说明文档； □ 平台开发接口宜采用网络应用程序接口（Web API）宜包括下列类别： 　1)资源访问类；2)地图类；3)事件类；4)控件类；5)数据交换类；6)数据分析类；7)平台管理类。	□ 市级平台应提供开发接口或开发工具包支撑CIM应用，应提供开发指南或示例等说明文档； □ 市级平台开发接口宜采用网络应用程序接口或软件开发工具包等形式，应包括下列类别： 　1)资源访问类；　2)项目类；3)地图类；4)三维模型类；5)BIM类；　6)控件类；7)数据交换类；8)事件类；　9)实时感知类；10) 数据分析类；11) **模拟推演类**；12) 平台管理类。

三级平台均考虑了平台的扩展性，便于CIM平台的使用方根据自身的使用需求，定制开发应用；

标准中规定的市级平台较国家级和省级平台的开发接口类别丰富，项目类、三维模型类、BIM类、实时感知类和模拟推演类。这几类接口主要是支撑市级平台在具体业务的操作，例如对物联感知设备定位、接入，对建筑信息模型进行剖切、绘制、测量、编辑，对CIM的典型应用场景模拟等。

图4-37　国家级/省级/市级CIM基础平台API开放接口架构图

按照住房和城乡建设部关于加快构建部、省、市三级CIM平台建设框架体系的目标，打通三级CIM基础平台数据的互联互通。在国家级/省级CIM层面，侧重监督指导，宜提供监测监督、通报发布、应急管理和指导等应用。在市级层面，侧重横向与纵向的数据共享，宜提供数据的访问、数据分析、模拟推演等功能。

4.3.2 二次开发体系构成及重要API介绍

为了实现CIM基础平台横向和纵向的信息互联互通，CIM基础平台须提供一些重要接口，满足多场景应用及个性化开发需求。主要包括资源访问类、项目类、地图类、三维模型类、BIM类、控件类、数据交换类、事件类、实时感知类、数据分析类、模拟推演类、平台管理类12类接口，如图4-38所示。

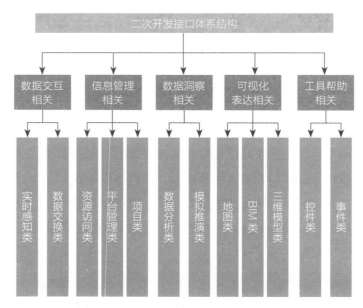

图4-38 二次开发接口体系结构

1. 资源访问类接口

资源访问类接口提供CIM资源的描述信息查询、目录服务接口、服务配置和融合，实现信息资源的发现、检索和管理。

资源访问类接口细分为描述信息查询接口、目录服务接口、服务发布配置接口、资源融合接口、信息资源的发现、检索和管理接口。

描述信息查询接口具体包含数据源类型查询、数据源类型子项查询、图层服务版本查询等功能；目录服务接口具体包含可视数据目录管理、微件树表管理等功能；服务发布配置接口具体包含空间数据源管理、二维数据发布服务、三维数据发布服务、二维图层配置、样式相关配置、图层配置、字段配置、地图参数设置等功能；资源融合接口主要是服务融合功能；信息资源的发现、检索和管理接口具体包含数据源管理、地图资源管理相关接口、图片管理相关接口、地图专题相关接口等。

2．项目类接口

项目类接口提供管理CIM应用的工程建设项目全周期信息，包含信息查询、进展跟踪、编辑、模型与资料关联等操作。

项目类接口细分为项目信息查询接口、项目信息编辑接口、进展跟踪接口、模型与资料关联接口。

项目信息查询接口主要提供项目信息查询功能；项目信息编辑接口具体包含项目模型管理、项目房屋材料接口、材料构件相关接口等；进展跟踪接口主要是审查规范库相关接口；模型与资料关联接口主要是用户方案设计接口。

3．地图类接口

地图类接口提供CIM资源的描述、调用、加载、渲染和场景漫游，提供属性查询、符号化等功能。

地图类接口细分为CIM资源的描述接口、CIM资源的调用、加载接口、场景渲染接口、场景漫游接口、地图查询接口、符号化接口。

CIM资源的描述接口主要是实现元数据管理；CIM资源的调用、加载接口具体包含创建场景与加载多源数据；场景渲染接口主要包含场景显示设置与三维模型渲染；场景漫游接口具体包含鼠标漫游与漫游路径录制；地图查询接口实现图查属性和属性查图；符号化接口实现图层样式管理。

4．三维模型类接口

三维模型类接口提供三维模型的资源描述、调用与交互操作。

三维模型类接口细分为三维模型的资源描述接口、三维模型调用接口、三维模型渲染接口、三维模型交互接口。

三维模型的资源描述接口实现元数据管理；三维模型调用接口具体包含调用白模数据、调用精模数据（KTX材质）、调用精模数据（JPG材质）等；三维模型渲染接口具体包含唯一值渲染、简单渲染以及分级渲染等功能；三维模型交互接口主要包含模型编辑和模型变色等功能。

5．BIM类接口

BIM类接口提供针对BIM的信息查询、剖切、开挖、绘制、测量、编辑等操作和分析功能。

BIM类接口细分为BIM信息查询接口、BIM模型剖切接口、BIM精准测量接口、BIM模型编辑接口。

BIM信息查询接口实现BIM构件属性查询；BIM模型剖切接口实现对BIM模型纵剖和横剖；BIM精准测量接口实现对距离和面积的测量；BIM模型编辑接口具体包含BIM构件编辑、BIM构件属性编辑等功能。

6. 控件类接口

控件类接口提供CIM基础平台中常用功能控件的调用功能。

控件类接口细分为三维分析控件接口、基础控件接口。

三维分析控件接口具体包含通视分析、天际线分析、剖切控件、地形开挖等功能；基础控件接口具体包含坐标输出、卷帘、绘制点线面、测量等功能。

7. 数据交换类接口

数据交换类接口提供元数据查询、CIM数据授权访问，上传、下载、转换等功能。

数据交换类接口细分为元数据查询接口、数据管理接口、坐标转换接口。

元数据查询接口实现元数据查询；数据管理接口具体包含数据授权、上传、下载等功能；坐标转换接口实现坐标转换功能。

8. 事件类接口

事件类接口提供CIM场景交互中可侦听和触发的事件。

事件类接口细分为场景事件接口和鼠标拾取事件接口。

场景事件接口具体包含平移、旋转、缩放、禁止平移缩放、场景相机事件、场景范围监听事件、场景键盘事件等功能；鼠标拾取事件接口具体包含鼠标悬停显示信息、拾取实体、深入挑选、拾取实体坐标等功能。

9. 实时感知类接口

实时感知类接口提供物联感知设备定位、接入、解译、推送与调取功能。

实时感知类接口细分为设备对接接口和设备信息查询接口。

设备对接接口具体包含设备基本信息对接（类别、位置等）、设备监测信息接入解译、设备监测信息推送与调取等功能；设备信息查询接口实现设备ID查询。

10. 数据分析类接口

数据分析类接口提供历史数据的分析功能，按空间、时间、属性等信息的对比，大数据挖掘分析。

数据分析类接口细分为地图数据分析接口、空间分析接口、大数据挖掘分析接口。

地图数据分析接口具体包含点聚合抽稀与二三维热力图分析等功能；空间分析接口具体包含叠加分析、几何关系空间分析、最近点分析等功能；大数据挖掘分析接口具体包含对接数据源（历史数据及实时数据）、新建、修改数据集、新建、修改仪表板、仪表板数据查询统计（按空间、时间、属性）、可视化分析展示、监测预警等功能。

11．模拟推演类接口

模拟推演类接口提供基于CIM的典型应用场景过程模拟、情景再现、预案推演功能。

模拟推演类接口细分为应用场景模拟再现接口和过程模拟接口。

应用场景模拟再现接口具体包含天气模拟、河流模拟、火焰模拟、云层模拟、等高线模拟、落叶效果等功能；过程模拟接口主要包含火灾模拟和淹没模拟功能。

12．平台管理类接口

平台管理类接口提供平台管理功能，如用户认证、资源检索、申请审核等。

平台管理类接口细分为认证授权接口、资源检索接口和申请审核接口。

认证授权接口具体包含登录认证、组织授权、岗位授权、用户授权、角色授权、授权管理等功能；资源检索接口具体包含组织查询、岗位查询、用户查询、菜单访问日志查询、查询图层权限、对外服务列表查询等功能；申请审核接口具体包含提交服务申请接口、服务审核接口、服务授权接口。

13．接口示例

以奥格CIM基础平台产品为例，进行接口样式说明。

（1）获取专题下的数据资源

1）接口描述

根据专题名称获取专题下的数据资源。

2）接口地址

/agsupport-rest/agsupport/project/getProjectLayerTree

请求参数：

序号	参数	类型	参数说明	备注
1	projectName	String	专题名称	
2	userId	String	用户id	
3	emptydir	Boolean	是否返回空目录	默认为true，true返回空目录，false不返回空目录

3）返回值：

序号	字段名称	字段描述	备注
1	success	返回的状态	
2	message	消息	
3	content	以json数组格式返回目录及其下的图层数据	

（2）获取查询目录下的图层

1）接口描述

查询专题目录下的图层。

2）接口地址

/agcim-viewer-mgr-rest/project/getProjectDirLayer

请求参数：

序号	参数	类型	参数说明	备注
1	Id	String	目录id	
2	Name	String	图层名称	
3	ProjectName	Boolean	专题名称	默认为true，true返回空目录，false不返回空目录

3）返回值：

序号	字段名称	字段描述	备注
1	success	返回的状态	
2	message	消息	
3	content	以json数组格式返回目录及其下的图层数据	

（3）获取图层和图层字段列表信息

1）接口描述

查询获取图层和图层字段列表信息。

2）接口地址

/agcim-viewer-mgr-rest/project/getProjectDirLayer

请求参数：

序号	参数	类型	参数说明	备注
1	Id	String	图层表id	

3）返回值：

序号	字段名称	字段描述	备注
1	success	返回的状态	
2	message	消息	
3	content	以json数组格式返回的字段数据	

（4）三维数据样式渲染（renderer）

1）方法列表

名称	返回类型	方法描述
setMaterialFromImage（）	无	设置对象的材质为图片
setOpacity（）	无	设置对象透明度
setTilesetColor（）	无	设置三维瓦片的颜色样式
setTilesetModelColor（）	无	设置三维瓦片模型的颜色样式

2）方法详情

setMaterialFromImage（primitive，img）

参数说明：

名称	类型	描述
primitive	Primitive	要改变样式的primitive对象
img	String	图片的base64字符串或者文件路径

返回值：无

示例：

agcim.renderer.Renderer.setMaterialFromImage（primitive，"./img/building.png"）;

setOpacity（primitive，alpha）

参数说明：

名称	类型	描述
primitive	Primitive	要改变样式的primitive对象
alpha	Number	透明度值，0-1

返回值：无

示例：

agcim.renderer.Renderer.setOpacity（primitive，1）;

setTilesetColor（tileSet，color）

参数说明：

名称	类型	描述
tileSet	3DTileset	要改变样式的3dtiles对象
color	Color	颜色

返回值：无

示例：

agcim.renderer.Renderer.setTilesetColor（tileset，Color.BLUE）；

setTilesetModelColor（tileSet，color）

参数说明：

名称	类型	描述
tileSet	3DTileset	要改变样式的3dtiles对象
color	Color	颜色

返回值：无

示例：

agcim.renderer.Renderer.setTilesetModelColor（tileset，Color.BLUE）

第 **5** 章

平台总体设计

信息化平台建设涉及平台架构、数据库、标准规范等多方面，在搭建平台建设前，首要任务是对平台进行总体设计，包括平台的架构体系以及平台建设内容，为开展平台建设提供方向性指南。本章重点介绍CIM基础平台架构、CIM基础平台设计的总体内容，包括对数据资源、CIM基础平台、标准规范、安全保障、硬件网络、配套管理机制等做了总体概述，对开展CIM基础平台建设提供顶层指导。

5.1 基础平台架构

CIM基础平台总体架构宜符合现行国家标准《信息技术 云计算 参考架构》GB/T 32399和《信息技术 云计算 平台即服务（PaaS）参考架构》GB/T 35301的要求。同时，进行CIM基础平台总体架构时，应基于业务应用特点，注重数据资源的共享，满足相关利益者的使用需求。CIM基础平台总体架构见图5-1。

设施层：包括基于云存储、软硬件资源、网络设施、传感器终端等的物联感知设施和信息基础设施，为项目实施提供基础。

数据层：包括二三维GIS数据、城市现状更新、物联感知数据、流数据、业务管理数据以及商业大数据等，为CIM基础平台建设提供数字底板。

服务层：主要提供数据汇聚存储、数据查询、数据共享与交换、数据可视化和数据安全隐私保护等问题。

应用层：在平台层的支撑下，支持跨部门、跨层级、跨领域的规划、住建、交通、生态、文旅、教育、医疗等智慧应用建设。

展示层：提供可视化大屏、PC端以及移动端的显示，根据应用场景满足多端展示的使用需求。

用户层：面向政府部门、企事业单位、社会公众，提供多样化应用服务。

图5-1　CIM基础平台总体架构

5.2　设计内容

5.2.1　数据资源

数据作为构建CIM基础平台的重要基础工作之一，CIM数据具有多类型、多尺度、多时相的特点，涉及基础地理数据、三维模型数据、空间规划数据、物联感知数据以及业务数据，这给数据治理分析与融合应用带来了技术挑战。为了实现各类CIM数据的完整性、有效性、一致性、规范性、开放性和共享性管理，为数据治理工作打下坚实基础、为数据资产管理活动提供规范有效依据，需要统筹建设CIM数据资源管理体系，按照"规范采集、平台归集、按需共享、安全可控"的原则，提升数据资源管理水平和应用能力。通过提升数据采集、整理、聚合、分析等各环节数据加工处理水平，充分发挥CIM基础平台作用，一方面有效避免数据基础设施重复建设，另一方面深化政府数据跨层级、跨地域、跨部门有序共享，更好提升CIM数据开放水平、释放数据红利。

5.2.1.1　数据架构

构建数据架构规划设计是为了规范数据采集、数据融合、数据存储、数据共享与应用流程和标准，保障数据质量安全与共享交换。CIM数据管理架构采用数据全生命

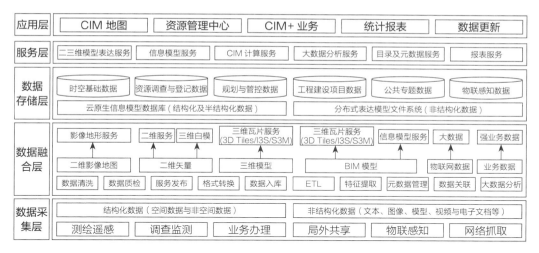

图5-2 CIM基础平台数据架构体系

周期管理理念，由数据采集层、数据融合层、数据存储层、服务层及应用层组成，CIM基础平台数据架构体系见图5-2。

（1）数据采集层：采集测绘遥感、调查监测、业务办理、物联感知结构化数据和非结构化数据，对多源异构数据进行摸底排查，通过数据共享交换机制汇聚整合跨部门相关数据，各部门按照"谁生产、谁负责"的原则开展数据的管理、维护和更新，确保CIM数据实时互通共享和同步更新。

（2）数据融合层：采用CIM数据分级分类的数据融合的方法，对二维影像地图、二维矢量、三维模型、BIM模型、物联网数据和业务数据专项进行融合。根据数据自身特点发布瓦片服务或发布信息模型数据服务。其中数据治理过程包括数据清洗、数据质检、格式转换、数据入库、特征提取、元数据管理、数据关联、大数据分析等方法。

（3）数据存储层：经数据融合后，形成包括时空基础数据、资源调查与登记数据、规划与管控数据、工程建设项目数据、公共专题数据、物联感知数据的CIM六大数据库。按照数据结构特点，分为云原生信息模型数据库和分布式表达模型文件系统。

（4）服务层：是CIM数据对外提供的基础服务，包括二三维模型表达服务、信息模型服务、CIM计算服务、大数据分析服务、目录及元数据服务、报表服务。

（5）应用层：是基于CIM平台的各种CIM数据应用，包括CIM地图、资源管理中心等，支持CIM+的各项业务。

5.2.1.2 关键数据的编码规则

其中房屋建筑作为人工作、生活、居住的载体，同时也是作为城市的主要组成内容之一，为房屋建筑编制唯一身份标识，用于房屋建筑的信息归集、关联和共享，实现三维数字与现实世界的一一对应关联，以便信息的传递。

2022年7月，《房屋建筑统一编码与基本属性数据标准》JGJ/T 496—2022实施，该标准规定了房屋建筑统一编码的规则，定义了房屋建筑的基本属性信息内容，不仅为房屋建筑全生命周期管理和城市信息模型（CIM）基础平台构建等奠定了信息共享的统一标识基础，也为城乡时空信息精准化应用提供了重要的标准化支撑。

1. 房屋建筑编码规则

房屋建筑基本属性应包括房屋建筑代码、标准地址、结构类型、建造状态、建筑高度、基底面积、总建筑面积等基本属性信息。

房屋建筑代码应与工程建设项目审批立项用地规划许可阶段的项目代码保持一致。

标准地址应是准确定位到街路巷门牌、小区/村组或建筑楼栋的规范地址，其命名规则是<行政区划名><街路巷名><门牌号>［小区名］［楼栋名（号）］和<行政区划名><村委会名>［自然村（组）名］［楼栋名（号）］。

宗地代码应与不动产登记系统中保持一致。

房屋不动产单元代码应与不动产登记系统中保持一致。

结构类型按照结构承重构件材料可简化分类为：砌体结构、钢筋混凝土结构、钢结构、木结构和其他。

使用年限是指根据房屋建筑的报建、产权等审批情况，以及建筑结构情况，将房屋建筑分为永久建筑和临时建筑。永久建筑是指取得建设工程规划许可证或房地产权利证书的建筑，或者结构类型为永久性结构的建筑；临时建筑是指取得临时建设工程规划许可证的建筑，或者建筑结构为非永久性结构的建筑。

建造年代是指房屋建筑的建造时间，有竣工时间的应以竣工时间为准，无竣工时间的可按历史资料判定。

建造状态是指房屋建筑的建设情况，包括已竣工、在建、未建及停建四种状态。

基底面积指房屋建筑接触地面的自然层建筑外墙或结构外围水平投影面积，应与竣工验收阶段核验的数据保持一致。

主要用途可采用《社会治安综合治理基础数据规范》GB/T 31000—2015中建筑用途编码，可分为：住宅、校舍建筑、医疗建筑、商业建筑、办公建筑、文体建筑、工业、仓储、商住混用、其他。具有综合用途时按照实际使用建筑面积最大的用途作为建筑物的主要用途。

房屋建筑基本属性项可根据共性的需要进行扩充。

图5-3　房屋建筑代码组成

2．房屋建筑代码组成

房屋建筑代码应由18位数字组成，第1—6位为县级行政区划代码、第7位为年月分类码、第8—13位为许可年月或建成年月代码、第14—18位为序列码。房屋建筑代码组成见图5-3，其中年月分类码见表5-1。

表5-1

年月分类码

年月分类码	取值类型	说明
1	建设工程规划许可年月	新建房屋建筑；没有赋码且能明确建设工程规划许可证、乡村建设规划许可证年月的既有房屋建筑
2	建筑工程施工许可年月	建设工程规划许可阶段没有赋码的新建房屋建筑；没有赋码且不能明确建设工程规划许可证、乡村建设规划许可证年月，但能明确施工许可证年月的既有房屋建筑
3	竣工验收年月	没有赋码且不能明确建设工程规划许可证、乡村建设规划许可证发放年月，也不能明确建筑工程施工许可证年月，但能明确竣工验收年月的既有房屋建筑
4	竣工年	没有赋码且不能明确建设工程规划许可证、乡村建设规划许可证发放年月、建筑工程施工许可证年月与竣工验收月，能明确竣工年的既有房屋建筑
5	竣工年代	不能明确竣工年，但能估计竣工年代的既有房屋建筑

新建房屋建筑许可年月或建成年月代码，应在建设工程规划许可阶段赋码，代码应为建设工程规划许可证、乡村建设规划许可证年月，码长6位，格式为"yyyymm"，其中"yyyy"指年，"mm"指月。

对建设工程规划许可阶段没有赋码的新建房屋建筑；许可年月或建成年月代码，应在施工许可阶段赋值，代码应为建筑工程施工许可证年月，码长6位，格式为"yyyymm"。

对既有房屋建筑，许可年月或建成年月代码应为建设工程规划许可证、乡村建设规划许可证年月，码长6位，格式为"yyyymm"；当建设工程规划许可证、乡村建设规划许可证年月不明确时，许可年月或建成年月代码应为建筑工程施工许可证年月，码长6位，格式为"yyyymm"；当建筑工程施工许可证年月不明确时，许可年月或建成年月代码应为竣工验收年月，码长6位，格式为"yyyymm"；当竣工验收月不明确时，许可年月或建成年月代码应为竣工年，码长自位，格式为"yyyy00"。当竣工年不明确时，许可年月或建成年月代码应为竣工年代，码长6位，格式为"yyy000221"。

序列码码长5位，范围为00001—99999，由计算机程序自动产生，应确保房屋建筑代码不重复，宜每年从00001开始编码。

房屋建筑代码可根据需要扩展到户、房间，在房屋建筑代码后增加。

5.2.2 CIM基础平台

行业标准《城市信息模型基础平台技术标准》CJJ/T 315—2022中关于CIM基础平台的定位是城市智慧化运营管理的基础平台，推动城市物理空间数字化和各领域数据融合、技术融合、业务融合。为了支撑建设CIM+数字化应用场景，对CIM基础平台的功能设计提出了相应的要求。CIM基础平台应具备数据资源的管理、时空数据可视化、二/三维空间分析、平台级应用服务接口等功能。同时，从行政管理角度出发，CIM基础平台分为国家级、省级和市级平台，不同层级的CIM基础平台对功能设计要求有所侧重，三级平台应实现网络互通、数据共享、业务协同。

5.2.2.1 不同行政层级对CIM基础平台的功能定位

国家级城市信息模型（CIM）基础平台（简称国家级平台）建设、应用侧重监测监督、通报发布、应急管理与指导等监督指导职能，与国家级其他政务系统、下级CIM基础平台联网互通实现业务协同、数据共享。

省级城市信息模型（CIM）基础平台（简称省级平台）建设、应用侧重重要数据汇聚、核心指标统计分析、跨部门数据共享和监测下级CIM基础平台运行状况等功能。同时纵向对接国家级CIM基础平台的监督指导、业务协同、综合评价等应用，联通下级CIM基础平台，横向同省级其他政务系统对接、信息共享。

市级城市信息模型（CIM）基础平台（简称市级平台）建设、应用侧重整合、管理或共享城市信息模型资源等功能，支撑城市规划、建设、管理、运营工作，同时纵向对接省级平台、国家级平台，横向同市级其他政务系统对接的基础性信息协同平台。

5.2.2.2 三级CIM基础平台功能设计

为了支撑CIM平台、CIM+应用，CIM基础平台应具备重要数据汇聚与管理、场

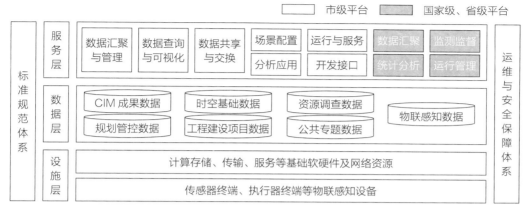

图5-4　国家级、省级、市级CIM基础平台功能架构设计

景配置、数据查询与可视化、数据共享与交换、分析应用、运行与服务和开发接口等基本功能，国家级、省级、市级CIM基础平台功能架构设计见图5-4。

数据汇聚是指对辖区范围内海量基础数据接入与管理、BIM等模型数据汇聚与融合、IoT时序数据的融合与管理，应具备数据获取、数据汇聚、数据融合、数据管理、数据资源编目和数据交互，实现模型检查入库、碰撞分析、模型轻量化、模型抽取、模型比对与差异分析等功能。纵向实现国家、省、市三级CIM基础平台对接，横向整合或共享有关部门相关系统数据。

数据查询与可视化是对海量多源异构数据的查询和可视化，可视化方面不仅是对大场景三维模型的可视化，也包括大数据的可视化。可视化应提供模型加载、集成展示、图文关联扎实、分级缩放、可视化渲染、图形变换和场景管理等功能。数据查询提供地名地址查询、空间查询、关键字查询、模糊查询、组合条件查询、要素查询、模型查询、模型元素查询、关联查询、多维度多指标统计、查询统计和结果数据等功能。

数据共享与交换是指采用前置交换、在线共享或离线拷贝的方式支持跨部门的数据共享与交换。

分析应用是指CIM基础平台提供模拟分析功能，宜提供包括缓冲分析、叠加分析、空间拓扑分析、通视分析、视廊分析、天际线分析、绿地率分析和日照分析等功能。

统计分析主要基于海量时空数据提供多维度统计分析能力，应包括对CIM数据进行从时间、空间、指标等多维统计和分析模型，以报表和图表等形式进行可视化展示及结果导出。

97

场景配置应针对不同应用场景提供不同模型、图形等组合，实现场景配置等功能。

监测监督指国家级平台应具备对下级平台运行状况的监测监督功能，应包括风险管理、监测预警、风险防控等功能。

运行管理提供系统管理功能来保证平台稳定可靠运行、业务的协同以及数据的安全，应提供组织机构管理、角色管理、用户管理、统一认证、平台监控和日志管理等功能。

开发接口是指平台宜提供开发接口、软件开发工具包、开发指南或示例等说明文档。CIM基础平台功能清单及适用范围说明见表5-2。

数据汇聚与管理功能：国家级和省级平台所汇聚的数据是指核心的、重要的数据，通过接口方式从市级CIM平台和其他政务系统获取数据，同时须明确规范数据清洗的具体流程，有助于确保入库至省级、国家级平台的庞大体量的数据资源质量。而对于进入CIM基础平台的模型数据、关联数据需要通过数据融合建立起数据之间的关联关系，保障平台对数据的应用。为了使入库的CIM信息资源能够有效地组织和管理，支持信息资源与跨部门、跨地区的信息共享，数据资源编目功能参照政务信息资源目录的要求，应明确系统实现信息资源编目、目录的注册和目录发布功能，促进平台建设中形成部门间信息资源物理分散、逻辑集中的信息共享模式。

数据查询与可视化功能：国家级、省级和市级平台的数据查询与可视化功能内容的主要差异是在特效处理和交互操作等涉及对模型更为具体和细化的操作上。在国家级和省级平台若要进行这些操作，直接调用市级平台进行即可。

数据共享与交换功能：国家级、省级和市级三级平台均强调数据共享交换功能，以约束平台实际建设过程中需要预留数据共享、数据汇聚和交换的接口。

运行与服务功能：国家级、省级和市级三级平台在平台运行上有着一些共性的功能要求，保障平台安全、稳定运行的基本要求。但是对于市级平台而言，平台将涉及规划设计模型报建与审查等工程建设项目审批过程以及其他的政府管理相关应用，参与的单位多，为了保证业务的协同以及数据的安全，需要考虑CIM数据服务、功能和接口的管理。同时，为了保证平台能够安全对外提供服务，需要考虑对所有的服务进行管理和维护，包括服务的发布、聚合、代理、启动与停用、监控和访问控制等。

CIM基础平台功能清单及适用范围说明　　　　　　　　　　表5-2

CIM 基础平台功能清单		适用范围
数据汇聚与管理	（1）CIM基础平台数据汇聚与管理宜包括数据获取、数据清洗、数据融合和数据资源编目等功能，应实现上下级平台、同级平台之间数据共享和信息协同。数据获取应通过接口方式获取资源调查、业务系统、工程建设项目等数据，宜获取其他渠道商业数据。数据清洗应具有多源异构数据转换审核、比对校验、去重和纠错等功能。数据融合应具有数据信息分类、标识关联，以及加载和入库等功能。数据资源编目应具备CIM信息资源编目、目录注册和目录发布等功能； （2）平台应提供二维、三维GIS数据、建筑信息模型、物联网感知数据和其他三维模型数据汇聚的能力，实现模型检查入库、碰撞检测、版本管理、模型轻量化、模型抽取、模型比对与差异分析等功能； （3）平台应提供资源目录管理、元数据管理、数据清洗、数据转换、数据导入/导出、数据更新、专题制图、数据备份与恢复等功能	国家级、省级、市级
场景配置	CIM基础平台应针对不同应用场景提供不同模型、图形等组合，实现场景配置功能	市级
数据查询与可视化	（1）CIM基础平台应提供地名地址查询、空间查询、关键字查询、模糊查询、组合条件查询、要素查询、模型查询、模型元素查询、关联查询、多维度多指标统计、查询统计和结果输出等功能； （2）平台应提供模型加载、集成展示、图文关联展示、分级缩放、平移、旋转、飞行、定位、批注、剖切、几何量算、体块比对、卷帘比对、多屏比对、透明度设置和模型细度设置等功能； （3）平台应具备模型数据加载、可视化渲染、图形变换、场景管理、相机设置、灯光设置、特效处理和交互操作等能力	国家级、省级、市级
数据共享与交换	（1）CIM基础平台应支持跨部门数据共享与交换功能； （2）跨部门数据共享应支持跨部门间联审业务，实现跨部门间业务协同； （3）数据交换宜采用前置交换、在线共享或离线拷贝方式。前置交换应提供CIM数据的交换参数设置、数据检查、交换监控、消息通知等功能；在线共享应提供服务浏览、服务查询、服务订阅和数据上传下载等功能	国家级、省级、市级
统计分析	CIM基础平台应具备对CIM数据进行多维统计和分析的功能，宜包括从时间、空间、指标等维度定义统计分析模型，以报表和图表等形式进行可视化展示及结果导出	国家级、省级
监督监测	CIM基础平台应具备对下级平台远程监督监测的功能，应支持对下级平台的无缝对接，支持对下级平台运行机制、运行状况的监测监督	国家级、省级
分析应用	CIM基础平台分析应用宜提供缓冲区分析、叠加分析、空间拓扑分析、通视分析、视廊分析、天际线分析、绿地率分析和日照分析等功能	市级
运行与服务	（1）CIM基础平台运行应提供组织机构管理、角色管理、用户管理、统一认证、平台监控、日志管理等功能，以及CIM数据服务、功能和接口的注册、授权和注销等； （2）平台服务宜具备CIM服务发布、服务聚合、服务代理、服务启动停止、服务调用、服务监控、访问控制和负载均衡等能力	国家级、省级、市级
开发接口	CIM基础平台宜提供开发接口、软件开发工具包、开发指南或示例等说明文档，提供资源访问类、项目类、地图类、三维模型类、BIM类、控件类、数据交换类、事件类、实时感知类、数据分析类、模拟推演类、平台管理类12类开发接口支撑各类CIM+应用	国家级、省级、市级

5.2.3 标准规范

标准是经济活动和社会发展的技术支撑，是国家治理体系和治理能力现代化的基础性制度，标准体系构建在支撑产业转型升级和结构调整、保障改善民生、服务绿色发展、促进文化繁荣、促进简政放权方面扮演越发重要的角色，同时也是促进国内产业经济发展、提升国际影响力和竞争力的技术支撑。自2018年住房和城乡建设部开展CIM基础平台试点建设，到列入国家"十四五"数字政府建设计划，CIM项目呈现日益增长的趋势。CIM作为新型智慧城市建设和管理下的新一代信息技术与城市现代化深度融合而催生的产物，CIM基础平台建设是一项复杂性较高、多种技术交融、多主体参与的长期性工作。因此，CIM标准体系的构建不仅对CIM项目实施具有关键指导性意义，而且也能推动地方其他产业标准化进程，提高跨领域合作化水平，实现信息互通、共建共享，提高投入产出效益，提升国家和城市标准化工作水平。

5.2.3.1 标准体系框架

CIM基础平台不是简单的信息化项目，而是一项复杂的系统性工程，不仅涉及CIM描述对象界定、语义体系的重构和规范化定义、多源信息对齐的逻辑和方法、多源数据信息映射和协同描述方法、模型内容直观可靠表达等理论和技术层面的科学问题，也涉及数据结构化治理、平台全生命周期建设和运维、信息安全有效使用、应用服务体系建构等实施层面的技术和管理难点。这就需要一套完善的顶层制度和标准规范体系来保障数据接入、平台建设、运行维护等各个环节的有效衔接和顺利实施。

1. CIM先行先试城市标准体系架构

自住房和城乡建设部将广州、厦门、南京、北京城市副中心、雄安新区、中新天津生态城6个城市（地区）列入CIM平台建设试点城市以来，CIM基础平台建设项目快速发展。截至目前，全国范围内共有70多个城市启动了CIM基础平台建设工作。超大特大城市、省会城市、部分中小城市的CIM基础平台建设不断探索CIM应用的价值，从实践中收获CIM理论经验。随着各地CIM基础平台的落地实施，标准规范体系研究作为CIM平台建设重要内容之一，多地在CIM标准体系建设方面做出了探索。各试点城市均聚焦各自应用层面与具体需求，相继开展了CIM标准体系的研究，根据"急用先出"的原则，针对CIM数据构成、数据治理、数据共享与交换、CIM基础平台技术框架等亟须规范的技术环节，编制了系列技术标准，为CIM基础平台建设提供技术指引，为其他城市CIM标准体系的构建积累了可借鉴的实践经验。

南京市以BIM审批辅助规划报建为建设路径，对标智慧城市、地理测绘等标准建设，构建包含基础类、通用类、数据资源类、获取处理类、基础平台类、管理类、工建专题类、CIM+应用类等CIM标准体系，南京市CIM标准体系框架见图5-5。

广州市以新城建对接新基建推动城市提质增效、促进城市高质量发展的重要路径，构建包含基础类、数据类、平台类、管理类、新城建应用类、其他应用类等CIM标准体系。广州市CIM标准体系框架见图5-6。

成都市围绕"健全数字智能智慧运行体系、助力打造数字孪生城市、推动城市功能和空间布局战略性优化"的建设目标，构建包含通用类、数据资源类、获取处理类、基础平台类、管理类、CIM+应用类等标准体系框架。成都市CIM标准体系总体框架见图5-7。

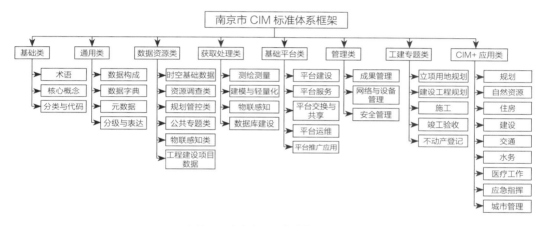

图5-5　南京市CIM标准体系框架图

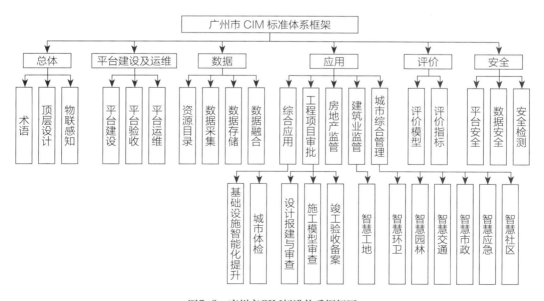

图5-6　广州市CIM标准体系框架图

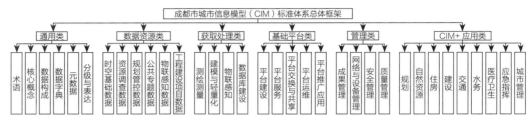

图5-7　成都市CIM标准体系总体框架图

先行城市现有的CIM标准体系探索成果为国家和其他城市的CIM基础平台标准体系研究提供了建设思路，由于CIM概念在国内演变的时间不长，其内涵和外延一直处于探索期，故CIM标准体系亦是动态更新的。因此，当前阶段CIM标准体系宜从引领智慧城市规划建设管理的角度出发，立足于应用新技术，构建集感知、分析、服务、指挥、监察、应用为一体的城市管理新模式，使城市更健康、更安全、更宜居，成为人民群众高质量生活的空间。

2．CIM标准体系框架结构

城市信息模型在国内的应用尚处于起步阶段，《城市信息模型（CIM）标准体系》等相关国家层面的标准规范正在研究编制中，现阶段顶层标准规范缺失。而CIM基础平台作为智慧城市三维数字底板以及新型信息化基础设施，CIM基础平台标准规范体系建设可以参考智慧城市等国家标准体系框架，同时应按照《标准体系构建原则和要求》GB/T 13016—2018和《智慧城市　顶层设计指南》GB/T 36333—2018中的规定（表5-3），兼顾与现行国家标准和行业标准的相互衔接，遵循目标明确、科学建模，面向实施、覆盖全面，系统协调、层次清晰，开放兼容、动态优化的标准规范编制原则，充分展现行业特色，形成覆盖全面、层次分明、满足需求的标准体系。通过标准先行，促进技术融合、业务融合、数据融合，推动CIM基础平台建设集约高效、系统互联、数据共享、业务协同，构建真正意义上的三维数字化底板。

智慧城市业务架构设计方法的示例

表5-3

一级	民生服务		城市治理			产业经济			生态宜居	
二级	市民服务	企业服务	安全监管	城市监管	市场监管	智慧园区	数字经济	高端物流	城市水环境	生态多样性保护
三级	婚育服务	融资服务	危化品管理	环境卫生治理	食品安全管理	基础设施服务	"互联网+"经济	供应商管理	城市给水	海洋生态多样性

续表

三级	教育服务	资金资助服务	用电生产管理	公园绿化管理	药品安全管理	物业服务	共享经济	货运管理	城市供水陆地多样性	……
	医疗服务	创业辅导	危险边坡管理	森林防火监管	医疗器械管理	……	数据交易	……	城市排水	……
	……	……	……	……	……		……		……	……

梳理标准体系涉及CIM部分及智慧城市发展的需求，充分考虑标准间的继承与扩展问题。需要强调的是，标准体系及相关标准基于当前的技术水平和对未来发展需求的预测，标准数量和内容分类都是相对的、可扩充的和不断发展的，它们将随着CIM项目建设的推进、CIM相关领域技术的进一步发展与广泛应用不断地予以调整、补充和删减，并不断完善。CIM标准体系总体框架见图5-8。

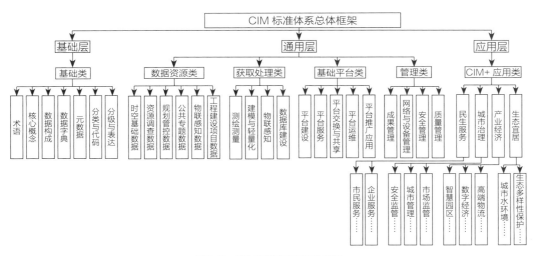

图5-8 CIM标准体系总体框架

按照标准体系中上下层标准的通用性与特殊性关系，可将CIM标准体系分为基础层、通用层和应用层。

1. 基础层

该层是整套标准体系的底板支撑，设置基础类，编制术语、核心概念和分类代码等，规定不同时间、空间尺度下，CIM数据的内容、结构、分级、符号及语义等表达，以相互理解为编制目标而形成的具有广泛适用范围的基础标准。

2. 通用层

该层在从CIM基础底板到实际场景应用过程中起到承上启下的作用，设置数据资源类、获取处理类、基础平台类以及管理类。其中，数据资源类规定CIM各类数据的内容与结构；获取处理类规定CIM各类数据的获取、处理、加工与建库的过程、方法及技术要求；基础平台类规范CIM基础平台建设、服务、交换与共享及运维，并对CIM基础平台的推广应用进行指引；管理类包含为实现CIM相关管理工作的顺利实施，以成果管理、网络与设备管理、安全管理为对象制定的一系列标准。

3. 应用层

该层主要是为指导和规范具体领域专业类和项目类CIM技术应用编写相关标准。根据CIM支撑构建智慧城市三维数字化底板的定位。参考2018年国家标准化管理委员会发布的《智慧城市　顶层设计指南》GB/T 36333—2018，其中针对智慧城市建设业务架构提出了标准要求，宜从城市功能、政府职能、行业领域划分等维度进行层层细化与分解，CIM+智慧化应用场景可参考智慧城市业务架构体系，基于多维度、多领域要求，以重点领域和主要业务结合的方式，打造更深层级智慧化应用。

5.2.3.2　标准体系构成及重要标准介绍

CIM基础平台从基础定义、数据治理、平台建设及支撑的数字化应用全生命周期角度出发，将标准体系的设计内容分为基础类、数据资源类、获取处理类、基础平台类、管理类和CIM+应用类。

基础类：基础类标准是CIM标准体系中其他标准的基础，用于规范CIM涉及的术语、核心概念、数据构成、数据字典、分类与代码以及分级与表达等标准。

数据资源类：数据资源类标准用于规范CIM数据的数据构成、类型、约束条件等，主要分为时空基础数据、资源调查数据、规划管控数据、公共专题数据、物联感知数据和工程建设项目数据等标准。

获取处理类：获取处理类标准用于规定CIM各类数据的获取、处理、加工与建库的过程、方法以及技术要求。包括测绘测量、建模与轻量化、物联感知、数据库建设等标准。

基础平台类：基础平台类标准用于规范CIM平台建设过程对相关平台技术、其他系统衔接接口、对外提供服务、平台功能性能等相关标准约束。包括平台建设、平台服务、平台交换与共享、平台运维、平台推广应用等标准。

管理类：管理类标准是为了保障CIM工作的顺利实施，符合信息化项目建设要求，对CIM成果管理、网络与设备管理、安全管理、质量管理等制定的标准规范。

CIM+应用类：CIM+应用类标准基于CIM基础平台设计、开发的各行业数字化应用而制定的标准，涵盖民生服务、城市治理、产业经济以及生态宜居等行业应用标准。CIM+应用制定的标准规范需结合CIM项目建设实际情况和需求，并随着CIM项目建设不断完善和拓展。CIM基础平台建设的标准规范建议应包含如表5-4所示内容。

CIM标准大类介绍 表5-4

序号	标准类名称		适用范围说明
1	基础类	术语	规定城市信息模型（CIM）基本术语
2		核心概念	规定城市信息模型（CIM）的核心概念，明确核心概念和概念之间的关系
3		数据构成	规定城市信息模型（CIM）数据构成，指导CIM平台数据建设工作
4		数据字典	规定CIM数据的内容、结构和形态的定义与描述
5		元数据	规定CIM数据集的描述方法和内容，提供有关CIM数据的标识、覆盖范围、质量、空间和时间模式、空间参照系和分发等信息
6		分类与代码	规范了城市信息模型（CIM）分类规则与编码构成
7		分级与表达	规定城市信息模型不同空间尺度下的内容及表达形式与要求
8	数据资源类	时空基础数据	规范时空基础类数据的构成、类型、约束条件等
9		资源调查数据	规范资源调查类数据的构成、类型、约束条件等
10		规划管控数据	规范规划管控类数据的构成、类型、约束条件等
11		公共专题数据	规范公共专题类数据的构成、类型、约束条件等
12		物联感知数据	规范时空基础类数据的构成、类型、约束条件等
13		工程建设项目数据	规范工程建设项目类数据的构成、类型、约束条件等
14	获取处理类	测绘测量	规定以调查、测绘测量为主要手段获取处理相关CIM数据的过程、方法及技术、成果入库要求
15		建模与轻量化	规定CIM建模的内容、流程、质量检查的基本要求，以及模型轻量化原则、步骤、方法、质量检查与成果要求等规程
16		物联感知	规定以物联感知为主要手段获取CIM相关数据的过程、方法和技术要求
17		数据库建设	规定CIM数据汇聚、综合治理、成果建库、组织存储的过程、方法及技术要求
18	基础平台类	平台建设	规范城市信息模型（CIM）基础平台建设的一般规定、平台构成、平台功能及应用、平台性能要求等相关的规范
19		平台服务	规范CIM基础平台发布服务的类型、服务接口等
20		平台交换与共享	规定城市信息模型数据交换与共享的方法和格式等内容
21		平台运维	规范城市信息模型（CIM）基础平台运行维护服务工作
22		平台推广应用	规范CIM基础平台的建设指导思想、应用原则、推广应用模式、统一UI规范

序号	标准类名称		适用范围说明
23	管理类	成果管理	规定城市信息模型（CIM）成果（数据、软件文档、工具）管理相关要求
24		网络与设备管理	规定CIM基础平台及其应用、服务等所需的网络与设备管理相关方法和要求
25		安全管理	规定城市信息模型（CIM）安全管理内容、技术方法与要求
26		质量管理	规定CIM项目质量管理的相关内容与要求
27	CIM+应用类	民生服务	规范民生服务领域的CIM应用服务，根据城市实际建设需要进行扩展
28		城市治理	规范城市治理领域的CIM应用服务，根据城市实际建设需要进行扩展
29		产业经济	规范产业经济领域的CIM应用服务，根据城市实际建设需要进行扩展
30		生态宜居	规范生态宜居领域的CIM应用服务，根据城市实际建设需要进行扩展

5.2.4 安全保障体系

CIM基础平台作为电子政务信息化应用之一，应满足国家关于信息安全保障等相关规范标准。参照《中华人民共和国网络安全法》以及网络安全等级保护有关法规标准，以总体安全策略为核心，按照"技术可落地、管理可执行、安全可运营"的建设思路，形成安全管理、安全技术、安全运营的全方位信息安全体系，保障CIM数据安全和平台运行安全。

5.2.4.1 安全保障体系架构

建立CIM安全保障体系是为了提高信息安全管理水平、增强抵御灾难事件能力、大大提高信息管理的安全性和可靠性，从而提高CIM基础平台信息安全风险控制能力，更好地服务于智慧城市数字化应用。因此，CIM安全保障体系架构应严格参照《信息安全技术 网络安全等级保护基本要求》GB/T 22239—2019、《信息安全技术 网络安全等级保护安全设计技术要求》GB/T 25070—2019、《信息安全技术 网络安全等级保护测评要求》GB/T 28448—2019等国家标准规范，从网络安全技术体系、网络安全管理体系、网络安全运营体系和信息系统安全等级保护测评等层面，建立安全保障体系，夯实CIM基础平台安全保障，见图5-9。

CIM基础平台网络安全保障关键要素包括四个方面，分别是网络安全技术体系、网络安全管理体系、网络安全运营体系和信息系统安全等级保护测评。其中：

网络安全技术体系：计算机网络面临的网络安全威胁主要来自于物理和环境安全、网络和通信安全、设备和计算安全、应用和数据安全四个大类，通过安全域划分、安全计算环境、安全通信网络等网络安全技术手段，可以有效干预控制确保数据

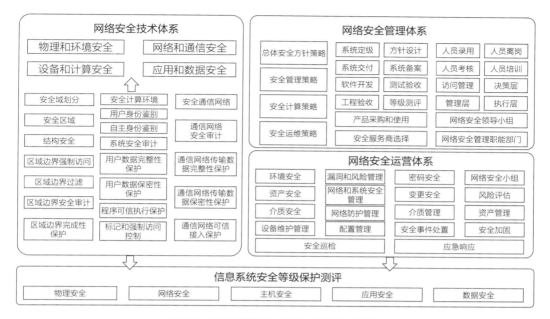

图5-9　CIM基础平台网络安全保障体系架构

传输安全。主流网络安全防御技术包括防火墙、入侵监测和入侵防御技术、虚拟专网技术、漏洞扫描技术、防病毒技术、上网行为管理技术、负载均衡技术、安全审计技术等，CIM基础平台根据部署环境和要求启用相关安全防御技术。

网络安全管理体系：成功的信息化项目其安全保障体系靠的是"三分技术、七分管理"。网络安全管理体系建设是有效保证CIM基础平台应用安全和数据安全的重要制度建设，主要由安全策略与管理制度、系统建设管理、安全管理机构与人员等部分组成。

网络安全运营体系：网络安全运营体系是日常网络运维的重要组成部分，主要以管控网络安全风险和业务系统安全风险为核心，执行安全检查、安全培训、安全事件监测通报、安全治理、定期生产分析和信息通报等内容。

信息系统安全等级保护测评：信息系统安全等级保护测评是为了发现信息系统内、外部存在的安全风险，从而采取安全技术手段提高信息系统的信息安全防护能力，降低系统被攻击的风险，主要从物理安全、网络安全、主机安全、应用安全、数据安全五个层面评估信息系统安全等级。

5.2.4.2　安全保障体系构成及重要措施介绍

风险管理是指在对风险的可能性和不确定性等因素进行收集、分析、评估、预测的基础上，制定的识别、衡量、积极应对、有效处置风险及妥善处理风险等一整套系统而科学的管理方法，以避免和减少风险损失。网络安全管理的本质是对信息安全风险的动态有效管理和控制。下面主要从物理安全、网络安全、主机安全、应用安全、数据安全等层面，介绍重要的安全技术措施，保障CIM基础平台网络信息安全。

1．物理安全

网络的物理安全是整个网络系统安全的前提。物理安全是指通过采用一系列安全技术措施，使计算机设备、设施以及介质等得到应有的安全保护，免遭地震、水灾、火灾等环境事故和人为操作失误及各种计算机犯罪行为导致的破坏。物理安全主要包括机房环境安全、设备安全、存储介质安全三个方面内容，以下介绍一些常见的具体措施。

（1）机房环境安全

进行涉密数据处理的机房出入口设立门禁系统，分配权限和密码，采取最小化授权原则，仅允许相关涉密人员进入工作区，禁止无关人员出入；

对进出机房的授权人员的进出时间进行严格登记和记录；

配备防火器材，合理地布置在机房的四周，做到防患于未然，一旦出现明火现象，可在机房内将其扑灭；

在机房内设立摄像监控系统，24小时监控录像机房内的有关情况，记录影像开始标记时间，为可能存在的人为破坏提供证据；

所有通信线路应尽量安置在防火的PVC管内，安置在天花板等人员不能直接接触的地方；

制定严格的环境安全保密制度，采取必要的奖惩制度加强工作人员环境安全意识和纪律；

完善办公区夜间巡更管理，建立重大事件干部值班制度等。

（2）设备安全

设备安全主要包括设备的防盗、防毁坏、防设备故障、防电磁信息辐射泄露、防止线路截获、抵抗电磁干扰及电源保护等方面的内容。其目标是防止组织遇到资产损坏、资产流失、敏感信息泄露或商业活动中断的风险。应从设备安放位置、稳定供电、传输介质安全、防火安全和防电磁泄密等方面来考虑。

设备可靠性方面，采用高质量、可靠的设备，如果有必要，对关键的设备要适时更换性能更好、功能更全、运行更稳定的产品，要进行冗余备份；设备环境方面，设备存放环境（如温度、湿度等）符合设备相关要求；设备安装方面，设备的安装坚固耐用，尽量隔离存放，专人负责，粘贴标识，增加监控设备，做到最终用户难以私自安装、拆卸设备的配件。

（3）存储介质安全

1）硬件设备的维护和管理

要根据硬件设备的具体配置情况，制定切实可行的硬件设备的操作使用规章，并严格按操作规章进行操作；

建立设备使用情况日志，并严格登记使用过程的情况；

建立硬件设备故障情况登记表，详细记录故障性质和修复情况；

坚持对设备进行例行维护和保养，并指定专人负责；

所有的计算机网络设备都应当置于上锁并且有空调的房间里；

将对设备的物理访问权限限制在最小范围。

2）信息存储媒体的安全管理

存放有业务数据或程序的磁盘、磁带或光盘，应视同文字记录妥善保管；必须注意防磁、防潮、防火、防盗，必须垂直放置；

对硬盘上的数据，要建立有效的级别、权限管理机制，并严格管理，必要时要对数据进行加密，以确保数据安全；

存放业务数据或程序的磁盘、磁带或光盘，管理必须落实到人；

对存放有重要信息的磁盘、磁带或光盘，要备份两份并分两处保管；

打印有业务数据或程序的打印纸，要视同档案进行管理；

超过数据保存期的磁盘、磁带或光盘，必须经过特殊的数据清除过程；

凡不能正常记录数据的磁盘、磁带或光盘，需经测试确认后由专人进行销毁；

对需要长期保存的有效数据，应在磁盘、磁带或光盘的质量有效期内进行转存，转存时应确保内容正确。

3）电源系统安全

计算站应设专用可靠的供电线路；

计算机系统的电源设备应提供稳定可靠的电源；

供电电源设备的容量应具有一定的余量；

计算机系统的供电电源技术指标应按《计算站场地通用规范》GB/T 2887—2011中的供配电系统规定执行；

计算机系统用的分电盘应设置在计算机机房内，并应采取防触电措施；

从分电盘到计算机系统的各种设备的电缆应为耐燃铜芯的屏蔽电缆；

计算机系统的各设备走线不得与空调设备、电源设备的无电磁屏蔽的走线平行；

交叉时，应尽量以接近于垂直的角度交叉，并采取防燃措施；

计算机电源系统的所有接点均应镀铅锡处理，冷压连接；

在计算机机房出入口处或值班室，应设置应急电话和应急断电装置；

计算站场地宜采用封闭式蓄电池；

使用半封闭式或开启式蓄电池时，应设专用房间；房间墙壁、地板表面应进行防腐蚀处理，并设置防爆灯、防爆开关和排风装置；

计算机系统接地应采用专用地线；专用地线的引线应和大楼的钢筋网及各种金属管道绝缘；

计算机系统的几种接线技术要求及接地之间的相互关系应符合《计算机场地通用规范》GB/T 2887—2011中的规定；

计算机机房应设置应急照明和安全出口的指示灯。

2．网络安全

网络安全是指网络系统的硬件、软件及其系统中的数据受到保护，不因偶然的或者恶意的原因而遭受到破坏、更改、泄露，系统连续可靠正常地运行，网络服务不中断。通过网络安全域划分、安全策略等安全保护功能保障基础安全，使用虚拟防火墙、入侵检测、入侵防护、VPN、Web安全防护、流量控制、上网行为管理、病毒防护等技术，建立统一身份控制与认证系统和集中强认证中心，保障CIM基础平台网络安全。

（1）安全域划分设计

网络是支撑CIM基础平台跨网络、跨部门、跨层级、跨区域的汇聚融合和信息共享、为政府、企事业单位和公众提供数据服务的重要基础，因此网络安全是建设CIM基础平台首先要考虑的前提问题。在CIM基础平台建设工作中，网络安全首先考虑安全域划分设计。网络安全域是指同一系统内有相同的安全保护需求，相互信任，并具有相同的安全访问控制和边界控制策略的子网或网络，且相同的网络安全域共享一样的安全策略。通过网络安全域的划分，可以把一个复杂的大型网络系统安全问题转化为较小区域更为单纯的安全保护问题，从而更好地控制网络安全风险。

关于CIM基础平台安全域划分设计，主要从业务系统、防护等级、系统行为等维度出发，将CIM基础平台划分为公共域、过渡域、受限域等（图5-10）。其中，公共域主要包括互联网和国家电子政务外网，面向企事业单位和社会群众提供非涉密数据；过渡域一般是指公共信息互联区，主要与外部网络进行信息交换；受限域一般是指提供和其他区域进行互联或共享信息的区域，与公共域通过过渡域隔离，不直连外部系统，是内部安全等级最高的区域。

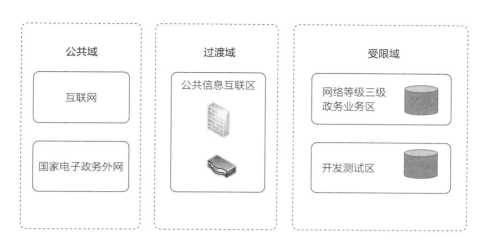

图5-10　CIM基础平台安全域划分设计

（2）安全策略

网络安全技术指保障网络系统硬件、软件、数据及其服务的安全而采取的信息安全技术。以下介绍一些主流的网络安全技术。

1）网络边界安全设计

防火墙技术是目前网络边界保护最有效也是最常见的技术。采用防火墙技术，对重要节点和网段进行边界保护，可以对所有流经防火墙的数据包按照严格的安全规则进行过滤，将所有不安全的或不符合安全规则的数据包屏蔽，防范各类攻击行为，杜绝越权访问，防止非法攻击，抵御可能发生的DoS和DDoS攻击。

设备部署在网络接入边界，进行系统内外数据的访问控制，保护系统整体的网络安全；通过边界防火墙将这两个系统内部区域与其他区域进行逻辑隔离，保护上述两个内部安全域，实现基于数据包的源地址、目的地址、通信协议、端口、流量、用户、通信时间等信息，执行严格的访问控制。

2）恶意代码防护设计

针对病毒的风险，重点是将病毒消灭或封堵在终端及服务器上。建议在所有业务服务器和所有终端上都部署网络防病毒系统，加强终端主机与服务器系统的病毒防护能力并及时升级恶意代码软件版本以及恶意代码库。捍卫主机及服务器免受病毒、特洛伊木马和恶意程序的侵袭，不让其有机会透过文件及数据的分享进而散布到整个用户的网络环境，提供完整的病毒扫描防护功能；建议核心业务系统部署分布式防病毒系统，对系统平台进行完整病毒查杀。在核心业务系统中的各服务器和客户端上部署防病毒客户端。

3）网络安全审计设计

网络安全审计系统主要用于监视并记录网络中的各类操作，侦察系统中存在的现有和潜在的威胁，实时地综合分析出网络中发生的安全事件，包括各种外部事件和内部事件。包括两类审计，第一类是互联网行为审计，用于审计内部用户的上网行为；第二类是数据库审计，对所有数据库的访问操作行为进行审计，数据库审计可用于网络取证。

安全审计设备部署方式有旁路监听、串行部署、在被监控机器中安装AGENT三种方式。其中串行部署，接入设备有可能会成为整个网络的单点故障点。而在被监控机器中安装AGENT的方法也会增加被监控主机的不稳定性，同时部署升级等的维护工作量也很大。基于旁路监听的技术，安装后完全不影响原有的网络运行，也不会成为单点故障点，而且部署极为方便，只要简单地安装在网络口的交换机镜像口上。因此在网络的核心交换机处部署网络审计系统，部署方式类似入侵检测系统（IDS），形成对全网网络数据的流量监测并进行相应安全审计，同时和其他网络安全设备共同为集中安全管理提供监控数据用于分析及检测。

4）Web应用安全设计

随着系统漏洞的减少以及漏洞的越来越难以利用，更多的攻击者开始将目光投向脚本攻击上，利用Web漏洞所造成攻击的危险性是相当大的。而Web的安全问题又正是网管容易忽视而且难以解决的问题，大多数网管对于Web编程并不了解，即使了解也不可能由网管去逐一检查Web程序的安全性，而大部分Web程序员不懂安全，由此造成的Web漏洞令人担忧，因此需要专业的WAF（Web应用防火墙）抵御针对Web的各类攻击行为，WAF需要串行在被保护的应用系统的前面，部署方式如同防火墙。

Web应用安全防护：防护基于HTTP/HTTPS/FTP协议的蠕虫攻击、木马后门、CGI扫描、间谍软件、灰色软件、网络钓鱼、漏洞扫描、SQL注入攻击及XSS攻击等常见的Web攻击；

Web请求信息的安全过滤：针对HTTP请求信息中的请求头长度、Cookie个数、HTTP协议参数个数、协议参数值长度、协议参数名长度等进行限制。对于检测出的不合规请求，允许进行丢弃或返回错误页面处理；

Cookie防篡改：针对应用服务器、应用系统的攻击方式中有一种就是篡改Cookie，来模拟合法用户，WAF能够有效地防护此类攻击；

网页防篡改：针对应用服务器、应用系统的另一种攻击方式是篡改网页，植入恶意代码。WAF能够实时过滤HTTP请求中混杂的网页篡改攻击流量（如SQL注入、

XSS攻击等）；自动监控网站所有需保护页面的完整性，当检测到网页被篡改，第一时间对管理员进行告警，对外仍显示篡改前的正常页面，用户可正常访问网站。

5）网络安全审计设计

网络安全审计技术是为了加强和规范互联网安全技术防范工作，保障互联网网络安全和信息安全，按照一定的安全策略，利用记录、系统活动和用户活动等信息，检查、审查和检验操作事件的环境及活动，从而发现系统漏洞、入侵行为或改善系统性能的过程。网络安全审计从级别上可分为3种类型：系统级审计、应用级审计和用户级审计。

系统级审计，主要针对系统的登录情况、用户识别号、登录尝试的日期和具体时间、退出的日期和时间、所使用的设备、登录后运行程序等事件信息进行审查。典型的系统级审计日志还包括部分与安全无关的信息，如系统操作、费用记账和网络性能。这类审计却无法跟踪和记录应用事件，也无法提供足够的细节信息。

应用级审计，主要针对的是应用程序的活动信息，如打开和关闭数据文件，读取、编辑、删除记录或字段等的特定操作，以及打印报告等。

用户级审计，主要是审计用户的操作活动信息，如用户直接启动的所有命令，用户所有的鉴别和认证操作，用户所访问的文件和资源等信息。

3．主机安全

主机安全是指保证主机在数据存储和处理的保密性、完整性、可用性，包括硬件、固件、系统软件的自身安全，以及一系列附加的安全技术和安全管理措施。主机全设计主要包括身份鉴别、访问控制、入侵防范、恶意病毒防范、资源控制、漏洞扫描、服务器安全加固等技术措施，为用户信息系统运行提供一个安全的环境。

（1）身份鉴别

身份鉴别是指在计算机及计算机网络系统中确认操作者身份的过程，从而确定该用户是否具有对某种资源的访问和使用权限，进而使计算机和网络系统的访问策略能够可靠、有效地执行，防止攻击者假冒合法用户获得资源的访问权限，保证系统和数据的安全，以及授权访问者的合法利益。主要采取的防护措施包括为操作人员、网络管理员、系统程序员以及数据库管理员等不同用户分配不同的用户名，确保用户名具有唯一性，例如长且复杂的口令、一次性口令等；对重要系统的用户采用两种或两种以上组合的鉴别技术实现用户身份鉴别，例如使用令牌或者证书。

（2）访问控制

访问控制技术是指防止对任何资源进行未授权的访问，从而使计算机系统在合法的范围内使用。主要采取的防护措施包括网络登录控制、网络使用权限控制、目录级安全控制，以及属性安全控制等。

（3）入侵防范

入侵防范技术是一种安全机制，通过分析网络流量、检测入侵（包括缓冲区溢出攻击、木马、蠕虫等），并通过一定的响应方式，实时地中止入侵行为，保护信息系统和网络架构免受侵害。主要采取的防护措施包括在网络边界处部署防火墙、IPS、防病毒网关、Web应用防火墙等安全设备，用于应对端口扫描、强力攻击、木马后门攻击、拒绝服务攻击、缓冲区溢出攻击、IP碎片攻击和网络蠕虫攻击等行为。

（4）恶意病毒防范

恶意病毒是指在计算机系统上执行恶意任务的病毒、蠕虫和特洛伊木马的程序，通过破坏软件进程来实施控制。主要采取的防护措施包括在网络中的所有服务器上均统一部署网络版防病毒系统，并确保系统的病毒代码库保持最新，实现恶意代码、病毒的全面防护，实现全网病毒的统一监控管理。

（5）漏洞扫描

漏洞扫描是指基于网络、主机、数据库漏洞，通过扫描等手段对指定的远程或者本地计算机系统的安全脆弱性进行检测，发现可利用漏洞的一种安全检测（渗透攻击）行为。主要采取的防护措施包括，部署一套漏洞扫描系统，对不同系统下的设备进行漏洞检测，用于分析和指出有关网络的安全漏洞及被测系统的薄弱环节，给出详细的检测报告，并针对检测到的网络安全隐患给出相应的修补措施和安全建议。

（6）服务器安全加固

服务器安全加固是指为操作系统安全引入"第三方"机制，对黑客常用的入侵通道增加监控手段。主要采取的防护措施包括，在服务器操作系统上安装主机安全加固系统，实现文件强制访问控制、注册表强制访问控制、进程强制访问控制、服务强制访问控制、三权分立的管理、管理员登录的强身份认证、文件完整性监测等。

4. 应用安全

应用安全是指在应用程序开发中，阻止应用程序安全漏洞、授权过程和访问、添加等威胁的过程，主要包括身份鉴别、访问控制、授权管理、安全审计、软件容错等策略。应用安全建设方案示意见图5-11。

（1）身份鉴别

由统一安全中心的统一身份模块对用户信息进行维护，由统一安全中心直接管理的应用均不维护用户信息，保证了用户身份的唯一性。

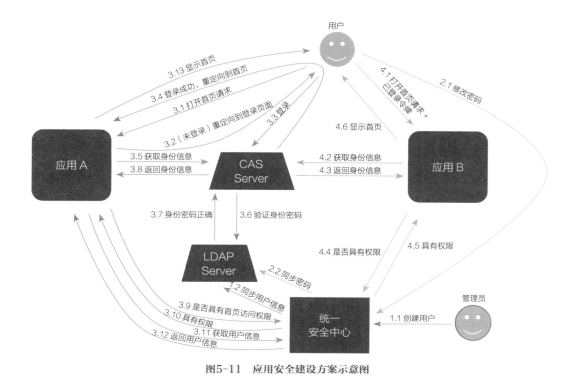

图5-11　应用安全建设方案示意图

　　用户信息中身份标识（登录名）和鉴别信息（密码）将被同步到LDAP中，登录时实际由CAS使用LDAP中的密码进行身份鉴别，身份鉴别实现了统一性（即单点登录）。

　　为了避免密码泄露，系统在进行密码存储和传输时，一律采用不可逆加密的方式。为了防止对简单密码的猜测，初始密码随机生成，随机密码为大写字母、数字和小写字母的随机组合。

　　在安全策略中设置"密码最小长度""密码复杂度""登录失败最大次数""密码定期更换时间""历史密码不重复次数"。

　　用户登录失败后，登录过滤器记录非法登录次数+1，如果非法登录次数未超过"登录失败最大次数"，系统重新定向到登录页面，否则账户将被锁定。

　　账户被锁定后，必须由系统管理员进行解锁后才能继续使用。

　　用户修改密码时，根据"密码最小长度""密码复杂度"策略对密码进行检查，不符合要求的不能修改密码。并且新密码不得与最近"历史密码不重复次数"的历史密码相同。

　　（2）访问控制

　　系统管理员使用角色授权、用户授权功能分别设置角色和用户对功能的访问权限。

用户的所有访问均会在授权过滤器中进行权限验证。

使用访问控制条目保存授权记录，访问控制条目由用户、资源、操作组成，定义了用户能够对资源具有的权限，其中资源可以为功能、文件等。

用户必须获得授权才能对资源进行访问，没有获得授权将不能访问资源并对资源执行任何操作，因此不需要设置敏感标记。

（3）授权管理

通过建立统一用户授权管理系统，为系统的各应用子系统提供通用的、支撑性的用户管理机制，实现可靠访问控制，提供用户管理的高效性，降低后台管理人员的维护工作量，并通过共享的用户信息服务，将各应用系统有机地整合在一起，实现互联互通，消除"信息孤岛"。

统一用户授权管理采用基于角色的访问控制（RBAC）授权管理模型，通过角色信息与应用系统内部权限信息的映射，形成"用户—角色—权限"三元对应关系，对各类用户进行严格的访问控制，以确保应用系统不被非法或越权访问，防止信息泄露。

（4）安全审计

对系统的操作记录提供事后审计和日志统计，保证系统操作的可追溯性和安全性。

系统内提供了详细的日志统计功能，对所有用户角色在各功能模块的操作都进行了记录，形成详细的日志信息，一旦出现任何问题，可通过日志查找根源。

审计日志记录的内容包括：日期、起始时间、结束时间、主体类型（用户、应用）、主体标识、主体名称、IP地址、事件类型、事件名称、事件URL、事件参数、执行结果。

（5）软件容错

提供数据有效性检验功能，对所有实体对象的输入型字段均设置了合法性验证定义数据，在所有的新增和修改功能中均对输入型字段执行了合法性验证。

使用数据库恢复机制进行保证。

5．数据安全

数据安全关乎国家安全和社会公共利益，为了保障政府部门、公民、法人和其他组织的个人信息和重要数据安全，项目建设从如下方面进行数据安全保护工作，采取相关措施监测、防御、处置数据安全风险和威胁，保护数据免受泄露、窃取、篡改、毁损、非法违规使用等。

（1）数据安全存储

在对CIM数据进行存储时，为保护数据不因数据库服务器被偷窃、不道德的管理员、不安全网络等因素而泄露等安全风险而遭到非法访问，需对CIM数据的存储进行加密。在对数据库中存储数据进行加密时，需要结合各类数据的特点，对加密算法、加密粒度以及加密方式进行合理的选择。

首先，在选择加密算法时，对加密尤其是解密速度要求比较快，不能因为加/解密过程而导致系统性能大幅度下降。其次，应当支持灵活的加密粒度，根据用户的需要，能够选择对数据库、表、记录、字段、数据项进行加密。同时，还要结合用户所使用的数据库软件类型选择适当的加密方式。

（2）数据备份与恢复

在解决了存储的基础上，备份与恢复必须同步考虑。考虑人为误操作、病毒等逻辑错误导致的数据丢失、对业务系统的危害。必须考虑通过将生产数据进行离线保存来构建数据保护系统，保证当业务系统出现问题后，能够快速对系统进行恢复。

通过对主要设备、服务器进行冗余设计，满足基础地理信息数据的容灾备份要求。

在备份处理的实现上，将采用以下几种方式进行数据备份：

集中式管理：利用集中式管理工具对整个网络的数据进行管理。系统管理员可对全网的备份策略进行统一备份作业管理。

全自动的备份：网络备份能够实现定时自动备份。能根据用户的实际需求，根据需要设置备份时间表，备份系统将自动启动备份作业，无须人工干预。

数据库恢复：系统实现数据库根据用户设置，可以实现自动恢复功能。

配置备份策略：用户可以设置备份策略，包括周期、开始时间、保留时间等。备份开始时间是随机时间，用户需要根据自己的业务特点进行设定。数据库备份策略见表5-5。

数据库备份策略表　　　　　　　　　　　表5-5

单位	重要等级	重要性	备份调度	备份频率	保留期限
业务单位	核心业务	高	全备：每天 0:00—2:00	每天全备	保留三个月
	重要业务	中	全备：每周一 2:00—5:00 增备：每天 2:00—3:30	每周全备 每天增备	保留一个月
	一般业务	低	全备：每周一 5:00—7:30 增备：每天 3:30—4:30	每周全备 每天增备	保留一周

无论是采用手工方式，还是通过计算机程序对数据库中的数据进行修改，都有可能导致数据错误的发生。当发生数据错误时，系统应能够恢复。数据管理子系统具有如下功能：

自动恢复：在数据出错时可把数据修复到修改前状态；

自动备份：数据库修改后，原有的数据应做备份；

历史数据：当数据库中的数据被修改后，原有的数据要保留至历史库中，以备数据回溯和查询使用。

（3）数据安全传输

在数据传输过程中，为确保不会被截取和窃听，需采用数据加密传输措施以保障网络中数据传输的安全性。在数据传输开始前，通信双方需经过身份认证、协商加密算法、交换加密密钥等过程，在数据传输过程中，通过对数据进行封装、压缩、加密，最大程度保障传输安全。

在目前的技术背景下，HTTPS是现行架构下最安全的解决方案：

使用HTTPS协议可认证用户和服务器，确保数据发送到正确的客户机和服务器；

HTTPS协议是由SSL+HTTP协议构建的可进行加密传输、身份认证的网络协议，要比HTTP协议安全，可防止数据在传输过程中被窃取、改变，确保数据的完整性；

HTTPS是现行架构下最安全的解决方案，虽然不是绝对安全，但它大幅增加了中间人攻击的成本。

使用虚拟专用网络（VPN），在政务外网上建立专用网络，进行加密通信，保障数据传输安全。

（4）敏感数据处理

CIM数据资源体系的建设，跨越不同层级、行业、部门、系统，数据内容包括二维空间数据、三维模型数据、BIM模型数据、业务数据、多媒体数据、物联感知数据、互联网大数据等，有些数据为部门内部数据，有些数据涉及公民个人隐私，另外有些数据则会涉及国家秘密。由于数据性质的不同，每一类数据的使用需要符合一定的要求。

业务数据：部门业务数据或内部数据需征得数据权属单位的同意，授权使用。

公民隐私：如水、电、气、暖等居民能耗数据以及通信、交通出行、快递等公民个人隐私信息，该部分信息要制定严格使用约束，不得提供任何形式的数据下载，以防泄露公民个人隐私信息。

涉密数据：2020年6月18日，自然资源部及国家保密局联合印发了《测绘地理信息管理工作国家秘密范围的规定》。文件中第19、22～25条规定明确了关于管线、正射影像、数字高程模型、三维模型、倾斜摄影等数据的密级定义。其中关于涉密数据定义见表5-6。

涉密数据定义 表5-6

序号	国家秘密事项名称	密级	保密期限
1	含有国家法律法规、部门规章及其他规定禁止公开内容的水系、交通、居民地及设施、管线等部分要素测绘地理信息专题成果	秘密	长期
2	军事禁区以外平面精度优于10m或者地面分辨率优于0.5m，且连续覆盖范围超过25km²的正射影像	秘密	长期
3	军事禁区以外平面精度优于（含）10m或高程精度优于（含）15m，且连续覆盖范围超过25km²的数字高程模型和数字表面模型成果	秘密	长期
4	军事禁区以外平面精度优于（含）10m或地物高度相对量测精度优于（含）5%，且连续覆盖范围超过25km²的三维模型、点云、倾斜影像、实景影像、导航电子地图等实测成果	秘密	长期
5	涉及军事、国家安全要害部门的点位名称及坐标；与军事、国家安全相关的国民经济重要设施精度优于（含）±10m的点位坐标及其名称属性	秘密	长期

针对平台中有可能涉及的上述涉密数据，需要到指定的测绘地理信息主管部门对空间位置和敏感信息等进行脱密处理后，再行使用。

坐标脱密：进行空间技术处理，确保位置精度符合公开要求；

敏感信息脱密：过滤并删除涉及国家秘密和其他不得表达的属性内容。

（5）数据访问控制

平台对所有数据资源的访问进行严格的权限控制和身份认证，对平台所有用户进行分级管理，设置不同的角色和群组，根据用户的职能分配不同的数据资源访问权限。

权限的分配遵循最小特权原则、最小泄露原则及多级安全的策略，形成单个用户或群组用户的访问控制矩阵。此外，平台还提供了完善的审计体系，对数据访问控制进行了进一步的补充，通过审计与监控能够再现原有的操作和问题，便于责任追查和数据恢复。

5.2.5 硬件网络

CIM基础平台因其承载多源海量数据，其中三维数据占比较大，故CIM基础平台的部署对硬件资源和网络环境有一定的要求，须充分考虑设计CIM基础平台数据承载能力，保障客户端快速访问平台并调取展示。

5.2.5.1 硬件资源设计

部署CIM基础平台一般所需的硬件资源包括服务器及存储资源，至于硬件资源的规格及数量要结合项目的实际情况进行估算。以下以城市级别的CIM基础平台——广州市CIM基础平台为例，介绍CIM基础平台硬件资源需求。

1. 广州市CIM基础平台待接入数据规模

广州市CIM基础平台待接入的数据资源包括全市范围的电子地图和影像地图、550km^{2}的城市现状三维模型、试点项目BIM模型。

2. 数据规模分析

广州市CIM基础平台数据量预估如下：

结构化数据主要指关系型数据库的数据。为提升数据库调用的速度，结构化库按行政区横向划分为5组库，应用端（中间件）以多源的方式调用。关系型数据库表级数据量2亿—3亿条，加上在线日志数据量约800GB，考虑到归档日志的备份及后续数据的增加量，本次设计为1.5TB/组，5组共7.5TB。计划租赁7.5TB的FC-SAN存储空间。

非结构化数据指生产单位生产的原始数据、上传的附件图片、影像等，预估20TB，每台5TB，5台以分布式部署，计划租用共计25TB的分布式存储空间。

切片处理后的数据。琶洲、珠江新城等试点区域50km^{2}倾斜摄影的数据（10GB/km^2）约500GB，中心城区将有500km^{2}的倾斜摄影数据约5TB，共计5.5TB，今后整个广州市7434km^{2}的倾斜摄影数据量的生产时间会较长，因此该部分数据量今后需要时再按需扩充。广州市建设项目审批全生命周期的所有BIM模型数据，包括规划报建BIM模型、建筑设计方案BIM模型、施工图BIM模型、竣工验收模型等，还有与这些模型关联的工程文档、报表、多媒体信息等，预估12TB。

根据以上预估，倾斜摄影和BIM模型的切片数据共计17.5TB，按20TB计，为提升数据的访问速度，采用2台前端代理角色，6台高负载数据库服务器的存储节点用于瓦片数据存储的方式，利用负载均衡做到瓦片级负载均衡形式，每台存储节点拥有一份完整数据副本，每台20TB，6台共计120TB。

3. 计算节点规划

鉴于广州市CIM基础平台待接入的数据规模及比例分析，广州市CIM基础平台应用端采用当今主流分布式加负载均衡相结合的方式，数据的存储与调用采用当今主流关系型与非关系型（分布式架构，类似大数据的数据存储与调用）相结合的方式。具体的硬件资源需求如下：

应用服务器采用10台中型虚拟机（4核、主频≥2.0GHz vCPU、16GB内存、100GB存储空间），分布式架构开发与部署。

关系型数据库的表级数据量2亿—3亿条，相对较多，因此采用分散存储的方式提高数据的存储与访问速度，服务器采用10个高负载数据库服务器（2路8核、CPU主频≥2.4GHz、128GB内存、3×300GB硬盘、2块不低于200GB SSD固态硬盘、HBA卡、千兆网卡），并增加外部FC-SAN存储部署，以行政区划分成5组高可用（集群）库，共10台高负载数据库服务器，每2台组成1个集群库。充分考虑各区的房屋密集程度、区域面积、项目数据等因素，5组集群库分配如下：集群A：越秀、荔湾、海珠、天河；集群B：白云；集群C：黄埔；集群D：番禺；集群E：花都、南沙、增城、从化。

非关系型数据库服务器采用5台大型虚拟机（8核、主频≥2.0GHz vCPU、32GB内存、100GB存储空间）加分布式外部存储的方式部署。

GIS群服务器群采用8台大型虚拟机（8核、主频≥2.0GHz vCPU、32GB内存、100GB存储空间）加外部FC-SAN存储部署，由于数据量大，瓦片数据多，为提升访问速度，采用2台前端代理角色，6台高负载数据库服务器用于瓦片数据存储的方式，利用负载均衡做到瓦片级负载均衡形式。

广州市CIM基础平台硬件需求清单见表5-7。

广州市CIM基础平台硬件需求清单　　　　　　　　表5-7

序号	资源名称		规格参数	单位	数量
1	关系型数据库节点	高负载数据库服务器	2路8核、CPU主频≥2.4GHz、128GB内存、3×300GB硬盘、2块不低于200GB SSD固态硬盘、HBA卡、千兆网卡，需同时租用2U机柜1个	台	10
2		存储	数据存储（100GB、FC-SAN裸容量）	个	75
3	非关系型数据节点	大型虚拟机	8核、主频≥2.0GHz vCPU、32GB内存、100GB存储空间	台	5
4		存储	数据存储（100GB、分布式存储裸容量）	个	250
5	GIS群节点	高负载数据库服务器	2路8核、CPU主频≥2.4GHz、128GB内存、3×300GB硬盘、2块不低于200GB SSD固态硬盘、HBA卡、千兆网卡，需同时租用2U机柜1个	台	8
6		存储	数据存储（100GB、FC-SAN裸容量）	个	1200

序号	资源名称		规格参数	单位	数量
7	应用服务节点	中型	4核、主频≥2.0GHz vCPU、16GB内存、100GB存储空间	台	10
8		存储	数据存储（100GB、分布式存储裸容量）	个	40
9	网络安全	安全服务	主机防病毒服务	项	33
10			虚拟防火墙	项	2
11			应用层防火墙	项	2
12			Web防篡改	项	10
13			漏洞扫描	项	1
14	数据容灾	负载均衡	负载均衡（硬件级）	项	2
15		本地备份	备份一体机或虚拟磁带库10TB/客户端	项	7
16		同城备份	备份一体机或虚拟磁带库10TB/客户端	项	7

5.2.5.2　网络环境

网络环境为CIM基础平台的部署运行、数据交互、信息共享、数据安全等提供全面保障。以下从运行环境、数据交互、网络安全三个方面介绍CIM基础平台对网络环境的要求。

1. 运行环境

CIM基础平台涉及大量的基础地理数据、三维模型数据、城市规划建设数据，根据《"十四五"推进国家政务信息化规划》文件要求，要强化网络安全和数据安全，严格保护商业秘密和个人隐私，落实信息安全和信息系统等级分级保护制度，全面提升政务信息化基础设施、重大平台、业务系统和数据资源的安全保障能力。按照国家电子政务云战略部署，CIM基础平台最好部署在电子政务外网中，服务器间网络建议万兆连接。

2. 数据交互

CIM基础平台要为其他业务领域、职能部门、企事业单位提供城市公共数字底座支持，则CIM基础平台具备数据交换的功能。CIM基础平台与处于不同网络环境的业务数据进行数据交换，为了保障数据安全，须采用不同的安全策略进行数据交互。CIM基础平台与目标业务系统（如自然资源局业务系统）处在同一电子政务云环境中，通过虚拟防火墙、应用防火墙及Web防篡的组合方式与外部环境进行安全连接，与电子政务云平台的其他单位业务系统采用VXLAN的方式进行网络隔离后进行本地交互；目标业务系统部署在单位的局域网网络（供水、排水、供电、燃气等市政管网），CIM基础平台与目标系统的交互则通过专线（VPN专线、裸光纤等）+单向网闸+前置机方式进行数据的互联互通；处在互联网的用户，则可以通过VPN的方式与CIM基础平台进行交互操作。

注：凡是涉密数据均需进行脱密处理后，通过单向网闸将数据摆渡至前置机，CIM平台与其前置机进行数据交换。

3．网络安全

CIM基础平台运行部署的网络环境，宜严格参照《信息安全技术　网络安全等级保护基本要求》GB/T 22239—2019、《信息安全技术　网络安全等级保护安全设计技术要求》GB/T 25070—2019、《信息安全技术　网络安全等级保护测评要求》GB/T 28448—2019等国家标准规范进行规划和建设。CIM基础平台的安全等级保护规划和建设不低于网络环境的安全等级。

5.2.6　配套管理机制

配套管理制度是CIM项目实施的依据，是项目顺利进行并提高管理效率的保证。为了使CIM基础平台充分发挥智慧城市的三维空间底座，切实做好CIM基础平台建设、运行、管理、维护和综合评价等工作，支撑多部门多场景应用，推动政府管理数字化转型，宜建立配套管理机制。按照"制度建到岗，责任落到人，环节落到位"的要求，完善CIM配套管理制度，做到履职权限明确、操作程序规范，形成上下一体、左右联动通畅、有效运行机制。

5.2.6.1　配套管理机制架构

CIM基础平台配套管理机制是为了保障CIM基础平台顺利推行和建设成效而建立健全的相关配套规范规定，起到指引项目建设、评价项目投资与成效、预防项目潜在风险和强制按标准执行的作用。参考同类信息化建设项目要求，CIM基础平台的配套管理机制架构主要由组织体系、运行机制、信息安全等组成，具体见图5-12。

组织体系，包括领导小组工作机制、领导小组办公室工作规则。通过构建组织体系，统筹协调和总体推进CIM基础平台建设工作，研究解决工作推进中的重大问题，制定相关政策，包括指导实施CIM基础平台建设实施进度计划，审批、监督和验收项目成果，推进与CIM相关的各类政策、制度、措施、标准等制定与执行工作。

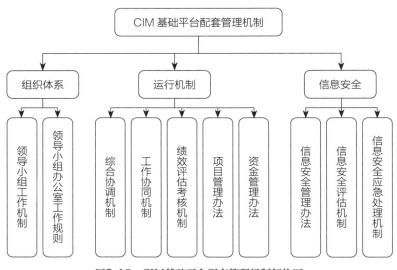

图5-12　CIM基础平台配套管理机制架构图

运行机制，包括综合协调机制、工作协同机制、绩效评估考核机制、项目管理办法、资金管理办法等。通过构建运行机制，加强对CIM建设工作的统筹协调、监督检查和考核奖惩，建立健全相关部门之间信息互通、资源共享、协调联动。引导CIM建设工作顺利推进健康发展，从而提高投资效益，保障建设质量。

信息安全，包括信息安全管理办法、信息安全评估机制、信息安全应急处置机制等。强化信息安全建设，引入国产密码技术、身份认证、安全审计等网络安全技术，不断推进政府信息化安全应用。

5.2.6.2　配套管理机制构成及重要机制介绍

配套机制是工作指导、任务分工、监督考核的重要参考指南。建立健全CIM领导小组工作机制、工作协同机制、绩效评估考核机制、信息安全管理机制等配套管理机制，对推进CIM项目的顺利实施起到至关重要的作用。以下介绍重要的配套机制。

1. 领导小组工作机制

建立领导小组工作机制有利于形成责权明晰、分工明确、运转有序的工作推进体系，促进CIM建设工作各项任务和部署的落实，加强各部门工作的协调，整合部门工作资源，顺利推进CIM工作建设。

领导小组工作机制内容宜包括明确机构设置、责任任务和具体的工作机制。机构设置部分要明确领导小组机构设置、内设机构及工作人员组成。责任任务部分要明确领导小组工作职责及工作成员人员分工。工作机制部分要明确领导小组会议制度、分工合作机制、定期报告机制、工作调研机制、信息公开机制、宣传报告机制、绩效考核机制以及其他事项。

2．工作协同机制

建立工作协同机制是加强CIM项目统一谋划、统一部署、统一调度的有效手段。按照共建、共享、共用、共治建设模式，建立跨部门、跨领域、跨层级的上下联动、左右协同衔接工作机制，推进CIM在规划、建设、管理等各项工作无缝对接。

工作协同机制内容宜包括建立多层次沟通联系机制，多层次沟通联系机制包括建立日常工作联系制度、工作联席会议制度、业务沟通协作制度、资源共享制度、问题整改落实工作机制5个层次沟通联系制度。

3．绩效评估考核机制

建立绩效评估考核机制是建立激励与约束，是提高CIM建设效益的有效机制。通过运用科学的标准、程序和方法对建设主体的建设成果和建设效益，定期进行评估考核。对于好的经验、好的做法，进行激励推广。对于工作推进不力，做到以评促改、以评促建、以评促优。

绩效评估考核机制内容宜包括价值体系、指标体系、规范体系和组织体系等内容。价值体系确定绩效评估的目标和意义，体现政府绩效的价值导向，进一步影响评估对象的工作重点和行动方向。指标体系确定绩效评估的内容，反映政府履行职责的范围和情况，是量化政府绩效的测评工具。规范体系规定绩效评估的方法、程序，约束绩效评估的行为，保证绩效评估的质量和效果，明确评估结果与评估对象的地位和利益的关系。组织体系是组织、实施和监督绩效评估的组织机构，确定绩效评估的主体，授予评估权力，监督绩效评估工作。

4．信息安全管理机制

建立信息安全管理制度是保障CIM项目建设所涉及信息安全的重要手段。通过信息安全管理机制的指引和约束，保障CIM项目所涉及的网络、设备、数据、用户信息等安全可控。

信息安全管理制度宜包括信息安全管理目标、信息安全管理人员与责任分工、信息安全管理内容、信息安全管理具体措施、信息安全事故处置和汇报流程，以及信息安全整改和处罚等内容。

3

平台建设篇

第 **6** 章

需求调研与分析

需求分析是信息系统设计开发不可或缺的重要组成部分，是介于系统分析和软件设计阶段之间的桥梁。一方面，需求分析以系统规格说明和项目规划作为分析活动的基本出发点，并从软件角度对它们进行检查与调整；另一方面，需求规格说明又是软件设计、实现、测试直至维护的主要基础。

目前市面上有大量关于需求分析的经典书籍，具体的需求分析理论和流程不再讲述。本章主要结合CIM基础平台过往项目实施开展过程，总结出常用的需求调研方法，即明确系统建设目标、调研问题准备、制订需求收集计划、收集需求、需求分类、需求评审、需求确认、形成需求文档等步骤，介绍CIM基础平台相关的需求调研及需求分析。

6.1 需求调研

需求调研又称为需求收集，全面而准确的需求收集可为后续系统的设计研发夯实基础。需求调研阶段主要涉及调研前的准备工作及需求收集，即明确系统建设目标、调研问题准备、制订需求调研计划、收集需求等步骤。

1．明确系统建设目标

该阶段主要明确CIM基础平台的建设目标、系统定位，确认平台建设的范围边界，后续的需求调研将紧紧围绕系统建设目标开展，防止需求遗漏或者范围蔓延。进一步对系统建设目标的分解，将得到系统业务功能清单。

2．调研问题准备

该阶段主要准备调研问题，全面、深入、翔实的调研问题准备是后续需求收集、平台设计开发的重要依据。调研问题的准备可以按照以终为始的思路进行分类设计，从平台使用用户、平台办理业务、平台需要数据、平台部署环境、平台对接、平台信息安全等维度设计调研问题。

例如，CIM平台的使用用户涉及部门、业务科室及用户都有谁，不同用户对系统的需求分别是什么；平台数据主要从平台需要哪些数据、能获得哪些数据、从哪些部分获取数据、哪些数据自制、数据格式要求、数据属性特征要求、数据更新频次等进行问题准备；平台部署环境主要了解平台所部署部门的网络资源、硬件条件、部门信息化建设情况进行问题准备，该部门部署环境是否满足CIM基础平台部署要求，该问题设置将影响后续软硬件资源的采购。

3．制订需求调研计划

该阶段主要任务是制订需求调研计划。需求调研计划是指导后续调研工作开展的流程规范指南，确保需求调研有条不紊地按计划执行，包括需求调研方式、调研对象、调研时间、调研内容、调研成果要求等。

4．收集需求

该阶段按照前一环节制定的需求调研计划进行需求收集。在需求收集过程中，尽量采用面对面线下交流方式，注意调研时间安排、调研措辞等。

6.2　需求分析

需求调研结束后，进入需求分析阶段。需求分析阶段主要对收集回来的需求进行分类、评审、需求确认、形成需求文档，为下一阶段的CIM基础平台架构、设计研发提供依据。

1．需求分类

该阶段主要对收集回来的需求进行整理分类，并确定需求的优先级及重要性。需求分类标准有很多，大致可以按照业务需求、用户需求、功能需求、非功能需求、系统需求等维度进行划分。

业务需求：表示组织或客户高层次的目标，业务需求描述了组织为什么要开发一个系统，即组织希望达到的目标。

用户需求：描述的是用户的目标，或用户要求系统必须能完成的任务。用例、场景描述和事件响应表都是表达用户需求的有效途径。也就是说用户需求描述了用户能使用系统来做些什么。

功能需求：规定开发人员必须在产品中实现的软件功能，用户利用这些功能来完成任务，满足业务需求。功能需求描述是开发人员需要实现什么。

非功能需求：服务器配置、系统部署方式、数据库版本、语言等。

系统需求：性能、安全性、扩展性、健壮性、易用性、故障处理要求、数据库灾难要求。

2. 需求评审

该阶段主要对需求进行评审，从技术可行性、经济可行性、项目建设范围等维度对需求进行内部评审，确认需求是否能实现、实现的经济成本，以及需求是否属于本次建设内容，做且只做本次建设范围的内容。需求评审最好由部门领导、项目经理、技术架构师、需求分析师、产品设计师、实施工程师同时参与，究其原因通过需求评审让项目参与人员对CIM基础平台的设计开发达成共识。

3. 需求确认

该阶段主要和客户就CIM基础平台需求达成共识，明确CIM基础平台功能建设、范围建设，以及建成后示意图。可以借助原型图的方式让客户及用户快速进入CIM基础平台确认过程，加深双方对CIM基础平台的理解，确认是按客户的想法进行开发。

4. 形成需求文档

该阶段主要对CIM基础平台的需求形成需求规格说明书，需求规格说明书将指导后续研发人员的开发及作为平台需求变更、验收的标准。平台研发人员可能不会亲自参与需求调研，或者由于不可控因素导致项目前期参与人员变动，需求规格说明书将整个需求以文档的方式记录下来，供后续项目参与人员查阅，保持需求前后理解的一致性。

需求规格说明书一般包含项目概述、平台数据描述、平台功能描述、平台性能描述、平台非功能需求描述、产品示意图等。其中项目概述从CIM基础平台建设背景、建设目标、处理业务等进行描述；平台功能描述对平台的模型、核心功能、二级功能等围绕业务展开的功能细节进行描述；平台性能描述从CIM平台应满足的性能要求及检查方法等进行描述；平台非功能需求描述从用户界面、用户使用习惯、软硬件环境、产品质量等维度进行描述。

第 **7** 章

数据资源建设

建设CIM基础平台的核心内容之一是构建数据库，而CIM基础平台涉及二维数据、三维模型数据、物联感知数据等多种类型、多种格式的数据，建设CIM数据库首先要搞清楚CIM数据包括哪些类型，明确CIM数据库的资源目录；其次解决各类CIM模型分级及分类问题，为CIM数据库搭建提供标准；最后通过不同的渠道和技术获取所需数据，并对其进行治理后入库，完成数据库建设。数据最重要的是要保持鲜活度和实现数据共享，发挥数据的价值。因此，建立完善的数据更新和数据共享与交换机制也是数据库建设必不可少的内容。

7.1 数据获取

智慧城市中大数据无处不在，数据是推动城市智慧化发展的核心支撑，是发展智慧城市的前提，建设智慧城市数据中心是必需的，即CIM基础平台承担的功能。建设数据库首要工作是采集城市中不同部门产生的不同格式、不同精度、不同类型的数据，即CIM基础平台建设中具体涉及哪些数据类型以及如何获取这些数据，如何采集高质量的数据是至关重要的。

7.1.1 数据资源目录

2022年住房和城乡建设部发布《城市信息模型基础平台技术标准》CJJ/T 315—2022，标准中规定，CIM基础平台数据包括CIM成果数据、时空基础数据、资源调查数据、规划管控数据、工程建设项目数据、公共专题数据和物联感知数据，CIM数据构成见表7-1。

1. CIM成果数据

CIM成果数据包括工程建设项目报批和加工整理等形成的CIM1—CIM7级模型成

果数据；CIM源数据包括时空基础、资源调查、规划管控等数据；关联数据包括公共专题数据和物联感知数据。

2. 时空基础数据

时空基础数据是同时具有时间和空间维度的数据，能够反映城市历史和现状以及地理位置的各类数据的集合，包括各层级行政区、政务电子地图以及测绘遥感数据、三维模型数据。三维模型数据参照已有相关标准《三维地理信息模型数据产品规范》CH/T 9015—2012及《城市三维建模技术规范》CJJ/T 157—2010，在此基础上进行整合、扩展，形成三维模型数据的小类目录及数据结构。

3. 资源调查数据

资源调查数据指调查监测各类自然资源的数量、布局及权属，是自然资源管理的基本要求和依据，也是保障自然资源合理利用的前提和基础。资源调查数据是反映城市现有资源状况的历史和现状的各类数据的集合，包括国土调查数据、地质调查数据、耕地资源、水资源、房屋普查数据、市政设施普查数据。

4. 规划管控数据

规划管控数据为行政审批和国土空间用途管制提供管控数据依据，是各类开发保护建设活动的基本依据。规划管控数据包括开发评价、重要控制线和国土空间规划等数据。

5. 工程建设项目数据

工程建设项目数据根据《国务院办公厅关于全面开展工程建设项目审批制度改革的实施意见》（国办发〔2019〕11号）划分的四个阶段，包括立项用地规划许可数据、建设工程规划许可数据、施工许可数据和竣工验收数据等。

6. 公共专题数据

公共专题数据是所有涉及社会、经济和民生的各类数据的集合。包括社会数据、法人数据、人口数据、兴趣点数据、地名地址数据和宏观经济数据等。

7. 物联感知数据

物联感知数据指城市中各类物联感知设备上的实时数据，包括建筑、市政设施、气象、交通、生态环境等监测数据和城市安防数据。

CIM数据构成表 表7-1

门类	大类	中类	类型	约束
CIM成果数据	CIM1级模型	—	信息模型	M

门类	大类	中类	类型	约束
CIM成果数据	CIM2级模型	—	信息模型	M
	CIM3级模型	—	信息模型	M
	CIM4级模型	—	信息模型	C
	CIM5级模型	—	信息模型	C
	CIM6级模型	—	信息模型	C
	CIM7级模型	—	信息模型	C
时空基础数据	行政区	国家行政区	矢量	C
		省级行政区	矢量	C
		地级行政区	矢量	M
		县级行政区	矢量	C
		乡级行政区	矢量	C
		其他行政区	矢量	C
	测绘遥感数据	数字正摄影像图	栅格	C
		可量测实景影像图	栅格	C
		倾斜影像	栅格	C
	三维模型	数字高程模型	栅格	M
		水利三维模型	信息模型	C
		建筑三维模型	信息模型	M
		交通三维模型	信息模型	C
		管线管廊三维模型	信息模型	C
		植被三维模型	信息模型	C
		其他三维模型	信息模型	O
资源调查数据	国土调查数据	土地要素	矢量	C
	地质调查数据	基础地质	矢量	C
		地质环境	矢量	C
		地质灾害	矢量	C
		工程地质	矢量	C
	耕地资源	永久基本农田	矢量	O
		耕地后备资源	矢量	C
	水资源	水系水文	矢量	C
		水利工程	矢量	C
		防汛抗旱	矢量	C
		水资源调查	矢量	C

续表

门类	大类	中类	类型	约束
资源调查数据	房屋普查数据	房屋建筑	矢量	C
		照片附件	电子文档	C
	市政设施普查数据	道路设施	矢量	C
		桥梁设施	矢量	C
		供水排水设施	矢量	C
		照片附件	电子文档	C
规划管控数据	开发评价	资源环境承载能力和国土空间开发适宜性评价	矢量	M
	重要控制线	生态保护红线/永久基本农田/城镇开发边界	矢量	M
	国土空间规划	总体规划	矢量	C
		详细规划	矢量	C
		专项规划	矢量	C
工程建设项目数据	立项用地规划许可数据	未选址策划项目信息	结构化数据	C
		已选址协同计划项目	矢量	C
		项目红线	矢量	M
		立项用地规划信息	结构化数据	M
		证照信息	结构化数据	C
		批文、证照扫描件	电子文档	C
	建设工程规划许可数据	设计方案信息模型	信息模型	M
		报建与审批信息	结构化数据	M
		证照信息	结构化数据	C
		批文、证照扫描件	电子文档	C
	施工许可数据	施工图信息模型	信息模型	M
		施工图审查信息	结构化数据	M
		证照信息	结构化数据	C
		批文、证照扫描件	电子文档	C
	竣工验收数据	竣工验收信息模型	信息模型	M
		竣工验收备案信息	结构化数据	M
		验收资料扫描件	电子文档	C
公共专题数据	社会数据	就业和失业登记	结构化数据	C
		人员和单位社保	结构化数据	C

门类	大类	中类	类型	约束
公共专题数据	法人数据	机关	结构化数据	C
		事业单位	结构化数据	C
		企业	结构化数据	C
		社团	结构化数据	C
	人口数据	人口基本信息	结构化数据	C
		人口统计信息	结构化数据	C
	兴趣点数据	引用现行国家标准《地理信息兴趣点分类与编码》GB/T 35648	矢量	O
	地名地址数据	地名	矢量	C
		地址	矢量	C
	宏观经济数据	—	结构化数据	C
物联感知数据	建筑监测数据	设备运行监测		C
		能耗监测		O
	市政设施监测数据	按城市道路、桥梁、城市轨道交通、供水、排水、燃气、热力、园林绿化、环境卫生、道路照明、工业垃圾、医疗垃圾、生活垃圾处理设备等设施及附属设施监测		C
	气象监测数据	雨量监测		O
		气温监测		O
		气压监测		O
		相对湿度监测	—	O
		其他		O
	交通监测数据	交通技术监控信息		O
		交通技术监控视频或照片		O
		电子监控信息		O
	生态环境监测数据	河湖水质监测		O
		土壤监测		O
		大气监测		O
	城市安防数据	治安监控视频		C
		三防监测数据		C
		其他		C

7.1.2 数据分级分类

7.1.2.1 模型分级

CIM是在GIS和BIM的基础上发展而来的，涉及的地理信息、建筑信息模型、城市三维模型已有相应的分级分类标准，因此，CIM分级可以从GIS和BIM两个方面来考虑。

城市三维模型是对现实世界进行高度镜像的核心手段，在我国已发展多年，相关建模技术较为成熟。《城市三维建模技术规范》CJJ/T 157—2010将城市三维模型按表现细节划分为四个层级，从LoD1到LoD4级随着比例尺逐渐增大，模型精度逐渐提高，模型表现逐渐精细，侧重于对地形立体表面和实体三维框架的表达。《建筑信息模型设计交付标准》GB/T 51301—2018将BIM模型划分为4个等级，从LoD1.0到LoD4.0模型逐渐精细。其中项目级BIM（LoD1.0）承载项目、子项目或局部建筑信息，满足二维化或符号化识别需求的几何表达；功能级BIM（LoD2.0）承载完整功能的模块或空间信息，可表达建筑物的功能分区，相当于建筑物分层分户的单元层次；构件级BIM（LoD3.0）承载单一的构配件或产品信息，可精细表达建筑或实体的构成部件；零件级BIM（LoD4.0）承载从属于构配件或产品的组成零件或安装零件信息。Yichuan Deng通过对比CityGML与BIM的分级IFC对象及其制图特征，根据常见模型对象及特征，将城市三维模型4个等级、CityGML5分级与BIM模型4个基本等级进行综合比对，整体上形成表7-2所示的层级对应关系。

城市三维模型、CityGML和BIM层级对比   表7-2

序号	模型主要内容及特征	三维模型分级	CityGML分级	BIM 精细度基本等级
1	地形模型，平面轮廓或符号表达实体	LoD1（体块模型）	LoD0	
2	实体三维立体框架，如建筑立体框架（白模）	LoD2（基础模型）	LoD1	
3	实体三维立体框架+标准表面，如建筑立体框架、封闭表面、屋顶表面	LoD3（标准模型）	LoD2	
4	实体三维立体框架+精细表面，如建筑立体框架，如封闭表面、分层表面、窗户	LoD4（精细模型）	LoD3	LoD1.0（项目级BIM）
5	完整功能的模块或空间信息，如分层分户、房间、内墙表面、主要建筑装饰，满足空间占位、主要颜色等粗略识别需求的几何表达精度		LoD4	LoD2.0（功能级BIM）
6	单一的构配件或产品信息，如建筑构件（墙、梁、板、柱等）满足建造安装流程、采购等精细识别需求的几何表达精度			LoD3.0（构件级BIM）
7	从属于构配件或产品的组成零件或安装零件信息，满足高精度渲染展示、产品管理、制造加工准备等高精度识别需求的几何表达精度			LoD4.0（零件级BIM）

依据现有模型不同级别所展现的特征，结合各级别尺度与精细度，城市三维模型的精细模型细节表现层次侧重表达建筑体（群）的三维框架及表面，完全达到项目级BIM的层次要求，故将精细模型与项目级BIM融合形成同一个层级。

王永海等人在《城市信息模型（CIM）分级分类研究》中将CIM模型分为地表模型、框架模型、标准模型、精细模型、功能级模型、构件级模型、零件级模型7级。具体特征见表7-3。

CIM分级 　　　　　　　　　　　　　　　　　　　　表7-3

级别	名称	模型主要内容	模型特征	数据源精细度	模型示例
CIM 1级	地表模型	行政区、地形、水系、居民区、交通线等	DEM和DOM叠加实体对象的基本轮廓或三维符号	小于1：10000	居民区
CIM 2级	框架模型	地形、水利、建筑、交通设施、管线管廊、植被等	实体三维框架和表面（无纹理），包含实体分类等信息	1：5000—1：10000	
CIM 3级	标准模型	地形、水利、建筑、交通设施、管线管廊、植被等	实体三维框架、内外表面，包含实体分类、标识和基本属性等信息	1：1000—1：2000	
CIM 4级	精细模型	地形、水利、建筑外观及建筑分层结构、交通设施、管线管廊、植被等	实体三维框架、内外表面细节（真实纹理），包含模型单元的身份描述、项目信息、组织角色等信息	优于1：500或G1、N1	
CIM 5级	功能级模型	建筑、设施、管线管廊、场地、地下空间等要素及其主要功能分区（对应于房屋的分层分户）	满足空间占位、功能分区等需求的几何精度，包含和补充上级信息，增加实体系统关系、组成及材质，性能或属性等信息	G1—G2，N1—N2	

137

级别	名称	模型主要内容	模型特征	数据源精细度	模型示例
CIM 6级	构件级模型	建筑、设施、管线管廊、地下空间等要素的功能分区及其主要构件	满足建造安装流程、采购等精细识别需求的几何精度（构件级），宜包含和补充上级信息，增加生产信息、安装信息	G2—G3，N2—N3	
CIM 7级	零件级模型	建筑、设施、管线管廊、地下空间等要素的功能分区、构件及其主要零件	满足高精度渲染展示、产品管理、制造加工准备等高精度识别需求的几何精度（零件级），包含上级信息并增加竣工信息	G3—G4，N3—N4	

CIM 1级模型即地表模型，是根据实体对象的基本轮廓和高度生成的三维符号，可以采用GIS数据生成；

CIM 2级模型即框架模型，是表达实体三维框架和表面的基础模型，实体边长大于10m（含10m）应细化建模，表现为无表面纹理的"白模"，通过倾斜摄影和卫星遥感等方式组合建模；

CIM 3级模型即标准模型，是表达实体三维框架、内外表面的标准模型，实体边长大于2m（含2m）应细化建模，可采用激光雷达、倾斜摄影和卫星遥感等方式组合建模；

CIM 4级模型即精细模型，是表达实体三维框架、内外表面细节的精细模型，实体边长大于0.5m（含0.5m）应细化建模，可采用倾斜摄影、激光雷达等方式组合建模；

CIM 5级模型即功能级模型，是满足模型主要内容空间占位、功能分区等需求的几何精度（功能级），对应建筑信息模型几何精度G1—G2级，表面凸凹结构边长大于0.05m（含0.05m）应细化建模，可采用BIM、倾斜摄影和激光雷达等方式组合建模；

CIM 6级模型即构件级模型，是满足模型主要内容建造安装流程、采购等精细识别需求的几何精度（构件级），对应建筑信息模型几何精度G2—G3级，表面凸凹结构边长大于0.02m（含0.02m）应细化建模，可采用BIM、激光雷达和人工测绘等方式组合建模；

CIM 7级模型即零件级模型，是满足模型主要内容高精度渲染展示、产品管理、制造加工准备等高精度识别需求的几何精度（零件级），对应建筑信息模型几何精度G3—G4级，表面凸凹结构边长大于0.01m（含0.01m）应细化建模，可采用BIM和人工测绘等方式组合建模。

7.1.2.2 模型和信息分类

从CIM数据构成来看，BIM是CIM的细胞单元，将城市中建筑、市政、道路、桥梁、管网、园林、照明等要素的BIM进行汇聚整合，即构成了城市级的BIM模型——CIM。国内外对BIM的分类研究相对完善，有王亚平等专家学者针对BIM建筑功能分类编码及扩展路径的研究以及BIM相关标准。其中，《建筑信息模型分类和编码标准》GB/T 51269—2017在ISO 12006-2的基础上进行扩展，从建设成果、进程、资源、属性四个维度对BIM进行分类。因此，在BIM分类的基础上，考虑到CIM需完整地描述结构复杂的城市系统，从成果、进程、资源、属性和应用五大维度对CIM进行分类。其中成果包括按功能分建筑物、按形态分建筑物、按功能分建筑空间、按形态分建筑空间、BIM元素、工作成果、模型内容七种分类，前六种引用《建筑信息模型分类和编码标准》GB/T 51269—2017附录A.0.1—A.0.6分类，模型内容参考《基础地理信息要素分类与代码》GB/T 13923—2022和《城市三维建模技术规范》CJJ/T 157—2010分类；进程包括工程建设项目阶段、行为、专业领域、采集方式四种分类，前三种引用《建筑信息模型分类和编码标准》GB/T 51269—2017附录A.0.7—A.0.9分类，采集方式参考《测绘标准体系》；资源包括建筑产品、组织角色、工具、信息四种分类，引用《建筑信息模型分类和编码标准》GB/T 51269—2017附录A.0.10—A.0.13分类；属性包括材质、属性、用地类型三种分类，前两种引用《建筑信息模型分类和编码标准》GB/T 51269—2017附录A.0.14—A.0.15分类，用地类型引用自然资源部《国土空间调查、规划、用途管制用地用海分类指南（试行）》的用地分类代码；应用包括行业一种分类，引用《国民经济行业分类》GB/T 4754—2017的分类编码。

CIM的分类在符合现行国家标准《信息分类和编码的基本原则与方法》GB/T 7027的规定下，依据可扩延性、兼容性和综合实用性原则进行扩展，扩展分类时，相关标准中已规定的类目和编码保持不变，CIM分类图见图7-1。

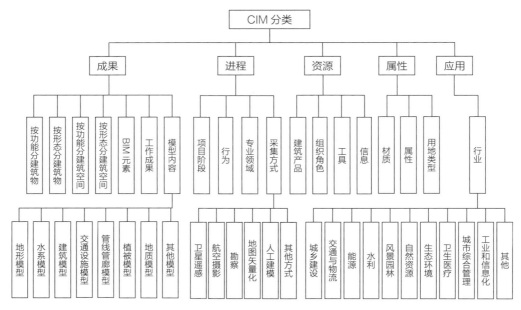

图7-1　CIM分类图

7.1.3　数据采集

CIM基础平台数据包括CIM成果数据、时空基础数据、资源调查数据、规划管控数据、工程建设项目数据、公共专题数据和物联感知数据。时空基础数据基于新型测绘技术，采用卫星影像、航空影像、倾斜影像、高光谱影像、热红外影像和激光点云等技术获取数据；资源调查数据通过遥感技术、航天、航空遥感影像技术、航空摄影技术、3S技术；规划管控数据、工程建设数据和公共专题数据主要通过从各单位收集资料获取；物联感知数据主要是通过物联感知技术获取城市的动态实时数据。CIM成果数据主要是通过对采集的数据进行处理后所形成的不同等级的CIM数据。下面重点介绍航空摄影技术、激光点云技术、GPS技术、RS技术、物联感知技术，CIM基础平台数据采集技术见图7-2。

7.1.3.1　航空摄影技术

航空摄影技术是在飞机上利用航空摄影机按照一定的技术要求拍摄地面景物获取图像的过程。航空摄影技术始于19世纪50年代，源自1858年纳达尔在空中拍摄的法国巴黎照片，从此人们开启了从空中观察地球的征程。1909年美国的莱特（W. Wright）首次从飞机上对地面进行拍摄，获得首张地面摄像片。此后，随着飞机的不断更新换代、飞行技术逐步进步以及摄影机和感光材料的飞速发展，航空摄影技术不断提高，摄像片质量显著提高，用途也日益广泛。

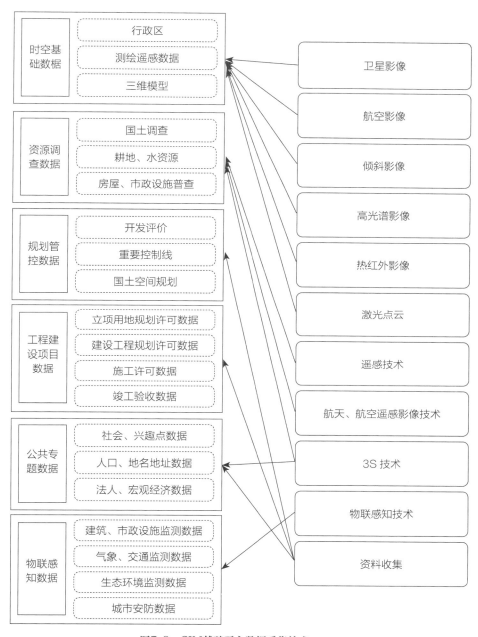

图7-2 CIM基础平台数据采集技术

　　航空摄影按照航空摄影机主光轴与通过透镜中心的地面铅垂线间的夹角分为垂直摄影和倾斜摄影。其中夹角等于0°或小于3°的,即为垂直摄影,由垂直摄影拍摄的图像称为水平像片。水平像片上地物的影像,基本与地面物体顶部的形状相似,像片各部分的比例尺基本相同。水平像片可以用来判断各目标的位置关系和测量距离。夹角大于3°的，称为倾斜摄影，通过倾斜摄影拍摄的像片称为倾斜像片，倾斜像片可以单独使用，也可与水平像片搭配使用。

航空摄影按摄影的实施方式分类，分为单片摄影、航线摄影和面积摄影。单片摄影即专门拍摄单独固定目标而形成的影像，只拍摄一张像片。航线摄影即沿一条航线，对地面狭长地区或沿线状地物（铁路、公路、河流）等进行连续拍摄。面积摄影即对区域进行连续拍摄，由多个相互平行的航线摄影组成，进行面积摄影时，一般要求航线与纬线平行，按东西方向飞行，航线长度一般为60—120km。

按感光材料分类，分为全色黑白摄影、黑白红外摄影、彩色摄影、彩色红外摄影和多光谱摄影等。全色黑白摄影即采用全色黑白感光材料进行的摄影，应用范围广，极易收集航空遥感材料。黑白红外摄影即采用黑白红外感光材料进行的摄影，对水体植被反应灵敏，像片具有较高的反差和分辨率。彩色摄影即采用各种色光进行的摄影，与全色黑白像片相比，影像更为清晰，分辨能力高。彩色红外摄影和多光谱摄影在实践中应用较少，不做过多描述。

通过遥感和航空摄影获取的影像信息进行数字微分纠正和镶嵌，按照一定图幅范围裁剪生成数字正摄影像图。数字正射影像图同时具有地图几何精度和影像特征，具有精度高、信息丰富、直观逼真、获取快捷等特点，可以作为CIM基础平台的基础底图数据。

倾斜摄影作为航空摄影的核心技术之一，由于其能大大降低城市三维数据生产的人工成本和时间周期，被广泛用作三维数据采集，近几年发展迅速。倾斜摄影是指在同一载体上搭载多台传感器，并同时从五个角度（一个垂直角度、四个倾斜角度）采集影像，获取地物信息的一项技术。倾斜摄影不同于传统的垂直摄影，它通常通过在无人机等飞行设备上搭载高分辨率、多镜头的相机，可以同时采集建筑物的顶面和侧面信息，而垂直摄影只能从垂直角度进行影像采集，这样倾斜摄影采集的数据就更加接近人类的视觉习惯，更容易被大众接受。倾斜摄影同时从各个角度获取地物、地貌的垂直和倾斜影像及位置信息，获取倾斜影像数据后，将正片与斜片进行多视角影像联合平差、多视角影像密集匹配、TIN三角网构建、3D纹理映射，从而生成基于倾斜摄影纹理的全要素、全纹理实景三维模型，实现三维可测量，倾斜摄影技术采集得到的三维数据体现了真实性、高效性、高性价比等特点，能更加直观准确地读取到目标物的外观纹理、地理位置、高度等属性，而且输出的数据是带有空间位置信息的可量测的影像数据，同时使用倾斜影像可以批量提取目标物体轮廓线，大大降低建筑建模的成本。航空摄影图片示意见图7-3和图7-4。

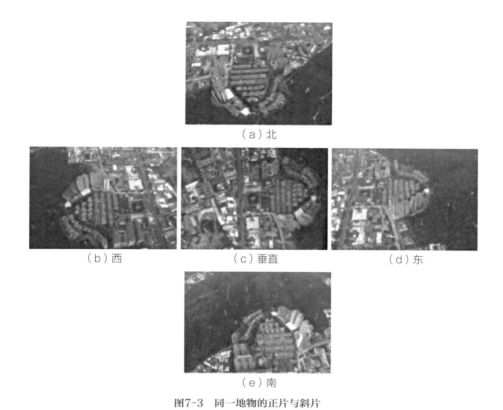

（a）北

（b）西　　　　　　（c）垂直　　　　　　（d）东

（e）南

图7-3　同一地物的正片与斜片

（a）北 　　　　　　　　　　　　　（b）西

（c）东 　　　　　　　　　　　　　（d）南

图7-4　三维模型

7.1.3.2 激光点云技术

激光点云技术属于点云技术的一种形式，点云是在同一参考系下表示对象空间分布和表面特性的海量点的集合，所有点都包含目标对象的三维空间坐标、材质以及色彩等属性信息。点云技术是以计算机技术为依托的一系列采集、处理和可视化点云数据的技术集合。和传统手工测绘技术相比，点云技术具有数据采集速度快、精度高、灵活性强、非接触被测目标物等优势，通过构建三维模型可以直观地展现复杂环境的空间信息，并通过定量化分析模型的物理特性识别空间环境特征。

三维快速建模在数字孪生城市建设中发挥着重要作用，建筑模型信息的精细程度很大程度上决定了基于建筑模型的场景分析、监测预警等，而以激光点云为代表的点云技术是三维建模的核心技术。激光点云的核心原理是利用三维激光扫描仪进行数据采集与建模，三维激光扫描仪由激光测距系统、扫描系统和支架系统三部分构成，是一种无须接触测量目标物就能快速获取物体表面的三维坐标，再经过相关的数据处理软件和建模软件来构建出实体真实的三维模型的测量技术。因此，三维激光扫描技术又称为"实景复制技术"，具有速度快、高精度、自动化、数字化、无接触等特点。按照扫描原理分为脉冲式扫描仪、结构光式扫描仪和相位干涉式扫描仪。

激光点云通过三维激光扫描仪对建（构）筑物、道路、桥梁以及管线管廊等市政设施等物体进行扫描，激光扫描的工作原理与雷达非常接近，以激光作为信号源，由激光发射器发出的脉冲激光，打到树木、道路、桥梁和建筑物上，进而引起散射，由激光雷达的接收器接收计算得到从激光雷达到目标点的距离，多线束激光不断扫描目标物，通过从不同视角对目标物进行扫描，得到大量的激光点，将形成的激光点进行拼接，从而构建三维立体模型的基础，将采集的模型各面的影像信息进行纹理贴图，形成高精度的实景三维模型。

激光点云技术是构建城市高精度模型的关键技术之一，使用激光点云技术获取的激光点云数据是CIM建设中时空基础数据的重要组成之一，但由于扫描过程中涉及大量的人力物力投入，花费成本高，更新周期也无法保证，未来仍需不断探索，激光点云成像示意见图7-5。

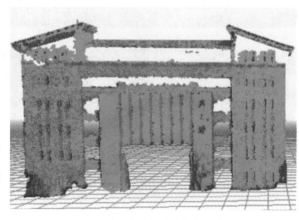

图7-5　激光点云成像示意图

7.1.3.3　GNSS技术

GNSS是所有导航定位卫星的总称，即全球导航卫星系统（Global Navigation Satellite System）。凡是可以通过捕获跟踪其卫星信号实现定位的系统，均可纳入GNSS系统的范围，其中包含了美国的GPS、中国的BDS、俄罗斯的GLONASS和欧洲的GALILEO等；我们也可以简单理解为是一种以人造地球卫星为基础的定位系统，它在全球任何地方和近地空间都能够提供准确的地理位置、速度以及时间信息。

无线通信技术的发展促进了GNSS技术的发展，尽管卫星通信的历史相对较短，但其发展速度极快。GNSS的主要功能是为用户提供全天候的三维坐标、速度以及时间信息。这些信息可以广泛应用于各种领域，如航空、航海、交通、气象、测绘、农业、林业、水利、电力等。GNSS系统目前已经具备极高的响应速度和定位精度，也有非常可靠的稳定性。行业主流GNSS模组的TTFF速度目前已经提升为秒级，定位精度也从十米级、米级提升为亚米级、分米级甚至厘米级,其应用也从最初军事领域逐步转向民用市场发展。

GNSS技术发展现状十分可观。随着科技的不断进步，GNSS技术在精度、覆盖范围等方面得到了显著提升。当前，高精度GNSS的应用领域非常广泛，包括测量测绘、地理信息、位移监测等传统应用领域，同时智能穿戴设备、工业应用、智能驾驶等新兴领域也在广泛应用这项技术。

未来，GNSS技术的发展趋势主要有以下几个方面：首先，精度提升将是GNSS技术的主要发展方向之一，特别是对于需要高精度的应用领域，如航空、海洋工程等；其次，全球卫星导航系统将实现更完善的星座构型、信号体制、导航增强、导航通信一体化以及星间链路与自主运行；最后，随着5G和物联网技术的发展，GNSS技术也将在这些领域中发挥重要作用。

7.1.3.4　RS技术

遥感技术（Remote Sensing，RS）兴起于20世纪60年代，是一种非接触的探测技术，通过传感器采集目标对象发出或反射的电磁波信息，并对这些信息进行收集、处理，通过成像定性和定量地揭示被探测物体的形象和状态。不同地物因其物理性质和化学组成差异，导致所反射、吸收和发射的电磁波信息不同，遥感技术通过分析电磁波信息进而识别地物属性和特征。遥感技术具有探测范围广、采集速度快、客观反映地面事物的变化、获取的数据具有综合性等特点。

目前，我国"高分"系列已发射14颗遥感卫星，包括光学遥感卫星、雷达遥感卫星、高光谱遥感卫星，我国遥感卫星精度已从原来的5m精确到0.5m，精确度不断提高。形成了气象卫星、海洋卫星、资源卫星、环境灾害卫星和高分卫星多个系列，为CIM基础平台获取数据提供了更加便利、高效、翔实的技术支撑体系，能够采集土地、大气、河海等各种资源的现状数据。

7.1.3.5 物联感知技术

物联网是新一代信息技术，是信息科学技术产业的第三次革命，是基于互联网、广播电视网、传统电信网等信息承载体，让所有物理对象实现互联互通的网络。物联网为各行各业发展提供了发展机遇，尤其是智慧城市，通过在地上地下、室内室外等空间中部署物联感知设备，收集、分析和处理这些精细化实时数据，推动智慧城市建设。

物联感知实现的基础包括感应器件（RFID标签和读写器、摄像头、GPS、二维码标签等）以及感应器组成的网络（RFID网络、传感器网络等）两大部分组成。核心技术包括自动识别技术、传感技术、GPS定位等技术。

自动识别技术是以计算机技术和通信技术为基础的一门综合性科学技术，是数据编码、数据识别、数据采集、数据管理、数据传输的标准化手段。包括条码识别技术、射频识别技术、语音识别技术、生物特征识别技术、图像识别技术、OCR、磁识别技术等。常通过条码和RFID联合完成自动识别。

传感技术即利用传感器将物理世界中的物理信号转化成可识别的数字信号，为感知物理世界提供信息来源。传感器可以对温度、湿度、压力、流量、位移、速度等进行转化，从而感知物理世界中实时数据。

物联网作为CIM的"神经元"，是CIM基础平台获取城市运行感知数据的关键技术，物联网在CIM静态三维模型和城市动态运行数据之间架起桥梁，赋予CIM模型及其附带信息以鲜活状态，使得基于CIM的城市动态监管和联动管理成为可能。物联网为CIM基础平台提供城市运行、城市管理、产业发展等的实时数据，支撑城市精细化发展、产业高质量发展。

7.1.4 数据利旧

随着智慧城市在我国快速推进，全国大多数城市均已建设了各种类型的信息化平台，各类信息化平台已存储了城市的各类数据资源，包括影像数据、地理编码数据、城市管理部件数据、单元网格数据、城市实景三维数据、地形数据、境界政区数据、管网管线数据、地下空间数据、交通数据、建（构）筑物数据，部分城市针对重点区域做了三维精模，针对这些已有数据，避免重复建设，通过数据利旧，以离线拷贝或者数据接口对接的方式将已有数据接入CIM基础平台。

7.1.5　手工建模

针对重点区域若无精细模型，通过手工建模的方式，建设高逼真可视化模型。主要包括拍照取景、模型制作、纹理贴图、烘焙渲染等内容。通过手工建模的方式进行城市重点区域范围内精细模型制作，既能够将重点区域进行高逼真展示，又能够丰富CIM基础平台数据内容，进而更好地支撑CIM基础平台建设，推动基于CIM基础平台的CIM+应用。

7.1.5.1　照片采集

1．照片采集标准

拍照的照片尽量不要包含不必要的杂物，如汽车、行人、电线、衣物等，不能遮挡字面和画面。针对大型建筑采用分块拍摄，并保证各块之间有足够的重合区，以便后期贴图合成。拍摄时，注重周围环境的拍摄及拍摄角度，针对重要公园、广场等节点，注重地形、绿化、铺装、雕塑等细节拍摄，确保获取的照片贴合实际，照片示例见图7-6。

图7-6　照片示例

2．拍照后照片分组要求

针对每天拍摄的照片，根据拍摄时间、拍摄区域，对拍摄的照片进行编号并分组。

3．分组检查

每天拍摄的照片必须满足以下要求，如果看不清建筑物特征的图片，则必须进行重拍。

（1）纹理数据图像应色调均匀，自然美观。

（2）纹理影像应与实地情况相符，应真实反映实际材质的图案、质感、颜色及透明度，真实反映现状情况和年代特征。

（3）转换为可交换的文件格式。

（4）纹理数据图片尺寸应为2的 n 次幂，大小不宜超过 1024×1024 像素，且长宽比不宜过大。

（5）纹理数据图像不应含有建模影像以外的其他影像。

（6）对变形表面影像部分应做纠正处理，减少视角或镜头畸变的变形影响。

（7）纹理数据拼接时，应保证图像细节表现清晰，无拼接镶嵌缝隙。

7.1.5.2 模型制作

建筑模型应以基本二维地形图、各层的平面图和立面图为基础，结合建筑物标高和细部点的三维坐标成果制作。

建筑物高程模型应由建筑的主体、特征和附属物三部分组成，其中：

主体部分：表达建筑物的主体轮廓，主体部分包括建筑外墙、地下室、檐廊、水箱间、阳台、雨篷等计算建筑面积的部分。

特征部分：表达建筑表面的细节部分，特征部分包括勒脚、附墙柱、装饰性幕墙等不计建筑面积的部分。

附属物部分：表达不属于建筑物，但依附建筑而存在的部分，附属设施包括空气调节设备、房顶的天线、卫星接收器、墙壁的悬挂物等。

对主要街道两侧和重要的标志性建筑，要采取精细建模的方法，以尽可能保证模型的精细程度，提高模型的美观程度。

对普通的住宅楼或其他建筑物，则采用通常的三维建模方法，以表现建筑的基本形状。普通三维建模的基本要求是：当建筑物表面凹凸的尺寸小于1.0m时，一般可以当成平面处理。

7.1.5.3 模型检查

对三维模型的检查包括模型的数据文件和纹理贴图以及模型的整体效果三方面内容。

1. 数据文件

空间参考系。检查椭球基准、高程基准、投影参数是否符合设计要求。

位置精度。位置精度检查以外业实地检查为主，检查三维模型的平面精度、高程精度和接边精度是否符合设计要求。

逻辑一致性。检查数据文件存储、组织、文件格式、文件名称是否符合要求，文件是否缺失、多余或数据无法读出。

2. 纹理贴图

纹理必须色调均匀、清晰可辨、无缝拼接、过渡自然、不得有模糊、错乱、扭曲、拉伸等问题。

多角度检查，模型纹理是否存在楼层错位或表现不完整的情况，如因几何结构错误造成的修改结构。

采用照片作为纹理时，贴图内不应存在人、车、植物、空调、衣物等非建筑物体，不清晰的文字标识、Logo等必须进行清晰化处理，保证贴图的透视关系矫正准确，所有贴图的门框、层高线、字体、建筑立面等必须保持横正竖直，清晰可见。

文字贴图应在保证文字清晰可辨的情况下最大限度地缩小贴图。同一建筑上的不同贴图应协调。同一墙体颜色的不同或相同贴图颜色应统一，不应出现明显的拼接感。

纹理要能表现出建筑的东、南、西、北及屋顶的全景及细部结构特写，纹理所反映的楼层数应和实际楼层数相符。

建筑物顶部纹理根据影像图中的建筑顶面制作，顶面纹理应优先使用分辨率最高的垂直影像。

对于相邻两个面的贴图应尽量做到对齐窗缝、门缝、砖缝等。

3. 模型的整体效果

模型精度。以区块为单元对区块内的单体进行抽检，对应各级别模型的精度要求对模型精度进行检查。

建筑模型要求结构、纹理完整，命名格式正确。

建筑模型要求棱角直角化处理，单体模型面数在相应级别要求面数上限之下。

模型贴图纹理、色彩应逼真，与现实一致，沿街等主要区域建筑门面、标牌应清晰表现。

重要建筑物或具有标志性意义的建筑物，因遮挡造成的结构、纹理不全的，应通过人工拍照方式予以补全。

检查三维模型成果是否与实际环境一致，各地理要素之间是否无缝衔接。

7.1.5.4　模型入库及场景优化

将检查通过的模型数据进行入库，入库后对场景进行优化，使用专业建模处理软件对加载人工三维模型数据进行人工分级显示、可见范围控制，加载DEM、DOM等模型场景辅助数据，优化模型场景数据渲染性能，确保模型的浏览流畅。整合场景模型后按照项目需求打好灯光，针对地表模型与建筑模型分别进行烘焙以及模型渲染。

7.1.5.5 缓存生成及发布

场景缓存生成与保存：当场景效果调整好后，生成场景缓存，对图层进行保存。

场景数据发布：将模型服务分发到平台中。

7.2 数据治理

城市信息模型基础平台是智慧城市的数字底座，涉及城市运行管理中多部门、多过程、多业务的数据，由于各部门提供的数据标准不统一、数据格式不一致，同一业务含义的字段存在多种数据格式和表现形式，数据质量水平参差不齐，降低了数据挖掘的质量，无法保证数据被有效利用。因此，要打造智慧城市的数据底座，必须对获取的数据进行有效治理，满足数据入库要求，提高数据使用价值。

7.2.1 数据治理要求

（1）数据处理应包括数据清洗、数据检查、数据入库和入库后处理等步骤。

（2）对于二三维空间数据，应采用开放式、标准化的数据格式组织入库，为保证数据传输和可视化表达的高性能，三维模型应将二三维空间数据加工处理建立多层次LoD；为保证数据统计分析和模拟仿真的高性能，宜同时保存一套相应的实体数据，其中传统二维数据、三维模型数据可依据现行标准数据格式组织入库，BIM数据宜建立模型构件入库，并保留构件参数化与结构信息，宜采用数据库方式存储。

（3）按数据库存储的要求，应收集并整理相应成果数据与元数据等，并对入库前的成果数据进行坐标转换、数据格式转换或属性项对接转换等预处理工作。

（4）数据检查应包括完整性、规范性和一致性检查，检查内容应符合如下规定：

1）二维要素应检查几何精度、坐标系和拓扑关系，检查其属性数据和几何图形一致性、完整性等内容；

2）三维模型应检查包括数据目录、贴图、坐标系、偏移值等完整性和模型对象划分、名称设置、贴图大小和格式等规范性。

（5）各类CIM数据可采用人工输入、批量或自动入库等方式入库，入库后应记录数据入库日志。矢量和栅格数据宜采用分区、分层或分幅的方式入库，表面三维模型和实体三维模型宜采用分区或分块的方式入库，建筑信息模型宜采用分专业或分块的方式入库，其他相关数据宜采用分幅或分要素的方式入库。

数据入库后应根据数据库设计的要求进行入库后处理，内容可包括逻辑接边、物理接边、拓扑检查与处理、唯一码赋值、数据索引创建、影像金字塔构建、切片与服务发布等。

7.2.2　数据清洗

数据清洗是对数据进行重新审查和校验的过程，目的在于删除重复信息、纠正存在的错误，并提供数据一致性。数据清洗即把"脏"的数据"洗掉"，是发现并纠正数据文件中可识别的错误的最后一道程序，包括检查数据一致性、处理无效值和缺失值等。

1．清洗流程

采用基于组件的可视化数据清洗流程，结合数据挖掘和机器学习等处理方法，实现高效、自动和智能的数据清洗和预处理，用于解决低质量数据复杂的清洗需求。数据清洗处理流程见图7-7。

2．数据清洗模型

以METL为基础基于组件（读取器、处理器、写入器、服务、控制）方式建立可自定义的数据清洗模型，针对低质量多源异构数据的复杂清洗需求，实现快速的处理能力，节省处理时间，提升处理质量。

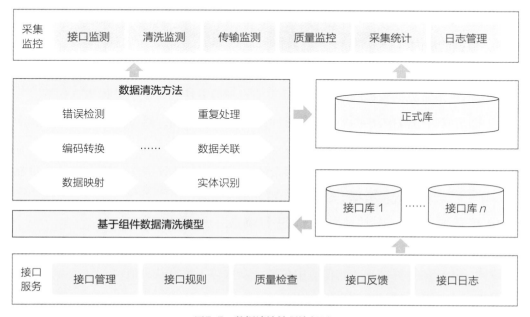

图7-7　数据清洗处理流程图

3．数据清洗方法

（1）基于规则和模型的自动错误检测方法；

（2）大规模数据量下重复数据检测和处理方法；

（3）基于文本相似性分析的编码转换方法；

（4）基于统计分析的数据映射方法；

（5）基于相似性分析的数据关联方法；

（6）基于命名实体识别的清洗和转换方法。

智能数据清洗方法见图7-8。

图7-8　智能数据清洗方法

4．数据清洗内容

（1）缺失值清洗

缺失值是最常见的数据问题，处理缺失值有很多方法，常见的处理步骤如下：

1）确定缺失值范围。对每个字段都计算其缺失值比例，然后按照缺失比例和字段重要性，分别制定策略。

2）去除不需要的字段。直接删掉多余的字段即可，建议清洗过程中每做一步都备份一下，或者在小规模数据上试验成功再处理全量数据。

3）填充缺失内容。某些缺失值可以进行填充，方法有以下三种：

以业务知识或经验推测填充缺失值；

以同一指标的计算结果（均值、中位数、众数等）填充缺失值；

以不同指标的计算结果填充缺失值。

4）重新取数。如果某些指标非常重要、缺失率又高，那就需要和取数人员或业务人员了解，是否有其他渠道可以取到相关数据。

（2）格式内容清洗

1）对时间、日期、数值、全半角等显示格式不一致，将其处理成一致的格式即可。

2）内容中有不该存在的字符。某些内容可能只包括一部分字符，最典型的就是头、尾、中间的空格，这种情况下，需要以半自动校验、半人工方式来找出可能存在的问题，并去除不需要的字符。

3）与该字段应有内容不符。收集到的数据归类错误，不能简单地以删除来处理，其成因有可能是人工填写错误，也有可能是前端没有校验，还有可能是导入数据时部分或全部存在列没有对齐的问题，因此要详细识别问题类型。

（3）逻辑错误清洗

这部分的工作是去掉一些使用简单逻辑推理就可以直接发现问题的数据，防止分析结果走偏。主要包含以下两个步骤：

1）去重。对收集到的数据进行重复拆选，删除重复的数据。

2）去除不合理值。对收集到的数据根据系统预设，删除不合理的数据。

（4）非需求数据清洗

根据业务需求，将不需要的数据删除。

（5）关联性验证

主要是对多个来源的数据进行关联性验证。

7.2.3　数据检查

1．质检内容及检查方式

需要检查的数据包括二三维数据、BIM数据、元数据和其他数据。

（1）二三维数据检查方式

二维要素数据应检查几何精度、坐标系和拓扑关系，应检查其属性数据和几何图形一致性、完整性等内容；三维模型数据应检查包括数据目录、纹理贴图、坐标系、偏移值等完整性和模型对象划分、名称设置、贴图大小和格式等规范性。

（2）BIM数据检查方式

BIM数据应检查模型精确度、准确性、完整性和图模一致性、规范模型命名、拆分、计量单位、坐标系及构件的命名、颜色、材质表达。

（3）元数据检查方式

采用人机交互的方式进行元数据检查，实现对元数据的完整性检查、组织结构检查等。

2．数据入库质检流程

数据入库质检流程如图7-9所示。

数据入库质检流程主要分三个阶段，入库质检准备、数据入库质检和数据入库后复查。

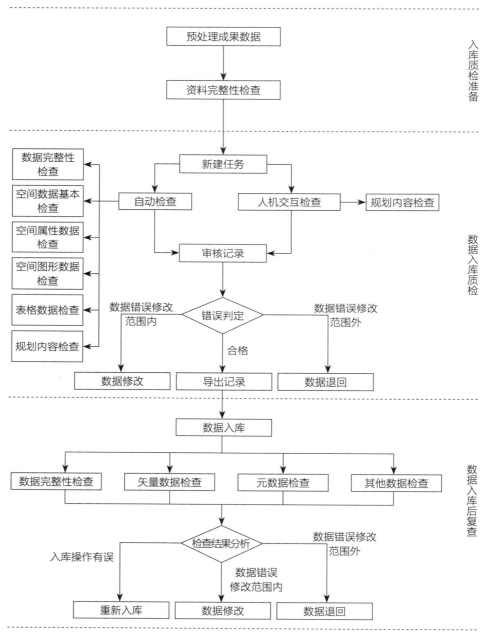

图7-9　数据入库质检流程图

（1）入库质检准备

在入库质检开始前，首先准备好经过数据预处理后的成果数据，并结合相关规范检查数据成果的完整性，如果成果数据与规范要求一致，正式进入入库质检环节。

（2）数据入库质检

数据入库质检主要是对一二维数据、三维数据待入库数据质检。结合数据预处理记录，与设置的数据模型内容进行对比检查，形成成果数据质检报告。

（3）数据入库后复查

数据入库后复查在二维数据、三维数据入库后进行，复查内容主要包括数据完整性检查、矢量数据检查、元数据及其他数据检查。

7.2.4 入库质检准备

1. 数据整理

整理经过预处理后的数据成果。数据成果包括三维模型数据、栅格数据和元数据。

2. 资料完整性检查

结合数据预处理时的修改完善记录，检查预处理成果的内容是否完整，数据组织不规范或者数据有缺失则认为不合格，不合格则退回数据重新提交。

7.2.5 数据入库质检

1. 数据完整性检查（表7-4）

数据完整性检查内容 　　　　　　　　表7-4

检查项目	检查内容
目录及文件规范性	是否符合相关标准规范对电子成果数据内容的要求，是否存在丢漏；是否符合相关标准规范对目录结构和文件命名的要求
数据格式正确性	是否符合相关标准规范规定的文件格式
数据有效性	数据文件能否正常打开
元数据	是否符合相关标准规范中对元数据的要求

2. 空间数据基本检查（表7-5）

空间数据基本检查内容　　　　　表7-5

检查项目	检查内容
图层完整性	必选图层是否齐备，是否满足相关标准规范的要求
数学基础	平面坐标系统是否采用"2000国家大地坐标系"； 高程系统是否采用"1985国家高程基准"
行政区范围	县级及县级以上行政区范围是否与相关标准规范行政区范围一致； 除境界与行政区以外的图层要素是否超出行政区范围

3. 空间属性数据标准符合性检查（表7-6）

空间属性数据标准符合性检查内容　　　　　表7-6

检查项目	检查内容
图层名称规范性	图层名称是否符合相关标准规范的要求
属性数据结构一致性	图层属性字段的数量和属性字段名称、类型是否符合相关标准规范的要求； 图层属性字段的长度、小数位数是否符合相关标准规范的要求
代码一致性	字段值是代码的字段取值是否符合相关标准规范的要求； 每个图层要素代码字段的取值是否唯一并符合相关标准规范的要求
数值范围符合性	字段取值是否符合相关标准规范规定的值域范围
编号唯一性	编号字段取值是否唯一
字段必填性	必填字段是否不为空

4. 空间图形数据检查（表7-7）

空间图形数据检查内容　　　　　表7-7

检查项目	检查内容
点层内拓扑关系	层内要素是否重叠； 拓扑参考容差为实地0.0001m，下同
线层内拓扑关系	层内要素是否重叠或自重叠、相交或自相交
面层内拓扑关系	层内要素是否自相交； 层内要素是否重叠、是否闭合
线面拓扑关系	行政区界线层要素是否与行政区面层要素边界重合
碎片检查	面层是否存在小于图上4mm²的碎片
碎线检查	线层是否存在小于图上0.02mm的碎线

5．表格数据检查（表7-8）

表格数据检查内容　　　　　　　　　　　　　表7-8

检查项目	检查内容
表格完整性	必选表格是否齐备，是否满足相关标准的要求
表格数据结构一致性	表格字段的数量和字段名称、类型是否符合相关标准的要求； 表格字段的长度、小数位数是否符合相关标准的要求
表格数据代码一致性	字段值是代码的字段取值，是否符合相关标准的要求； 每个表格要素代码字段的取值是否唯一并符合相关标准的要求
表格数值范围符合性	字段取值是否符合相关标准中规定的值域范围
表格字段必填性	必填字段是否不为空

6．数据校验

数据校验，即结合提交的数据修改完善记录，将预处理后数据的成果数据集与地方原始汇交数据内容进行对比检查。包括：

（1）数据完整性校验；

（2）图层完整性校验；

（3）数学基础校验；

（4）要素个数检查；

（5）单个要素内容校验。

7.2.6　数据入库后复查

在数据入库后，利用入库工具查看、浏览入库的各类数据，包括矢量数据、栅格图数据、表格数据、其他资料数据，检查各种数据是否正常入库，是否满足入库要求及应用要求。

自然资源基础地理数据入库后复查在数据入库后进行，检查内容主要包括数据完整性检查、矢量数据检查、元数据及其他数据检查。

1．数据完整性检查

对照原始数据和相关入库记录，检查数据是否入库完整，各类数据是否入库完整。

2．矢量数据检查

矢量数据检查主要是利用相关工具对数据查询和浏览的方式进行检查。

3．元数据检查

依据入库记录，利用入库工具的元数据查询功能，检查入库元数据。

4．其他数据检查

利用入库工具中的栅格图数据、表格数据、文本数据查看功能，检查入库的文件是否能正常打开。

7.2.7 质检成果要求

1．二维数据

数据命名明确、完整、规范。

采用2000国家大地坐标系，1985国家高程基准，时间系统采用公历纪元和北京时间。

二维要素的几何精度符合数据要求，无拓扑关系错误，属性数据完整、明确（须明确数据的单位与量级）且与几何图形相互一致，已按需进行符号化规范制图。

2．三维数据

（1）采用2000国家大地坐标系，1985国家高程基准，时间系统采用公历纪元和北京时间。

（2）数据目录（文件组织）。模型数据一般按文件夹存放，模型文件所在的文件夹为一级目录，模型文件应与其贴图文件存放在同一个文件夹下。其下一级目录为二级目录，应将具有同一偏移值的模型放在同一个二级目录下，且路径不要过于冗长、不要出现特殊字符、不要出现中文字符。

（3）坐标系、偏移值。为保证模型导入后处于正确的地理位置上，需同时准备模型的坐标系和偏移值信息，偏移值为模型底面中心点在特定坐标系下的三维坐标，后续处理时需始终在同一坐标系下进行。

（4）贴图名称设置、大小和格式。检查模型的元素对象划分、名称、贴图大小、格式等是否规范，以保障后续的加载效率和显示效果。元素对象及其贴图名称需要使用英文+数字，不要出现中文或特殊字符，贴图需使用jpg或png格式。使用png格式时保留透明效果，贴图尺寸为$2^n \times 2^m$（n、m在[1/4，4]的闭合区间，不满足要求需拆分贴图和几何），贴图大小不超过1024×1024像素，贴图尽量填充全部尺寸空间。

（5）度量要求。模型应以"m"为单位，小数点后保留2位小数。

7.2.8 二维数据处理

二维数据可以通过ArcGIS Pro进行发布，方法是直接在图层上右键选择"share as

web layer"，之后根据需求选择不同类型进行发布。首先打开ArcGIS Pro软件，创建一个新的场景。将二维数据导入ArcGIS Pro软件，根据目标要求使用Geoprocessing工具箱中工具对二维数据进行处理，处理后的数据进行统一发布。

7.2.9 三维数据处理

1. 手工精模数据处理与发布

通过从模型路径是否一致、状态显示、贴图文件三个方面进行检查模型，如无问题，使用3ds Max软件将其导出，导出格式为obj、dae、wrl、flt、3ds几种，再将导出的模型导入ArcGIS Pro软件中，设置输出位置和名称（输出必须是gdb数据），实现手工精模数据发布。

2. 白模数据处理

通过对已有资料分析整理，提取建模所需信息，在建模软件中通过导入的相关资料和提取的资料信息编辑生成三维建筑模型并存储为相应的模型文件格式，具体流程见图7-10。

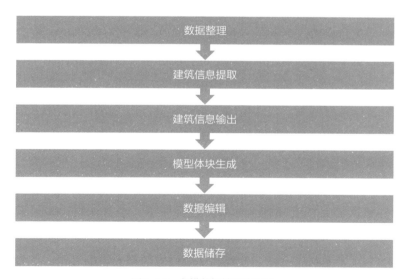

图7-10 白模数据处理流程图

详细步骤如下：

（1）数据整理：包括建筑物底面矢量数据、建筑物高度属性数据、DEM数据坐标系的一致性与区域完整性处理。

（2）建筑信息提取：以建筑屋面为基础数据，结合DEM、房屋高度属性数据提取建筑物的轮廓平面坐标、底部高程和顶部高程。

（3）建筑信息输出：输出满足建模格式要求的数据。

（4）模型体块生成：计算建筑高度利用三维建模软件根据建筑轮廓各顶点坐标、各部分顶面高度生成三维体块模型。

（5）数据编辑：结合DOM检查数据生产范围内的三维体块模型对因原始数据错误（如基底轮廓线异常、模型拓扑结构异常等）造成的模型生成异常进行检查修改，并丰富建筑层次结构对重点表现建筑进行细化编辑调整。

（6）数据存储：对生成的海量三维体块模型数据进行分幅存储，数据格式存储为gdb格式。

7.2.10 多源异构数据融合处理

CIM基础平台建设需要整合基础地理数据、三维模型数据（白模/规则批量化模型）、道路/桥梁/综合管线符号化模型、BIM模型、属性信息等多源异构数据，并在此基础上开展平台功能应用开发。从长期应用来看，也一定会涉及倾斜摄影模型、手工建模数据、物联感知数据、互联网感知数据等，因此需要就上述所有数据提前综合考虑如何实现一体化融合。

高质量的数据集成融合是CIM基础平台功能应用支撑的重要保障，其集成融合需经过以下几项处理流程：一是多源异构数据统一时空基准；二是多源异构数据统一格式标准；三是实体精准匹配，属性精确关联；四是将相关数据按照融合策略进行融合处理后，将新生成的数据存入结果数据库中，并对其数据结果与原始数据进行关联标记，方便后续数据溯源。

1. 多源异构数据统一时空基准

多源异构数据需要在统一的坐标系下进行展示，平台采用2000国家大地坐标系（CGCS2000）和1985国家高程基准为统一空间基准。只有将不同坐标和来源的数据统一到该基准下，才能确保坐标一致性和地理位置信息的正确展示，并且需融合的业务专题数据要具备空间坐标属性。

通过CIM基础平台对多源异构数据（如影像、矢量、栅格、倾斜摄影模型、手工建模数据等）进行坐标转换以及空间配准，为多源异构数据融合提供基础技术支撑。在模型数据坐标系未知的情况下，CIM平台可以提供模型同名点匹配功能，可对模型进行批量编辑、平移、旋转，保证精准匹配对象区域中多种数据位置的精确度。

2．多源异构数据统一格式标准

针对多源异构三维城市空间数据服务发布与共享，CIM基础平台采用I3S（Indexed 3D Scene Layer）标准。

I3S是一种用树状结构来组织大体积量三维数据的国际标准，SLPK（Scene Layer Package）是I3S的数据格式。该标准专门为在互联网或离线环境中提供高性能三维可视化和空间分析服务而设计，由Esri发起并已经成为OGC认可的国际三维开源标准，目前已经被Esri的ArcGIS、Bentley的ContextCapture、Skyline的PhotoMesh等产品支持。

I3S作为开源的国际标准，对倾斜摄影模型、人工建模数据、BIM模型、点云、三维管线、二三维点线面、地形、影像等各类数据进行整合，适用于海量、多源异构三维地理空间数据和Web环境下的传输与解析，为多源三维地理空间数据在不同终端（移动端、Web端、桌面端）中的存储、高效绘制、共享与互操作等问题提供了解决方案。

3．实体精准匹配，属性精确关联

除了解决多源异构数据坐标一致、格式统一等问题，在数据融合过程中还会遇到由于各类数据精度不同而导致的实体精准匹配、属性精确关联等问题。如在Z方向上存在偏差时，需要对数据进行镶嵌、压平、挖洞、剪裁等处理，最终实现多源数据的精准匹配。

除此之外，在城市感知运行监测方面，CIM基础平台需要以GIS数据为基底，融合白模、BIM模型、倾斜摄影模型、手工建模数据和IoT数据，从而丰富城市空间的信息细节，推动CIM基础平台由静态向动态转变。其中，白模、BIM模型、倾斜摄影模型、手工建模数据和与物联感知数据的精确集成融合也是平台建设的重点之一。

（1）DEM和DOM融合

根据基础地形图资料、DEM和DOM，对DEM进行加工优化，融合集成不同格网间距的数字高程模型数据，按照瓦片规定的尺寸和计算出的最大等级数，对DEM和DOM逐级进行切片，将不同等级的瓦片采用分层的方式存储在数据库中，建立三维大场景基础数据，更好地满足数据应用和浏览的需求。

（2）BIM模型与GIS数据集成融合

BIM模型与GIS数据集成融合是CIM基础平台建设的基础性、重点性工作之一，通过CIM基础平台提供的数据接口进行二次开发，建立数据转换插件将BIM模型（支持Revit、Bentley、CATIA、PKPM等主流BIM设计软件的成果）转入CIM基础平台与

GIS数据融合。

数据转换插件基于BIM通用标准格式IFC与3DGIS通用标准格式I3S（.SLPK）的语义模型之间的关系及差异，建立语义映射转换原则，筛选过滤提取IFC中的语义信息并提取几何关系属性，根据映射对象的特征，采用一对一映射、一对多映射或间接映射方式，将IFC的几何信息转换为中间LoD映射算法并进行必要的语义信息增强，最后根据LoD表面模型生成算法，构建可代表BIM数据的多细节层次结构的I3S（.SLPK）模型，从而实现BIM模型与GIS数据的集成融合。

（3）BIM模型与倾斜摄影模型、手工建模数据融合

BIM模型与倾斜摄影模型、手工建模数据的融合采用以现状模型（倾斜摄影模型/手工建模数据）为基底，与BIM模型融合时可以把现状模型进行隐藏，查看BIM模型在现状场景中整体形状、体量、色彩等是否与现状场景保持一致，并且可以切换BIM模型与现状模型的显示。

（4）物联感知数据与BIM模型、GIS数据集成融合

IoT作为实现CIM基础平台万物互联的重要支撑，其采集的感知数据与BIM模型、GIS数据的融合是CIM基础平台进一步发展演变的重要方向。

CIM基础平台将物联感知数据上传至数据库后，通过借助平台内嵌的BIM模型应用程序/GIS数据应用程序API接口进行物联感知数据的调用和接入，从而实现物联感知数据与BIM模型、GIS数据的集成融合。

7.3 数据建库

数据建库是CIM基础平台构建的重要一环，是实现数据能真正在基础平台中使用的前提，通过建库，赋予数据使用价值，同时，能够保证数据之间的流通。通过对数据进行合理划分，选取合适的数据库存储，建成CIM基础平台数据库，推动智慧城市数字底座建设。

7.3.1 建库要求

7.3.1.1 建库原则

1．规范性原则

CIM基础平台所面临的外部数据是千姿百态的，而这对查询功能的实现将很不利。因此要在数据整理的范围内，对所有文件的表结构和数据进行详细的摸查，从中

总结出相对规范的数据结构，形成数据建库标准规范，并通过元数据设置将不规范的数据转换后再进行入库。

2．可追溯性原则

按照元数据标准进行整理，对数据整理的来源、处理方式、方法、去向、时间等都有详尽的记载，数据整理后可以追本溯源。从而使数据的修改有所依据，即使数据已经被导入目标库中，通过迁移工具仍然可以得到该数据的来源。

3．安全性原则

数据丢失、损坏是数据整理时最大的安全隐患，只要对数据进行操作，就难免破坏数据。因此，采用中间表缓冲技术，使大量对数据的操作都在中间表中进行，从而减少了对源数据库和目标数据库的数据操作，也就大大降低了对原有数据和迁移后的数据损坏的风险。

4．稳定性原则

考虑到数据整理中的各种情况（包括：各种不兼容性、并发访问等）的产生，通过元数据的管理、各种接口的定义充分保证了源数据库到目标数据库的平滑转换，加上系统的自动查错和人工自定义查错，以及对错误的修改、审核和验证，保证了迁移数据的无错性，使整个迁移得以稳定地实施。

5．高效性原则

系统自动进行大量数据复制工作，自动监控源数据库的改变；按定义好的接口自动导入、导出数据，自动去除冗余；按定义好的公式自动审核，并列出错误清单等；将计算机和网络的功能充分发挥出来，最大限度地减少人工操作，从而提高效率。

7.3.1.2 建库标准

CIM基础数据库的建设要严格按照CIM相关技术标准规范，包括但不限于：《城市信息模型（CIM）数据标准》《城市信息模型（CIM）基础平台建设运维标准》。

7.3.1.3 数据库内容

平台的建设离不开数据库建设，CIM基础数据库需要整合基础地理信息、城市现状三维信息模型数据、多源BIM模型数据（.rvt文件）、公共专题数据、物联感知数据等。

基于云平台的大容量、高并发、高可用CIM数据库框架、结构和内容体系，管理城市GIS二维数据、三维数据和BIM数据，支持大场景宏观管理、空间分析，中小场景的快速三维可视化、空间规划、城市设计。建立数据建库入库更新、数据安全管理体系，各行业CIM应用通过共享服务访问数据库。

1．CIM基础库

CIM基础库管理基础二维数据、城市设计三维模型、地下空间数据、地质数据、地下管线数据等。对外提供标准化的三维OGC服务，服务形式包括I3S、3D Tiles。二维数据服务采用PostgreSQL数据库进行存储，三维数据服务切片缓存采用CouchDB数据库进行存储，通过云平台进行管理和内容分发。

2．基础二维数据库

CIM基础平台建设需处理入库地图影像、数字线划图、资源调查与登记、规划管控类等二维数据。

3．城市设计三维信息模型库

为了更加真实地将物理城市镜像到数字化平台上，CIM基础平台建设需要采集城市的各类设计模型。

4．白模数据

CIM基础平台建设需要处理入库覆盖城市的建筑白模数据，根据二维白模基底生成三维数据整理入库。

5．地质数据

CIM基础平台建设需处理入库城市地质模型数据。

6．地下管线数据

CIM基础平台建设需处理入库城市地下管线数据。

7．地下空间资源数据

CIM基础平台建设需处理入库城市地下空间资源数据。

8．BIM模型库

为促进基于BIM的工程建设项目审批改革，提高BIM报建的效率和可靠性，建立BIM报建数据库，包括BIM报建等相关数据、BIM模型、轻量化数据、属性数据等，还包括BIM模型计算得到的经济技术指标、BIM模型周边地块信息、BIM模型附件信息等资源，同时也包括存量BIM数据。

9．方案库

存储原城市设计系统与城市CIM基础平台中进行项目方案设计的项目信息、方案信息、方案模型文件数据。

10．项目审批库

项目审批库用于存储建设项目规、设、建、管各阶段的项目信息、项目审批信息、相关材料信息、批文信息等。对应数据标准中工程建设项目数据，但不含BIM模型数据，模型数据放到BIM数据库存储。

11．公共专题库

公共专题库用于存储城市运营数据中的各类公共专题数据，包括社会经济数据、人口数据、法人数据等，对应数据标准中的公共专题类数据。

12．物联网感知库

物联网感知库用于存储相关行业各类感知设备收集的监测数据，包括气象、交通、水利、生态环境、灾害等监测数据，同时也包括建筑空间里的设备运行监测数据、能耗监测数据等。

13．运维管理库

运维管理库负责系统运维数据的管理，包括用户管理、权限管理、日志管理等。

14．非结构化数据库

非结构化数据库用于存储、检索城市CIM基础平台中运用到的文本、图形、图像、音频、视频等数据。

完成现状三维数据采集并收集现有BIM单体模型；梳理整合二维基础数据，实现二三维数据的融合，完成统一建库。

7.3.2 数据存储

7.3.2.1 数据库选型

1．传统存储系统

以前传统GIS处理的多为静态数据，主要通过文件存储引擎，如UDB、Shapefile、CSV、GDB等方式进行存储，在空间大数据时代，CIM基础平台不仅需要接入传统测绘所支持的数据，如矢量数据和影像数据，也需要接入新型测绘数据，如倾斜摄影模型、BIM模型等相关数据。同时，随着技术手段的发展，动态数据越来越多。特别是随着移动互联网的高速发展，产生了大量的手机信令数据、移动社交数据、导航终端数据等，这些数据80%都包含地理位置，而且类别繁杂且数据变化越来越快。其中，很多城市信息模型还具有模态多样、杂乱无章、标准不统一、时空尺度不统一、精度不统一等问题。面对不断累积的存量数据和持续增加的增量数据，用户面临的数据体量已经从GB级、TB级向PB级发展。如何存储和管理如此庞杂的数据，成为空间大数据应用的首要问题。这就需要对传统空间数据引擎进行扩展，通过CIM基础平台对分布式文件系统、分布式数据库的支持来提升对空间大数据的存储和管理能力。

2．分布式文件系统

基于大数据时代对数据存储提出的高要求，CIM基础平台提供了标准、统一的空间大数据引擎，它在原有对文件数据库、关系型数据库等支持的基础上，扩展了分布式文件系统的支持能力，对海量多源空间大数据的存储提供强大的读写性能。

（1）基于DSF的数据引擎

DSF（Distributed Spatial File，分布式文件引擎）为CIM基础平台提供分布式存储引擎，重点从强化数据管理方面进行全面升级，对矢量数据、栅格数据以及影像数据进行高效存储，通过文件系统、分布式文件系统以及云存储等多种存储类型的支持实现城市全量数据的叠加统计、分析及查询。通过网格化方式将城市空间数据进行划分计算，以强大的分布式分析能力实现了亿级数据查询的毫秒级响应。当用户需求增加时，可通过横向扩张能力轻松追加产品功能。

（2）基于HDFS的数据引擎

HDFS（Hadoop Distributed File System）是Hadoop分布式系统体系结构中的核心，是一个易于扩展的分布式文件系统。HDFS在处理城市级超大规模数据文件上非常有优势，而且支持流式的访问数据，它的设计建立在"一次写入、多次读取"任务的基础上，满足CIM基础平台的常用需求。在HDFS中，一个数据集如果由数据源生成，就会被复制分发到不同的存储节点中，响应不同的数据请求。CIM基础平台支持将矢量数据（如CSV、TXT、GeoJSON等）导出到HDFS中，同时可以将存储的矢量数据注册到数据目录服务中，为基于CIM基础平台的各个应用子系统提供基础数据源服务。

HDFS支持非结构化空间大数据的存储，主要用来存储更新较少的存量数据。在CIM基础平台中，基于HDFS的数据库可实现2.4亿条记录的存储和索引。

3．分布式SQL数据库

分布式数据库的分布式技术架构可以实现横向扩展，通过集群的分布处理方式对城市海量数据进行水平拆分（将数据均匀分布到多个数据库节点中），这样相比较每个数据库节点的数据量会变小，相关的存储管理性能也会相应提高。此外，主流的分布式数据库的分布式能力对用户相对透明，可以无缝顺应用户的SQL操作习惯，让用户在使用和管理上更加的简单便捷。分布式SQL数据库主要包括Oracle、SQL Server等关系型数据库管理系统。同时也适配了对PostgreSQL中原生空间引擎PostGIS的支持。

PostgreSQL分布式数据库：

为了解决海量城市空间数据的业务需求，传统GIS行业数据需要逐步从传统的Oracle关系型数据库中向新型PostgreSQL关系型数据库迁移，新型PostgreSQL关系型数据库以集群方式进行分布式存储。因此，CIM基础平台基于此需求，针对新型PostgreSQL关系型数据库引擎也进行了支持。PostgreSQL数据库具有横向扩展能力的开源SQL数据库集群，具有足够的灵活性来处理不同的数据库任务。同时，支持丰富的SQL语句类型，支持集群级别的ACID特性，同时支持OLAP/OLTP应用，读写的可扩展能力极强，也可以用作分布式K-V存储；支持JSON和XML格式；支持分布式多版本的并发控制。

传统关系型数据库在存储海量数据时，单节点数据库服务器由于只能部署在单独服务器的原因，无法承受海量数据的存储和查询请求。PostgreSQL数据库通过集群进行数据库的分库分表来存储管理海量数据，并利用空间索引分区技术，实现快速查询。

PostgreSQL空间数据引擎支持基于PostGIS的地理库应用，支持单图层亿级对象的高效存储以及1s的响应交互能力。

4．分布式NoSQL数据库

新技术的发展给城市空间数据存储与管理又提出了新的挑战。物联网、移动互联网和云计算技术及应用的蓬勃发展，使得空间数据在数据量和应用模式上发生了转变。此外，传感器技术的发展，使采集数据的空间分辨率和时间分辨率显著提高，导致所获取的数据规模呈指数级上升，面对动辄以TB，甚至PB级的数据，给城市时空数据的存储和处理带来巨大的压力。CIM基础平台通过扩展基于分布式NoSQL数据库，实现分布式存储和分发，解决了海量城市大数据的技术难题。分布式非关系型数据库的主要代表为HBase、MongoDB和Elasticsearch。

（1）基于HBase的数据引擎

HBase（Hadoop database）是一种构建在HDFS之上的分布式、面向列的和提供高可靠性、高性能、可伸缩、实时读写的开源数据库系统，适用于需要城市海量数据实时读写、随机访问的应用场景。由于其基于分布式架构、扩展能力强以及自动切分等技术特点，因此广泛应用于城市大规模多源数据的高效存储，实现PB级时空大数据的管理。HBase具有超高效的数据读写能力。当城市海量数据写入时，都会先存储在内存中，可进行修改查询等操作，减少了I/O时间，十分便捷。当内存达到一定值时才会写入磁盘中，使整个CIM基础平台保持高读写的性能。同时，HBase支持城市多源数据存储，包括栅格数据（如GeoTIFF）、矢量数据（如UDB/UDBX、Shapefile、

GDB等）和各种文件数据。基于HBase数据库实现了城市时空数据的高性能存储，如矢量数据15亿条线+28亿个面的迅速存取。HBase支持WGS84、CGCS2000、墨卡托投影、高斯-克吕格投影等多种空间坐标系，为城市海量数据统一时空基准提供有效技术支撑。

（2）基于MongoDB的数据引擎

MongoDB是一个基于分布式文件存储的数据库，它是一个跨平台的、面向文档的数据库，旨在为CIM基础平台中的Web应用提供可扩展的高性能数据存储解决方案。MongoDB可以存储比较复杂的数据类型，其最大的特点是支持的查询语言非常强大，其语法有点类似于面向对象的查询语言，可以实现类似关系型数据库表单查询的绝大部分功能，而且还支持对数据建立索引。

MongoDB数据库主要用来存储栅格瓦片、矢量瓦片及三维瓦片（I3S）等城市海量数据，为CIM基础平台基础地理信息数据库建设提供支撑。其中，矢量瓦片主要支持MVT格式，三维瓦片（I3S）实质为一个开源的三维瓦片存储规范，另外，它也同样可以进行矢量点线面的存储，并且内置了Spatial扩展可以支持空间索引和空间查询。

（3）基于Elasticsearch的数据引擎

Elasticsearch是一个开源的搜索引擎，建立在全文搜索引擎库Apache Lucene之上。Elasticsearch的加入使得CIM基础平台实现了时空数据库随时可用和按需扩容的需求。Elasticsearch的扩容能力来自水平扩容，即通过为集群添加更多的节点，并将负载压力和稳定性分散给这些节点来实现。Elasticsearch主要用来进行城市各类流数据的高效存储，它提供了一个分布式多用户能力的全文搜索引擎，主要应用于云计算环境中，能够满足海量动态物联网数据实时、稳定、可靠、快速的搜索需求。基于Elasticsearch数据引擎，CIM基础平台可实现10亿规模的轨迹数据实时生成聚合图，该引擎广泛应用于规划、交通等领域。

7.3.2.2 数据库建设

由于各类数据库技术层出不穷，各种存储引擎也各具特点，因此在CIM基础平台建设中，需要根据上述所列主流数据库系统的特点和优势，并结合城市多源异构时空数据类型和具体应用场景，选择不同的存储系统排列组合来达到最佳的数据管理效果。

1. 二维GIS数据

对于二维矢量/栅格（遥感影像、电子地图等）数据存储到空间数据库中，HBase是分布式空间数据存储和管理的首选，既能支持多种数据格式的存储，包括矢量数据

（如UDB/UDBX、Shapefile、GDB等）、栅格数据（如GeoTIFF等）和各种文件数据，又具有较强的数据查询与读写能力；与HDFS相比较，不仅可以存储静态数据，还可以存储动态变化数据，同时具有较好的查询能力。DSF则是全量计算的首选，DSF最大的特点是对大量数据有条理地进行管理，基于地理分区确定地理分区索引文件，以目录方式存储，实现网格化拆分数据从而对城市海量数据进行分布式存储和计算，可满足亿级数据叠加、亿级数据进行综合查询分析的计算能力，与HBase擅长查询不同的是，DSF具有更好的分析性能。

2．三维模型/BIM模型

对于三维人工精模（3ds/3D Studio Max、skp/SketchUp等文件）、BIM模型（rvt/Autodesk Revit系列软件使用的BIM数据格式等文件），首先通过ArcGIS Pro（ArcGIS Pro可以直接支持osgb、3ds、obj、dae、fbx、stl、rvt、ifc等三维数据）入库，并存储到空间数据库中，可选择在Oracle数据库的基础上扩展Oracle Spatial空间对象模块，或选择在PostgreSQL数据库的基础上扩展PostGIS空间对象模块，然后对空间数据库中三维GIS、BIM模型转换后的矢量数据进行切图，存放到非关系型文件数据库中，可以选择MongoDB数据库或Apache CouchDB数据库。

3．瓦片数据

瓦片数据包括栅格瓦片、矢量瓦片、三维瓦片，MongoDB适合存储城市级海量瓦片和缓存数据，因此可以把各类小文件的缓存数据，例如三维倾斜摄影建模模型OSGB文件、地图瓦片缓存文件等用MongoDB来进行存储。

4．物联感知数据

Elasticsearch对海量物联感知数据（除视频流以外的点数据）的存储和查询有特别的优化机制，因此适合存储并输出物联感知点数据，具备单节点过亿数据的高性能索引表现。

5．非GIS数据

对于非GIS数据（地理信息业务数据、政务审批数据等），存储在关系型数据库中（可以选择商用Oracle数据库，也可以选择开源的PostgreSQL数据库）。

6．其他文件数据

HDFS为非结构化数据（如三维GIS源数据、BIM模型源文件、文本数据、视频数据、图像数据）提供可靠、成熟的技术方案，保证对静态数据提供高效的分布式存储能力，满足基于分布式计算的空间分析的性能需求。能够实现10亿规模的轨迹数据实时生成聚合图，该引擎广泛应用于规划、交通等领域。CIM基础平台数据库选型建议见表7-9。

CIM基础平台数据库选型建议   表7-9

序号	数据类型	数据库类型	建议数据库选型	数据库特点
1	二维GIS数据	传统存储系统	Shapefile	支持井、河流、湖泊等空间对象的几何位置以及空间对象属性的存储
2			CSV	支持以纯文本格式存储表格数据
3			GDB	支持要素集、要素类、对象类等数据的存储
4	三维模型/BIM数据/非GIS数据	关系型数据库系统	PostgreSQL	扩展PostGIS空间对象模块
5			达梦DM MPP	支持将多个DM数据库实例组织为一个并行计算网络，对外提供统一的数据库服务
6			人大金仓King BaseV8	兼顾各类数据分析类应用，可用作管理信息系统、业务及生产系统、决策支持系统、多维数据分析、全文检索、地理信息系统、图片搜索等的承载数据库
7	瓦片数据	非关系型数据库系统	MongoDB	适合存储城市级海量瓦片和缓存数据
8	物联感知数据		Elasticsearch	适合存储并输出物联感知点数据，具备单节点过亿数据的高性能索引表现
9	其他文件数据	分布式文件系统	HDFS	三维GIS源数据、BIM模型源文件、文本数据、视频数据、图像数据

7.3.3 数据入库方式

1. 二维GIS数据

针对处理完成的影像数据、基础地形数据、地理编码数据、城市管理部件数据、单元网格数据，通过软件发布符合I3S标准的动态、要素、切片服务供CIM基础平台接入。

2. 城市白模数据

根据建筑白模二维基底，利用CityEngine与相关桌面软件，制作分层白模并通过视距，控制白模分层线显隐，最终打包发布符合相关标准的SenceServer服务供CIM基础平台使用。

3. 实景三维数据

针对场景配置完成的倾斜摄影数据，利用ArcGIS Pro软件工具将实景三维数据场景打包发布符合I3S标准的SenceServer服务，供CIM基础平台使用。

4. 精细模型数据

利用3ds Max软件与Max插件，将原始Max格式数据转换为*.obj、*.wrl格式，通过相关桌面软件，将*.obj、*.wrl格式转换为Multipatch格式，打包SLPK上传至Portal发布符合I3S标准的SenceServer服务供CIM基础平台接入。精模发布服务流程见图7-11。

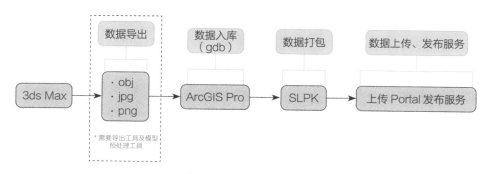

图7-11　精模发布服务流程

7.4　数据更新

数据是CIM基础平台得以正常运行的血液，必须保证数据的鲜活度，为平台持续注入新鲜血液，因此，需要针对全生命周期的数据进行持续不断地更新，包括数据来源单位以及数据的应用部门数据更新要保持一致，实现即时更新。从各地在CIM基础平台建设实践中获取数据途径来看，CIM数据库数据主要通过两种方式获得，一种是对接其他平台/系统的数据，另一种是根据项目整理所获得的数据，包括三维精细模型、BIM模型数据等。

针对两种不同方式获取的数据采用不同的更新管理办法，对于接入其他平台/系统的数据服务，由数据权属单位负责更新与版本管理。对于根据项目建设内容整理的数据，通过CIM基础平台的数据管理系统进行更新和版本管理，其中数据更新频率根据数据采集情况而定。以下重点介绍BIM、GIS和城市相关业务数据更新方法：

针对已入库的BIM数据，新的模型可以通过升级版本来进行BIM数据的更新。后期若能对接BIM报建与验收系统，也可直接将验收的BIM模型导入CIM基础平台。

GIS方面会根据收集到的数据（倾斜摄影模型、矢量地图、卫星影像图等）通过升级版本进行更新，如果对接的数据是从第三方云平台提供的，则可以做到实时更新。

业务数据种类繁多，根据业务数据更新的方式，常用的更新机制主要包括以下两种：一种是由平台本身提供数据接口，第三方业务系统根据业务定时进行更新；另一种是平台会定时抽取第三方业务部门的数据（通过视图、数据接口等），以此来保证数据的时效性。

1．更新机制

更新数据信息需书面提出申请，经审查同意后方可执行。

更新数据存入系统数据库前，应经过严格的检查验收，检验通过后方可存入数据库。对于删除和替换的数据，应存入历史数据库中，以便历史数据的恢复、查询和分析。

2．更新要求

更新数据的坐标系统和高程基准应与原有数据的坐标系统和高程基准相同，精度应与原有数据精度保持一致。

几何数据和属性数据应同步更新，并应保持相互之间的关联，数据更新后应及时更新数据库索引及元数据。

数据更新时，数据组织应符合原有数据分类编码和数据结构要求，应保证新旧数据之间的正确接边和要素之间的拓扑关系。

3．更新方式

数据更新的方式包括要素更新、专题更新、局部更新和整体更新。

4．更新周期

数据更新周期是指数据提供单位定期向平台报送数据的周期，对于接入其他平台/系统的数据服务，由数据权属单位负责更新。

7.5　数据共享与交换

数据的核心价值之一是供用户使用，而使用的前提是要实现数据共享。CIM基础平台定位为智慧城市的数字底座，核心是要打通部门和行业间的数据壁垒，实现数据共享。CIM基础平台数据大多由政府部门提供并进行更新维护，各部门必须按照数据共享的原则、共享内容及共享方式实现数据共享及交换，切实打通数据壁垒，实现"一网统管"。

1．数据共享交换原则

CIM基础平台通过开发数据接口服务（主要负责对外提供各类结构化、非结构化数据存取的通用接口）和组件服务（主要对外提供BIM三维和GIS三维浏览组件），便于外部业务应用能够方便地调取平台的构筑物数据、关联数据和GIS数据等，并进行浏览查看。

CIM数据库也具备对接第三方应用数据的能力，通过对方系统的数据接口、地理信息瓦片服务、数据库视图和原始数据文件等方式，将城市感知和业务相关数据接入平台。

2．数据共享交换方式

CIM基础平台数据的共享交换方式包括三种，即在线共享、前置交换和离线拷贝。在线共享是通过浏览、查询、下载、订阅、在线服务调用等方式进行CIM数据共享，前置交换是通过前置机交换CIM数据，离线拷贝是通过移动介质拷贝实现数据共享。CIM数据共享与交换应可通过CIM基础平台直接转换，或采用标准的或公开的数据格式进行转换。

遵循统一的数据互操作规范，也可以通过以服务为主的方式提供CIM基础平台的数据读取和共享操作等功能。CIM基础平台数据共享服务应将CIM数据的描述、空间数据的图形及属性信息提供给访问者。CIM基础平台支持如下数据共享交换服务类型：（1）使用基于OGC的WCS／WMS／WMTS／WFS／WPS标准发布二维数据共享交换服务；（2）使用I3S标准发布三维数据共享交换服务。

3．数据共享交换内容

CIM数据共享与交换主要是对时空基础数据、资源调查数据、规划管控数据、工程建设项目数据、公共专题数据、物联感知数据下面的细分数据根据实际业务需要，实现实时共享与按需交换，每类数据具体共享与交换方式以及频次见表7-10和表7-11。

CIM数据共享与交换内容清单

表7-10

序号	一级名称	二级名称	共享与交换方式	共享与交换频次
1	时空基础数据	行政区	在线共享或前置交换或离线拷贝	实时共享按需交换
		测绘遥感数据	在线共享或前置交换或离线拷贝	实时共享按需交换
		三维模型	在线共享或前置交换或离线拷贝	实时共享按需交换
2	资源调查数据	国土调查、地质调查、耕地资源、水资源、房屋普查、市政设施普查数据	在线共享	按需共享
3	规划管控数据	开发评价、重要控制线、国土空间规划	在线共享或离线拷贝	实时共享按需交换
4	工程建设项目数据	立项用地规划许可数据、建设工程规划许可数据、施工许可数据、竣工验收许可数据	在线共享或前置交换	实时共享按需交换

序号	一级名称	二级名称	共享与交换方式	共享与交换频次
5	公共专题数据	社会、宏观经济、法人、人口、兴趣点、地名地址数据	在线共享或前置交换	实时共享按需交换
6	物联感知数据	建筑监测数据、市政设施监测数据、气象监测数据、交通监测数据、生态环境监测数据、城市安防数据	在线共享或前置交换	实时共享按需交换

CIM数据及服务类型清单 表7-11

一级名称	二级名称	数据类型	宜采用的数据格式或服务类型
时空基础数据	行政区	矢量数据	WMS、WMTS、WFS
	电子地图	切片数据	WMS、WMTS
	数字正射影像图	影像数据	WMS、WMTS、WCS
	倾斜摄影和激光点云	影像数据	WMS、WMTS、WCS或I3S、3D Tiles、S3M
	数字高程模型	数字高程模型	WMS、WMTS、WCS或I3S、3D Tiles、S3M
	三维模型、建筑三维模型、交通三维模型、管线管廊三维模型、场地三维模型、地下空间三维模型、植被三维模型	信息模型	I3S、3D Tiles、S3M
资源调查数据	地质调查、国土调查、耕地资源、水资源、城市部件	矢量数据	WMS、WMTS、WFS
规划管控数据	开发评价、重要控制线、国土空间规划	矢量数据	WMS、WMTS、WFS
工程建设项目数据	立项用地规划、建设工程规划、施工、竣工验收、运行维护、改造或拆除	矢量数据	WMS、WMTS、WFS
	设计方案BIM、施工图BIM、竣工验收BIM	信息模型	I3S、3D Tiles、S3M
公共专题数据	社会数据、宏观经济数据	关联行政区的结构化数据	WMS、WMTS、WFS
	法人数据、人口数据	关联位置或行政区的结构化数据	WMS、WMTS、WFS
	兴趣点数据	矢量数据	WMS、WMTS、WFS

一级名称	二级名称	数据类型	宜采用的数据格式或服务类型
公共专题数据	地名地址数据	关联到坐标的地名、地址	WFS-G
	社会化大数据	关联到坐标	WMS、WMTS、WFS
物联感知数据	建筑	信息模型	I3S、3D Tiles、S3M
	气象、市政设施、交通、生态环境、城市安防数据	关联坐标或设施的结构化数据	WMS、WMTS、WFS

第 **8** 章

基础平台建设

从实践来看，现有CIM基础平台建设主要建设模式包括省统建、省市分建两种模式；从理论上看，CIM基础平台建设模式主要包括统建、分建和统分结合三种模式。本章重点对CIM基础平台建设模式进行了详细介绍，包括每种建设模式的特点以及适用情形。同时，针对不同层级的CIM基础平台的基本功能做了介绍，从而为建设各类CIM基础平台提供操作指南。

8.1 建设模式

为了统筹推进CIM基础平台建设，加快形成国家、省、市三级CIM平台体系，逐步实现三级平台互联互通。综合考量CIM基础平台建设需求和财政能力，结合本地实际因地制宜，CIM基础平台建设可采取统建模式、统分结合模式、分建模式。建设模式及系统层级关系图见图8-1。

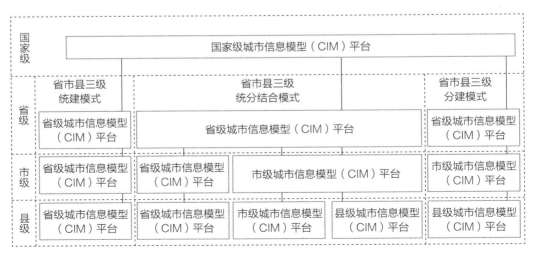

图8-1 建设模式及系统层级关系图

8.1.1 统建模式

统建模式主要适用于政府预算有限、数据资产建设匮乏的情形。建议按照"统一规划建设，统一维护管理"的原则，组织推动CIM基础平台建设。采用统建模式建设CIM基础平台，整体规划平台建设、数据采集、统一数据标准、统一数据接口规范等，极大节省后端资源采购、运维、迭代更新等方面产生的费用，有效避免重复建设，造成财政资源浪费，降低CIM基础平台信息化建设成本。同时由上一层级职能单位统筹建设，分发账号直接供下级使用，方便CIM基础平台在全域范围内快速推广覆盖。该模式的不足之处在于，个性化建设需求不能很好得到满足，统建模式及系统层级关系见图8-2。

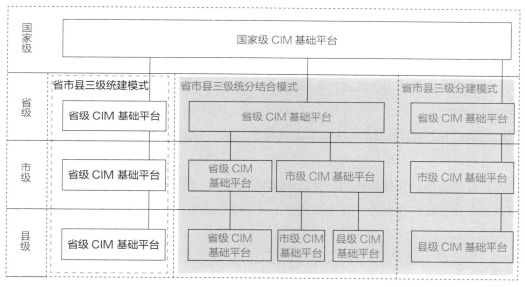

图8-2　统建模式及系统层级关系图

8.1.2 统分结合模式

以省级平台为例，通过省级统筹共建，市级共用的原则建设，在省级CIM平台配置共性功能，各地市可在此基础上开发特色应用，以标配+特配的方式推进省级CIM平台与市级CIM应用平台的建设。各地市依托省级CIM平台，根据各自的业务应用和城市特色，积极创新，建立更高标准、更多应用功能（特配）的城市CIM应用平台。这一模式除监督管理职责外，重点突出各业务的共性功能，实现政府部门之间的共享使用，支撑智慧应用的开发，从而实现一次投入建设，多部门共享使用，可以减少政府各委办局在平台和数据方面的重复投资，统分结合模式及系统层级关系见图8-3。

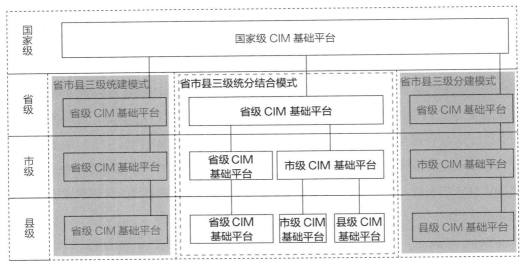

图8-3 统分结合模式及系统层级关系图

8.1.3 分建模式

分建模式主要适用于政府预算充裕，对城市应用场景贴合度要求高，需充分展示城市特点的情形。建设内容详细，以城市特色、政府痛点、管理需求为切入点，体现城市建设特色的同时，结合各管辖区域特点，从自身需求出发，亦满足业务部门工作、管理的需求，灵活构建多元化应用场景。缺点在于建设周期较长，各个系统由不同的开发商承担，其数据标准和接口标准均不统一，这给系统间的对接带来了很大的困难，存在重复开发风险。分建模式及系统层级关系见图8-4。

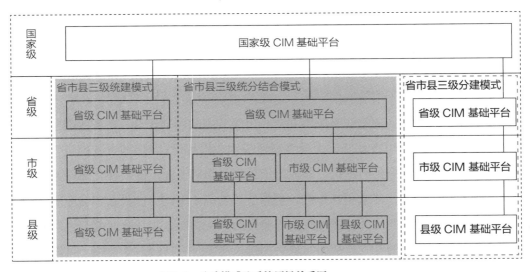

图8-4 分建模式及系统层级关系图

8.2　国家级/省级CIM基础平台功能

国家级、省级CIM基础平台应具备重要核心指标统计分析、跨部门数据共享和对下一级CIM基础平台运行状况的监测等功能，通过不同层级CIM基础平台实现上级对下级CIM平台核心运行指标数据的接入、转换与管理。

8.2.1　统计分析

统计分析系统支持将数据以一种直观和交互式可视化界面呈现出来，辅助制作决策分析报告，提供包括数据源连接池、数据集、仪表板、指标等功能模块。

8.2.1.1　数据源连接池

数据源连接池是创建业务库和数据可视化分析工具的连接，连接数据库或数据库服务器获取数据进行分析。创建数据源连接池是使用数据可视化分析工具的开始，数据可视化分析工具可以通过对接数据源连接池来获取数据。

8.2.1.2　数据集

数据集作为数据源和可视化展示的中间环节，承接数据源的输入，并为可视化展示输出数据表。数据集在可视化展示之前可根据分析目的，通过关联表功能，将同一个数据源中的表以雪花模型或星形模型方式关联，例如，表A关联表B，表B关联表C。

在数据集管理中，可以对数据集（数据源中的表或通过SQL创建的数据集）进行关联关系、二次数据处理分析、编辑或重命名等操作。

8.2.1.3　仪表板

仪表板模块是数据辅助决策的最后一公里，是最终的数据可视化展示与探索分析的部分，选择使用最适合的数据展示方式，通过仪表板编辑器，可以使用各种图表将数据以一种直观和交互式可视化界面呈现出来，简单地完成数据分析报告的制作，对数据进行分析跟呈现，可以帮助分析人员大大提升分析效率。

8.2.1.4　指标

指标模块指的是为考核业务情况，整理分析所有考核相关的内容（评价指标），并将这些评价指标进行分类汇总，按层次分析法，构建评价指标体系，确定评价的一级指标、二级指标、三级指标。评价指标既可以是以数据为基础的硬指标，也可以是以经验判断或客观事实为基础的软指标。

8.2.2 监测监督

省级CIM基础平台具备对下一级平台的远程监测监督功能。省级CIM基础平台应支持对下一级CIM基础平台的无缝调入，支持对下一级平台运行机制、运行状况进行监测监督，接收下一级系统反馈的工作进展和落实情况；显示工作任务进度、对即将逾期工作任务进行督办、对已逾期工作任务进行通报（图8-5）。

8.2.3 数据共享与交换

数据交换宜采用前置交换或在线共享或离线拷贝方式进行，前置交换应提供CIM数据的交换参数设置、数据检查、交换监控、消息通知等功能；在线共享应提供服务浏览、服务查询、服务订阅、数据上传/下载等功能。

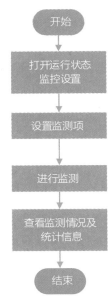

图8-5 监测监督
操作流程

8.2.4 开发接口

为了满足进行特定数据的交流和数据的安全性要求，省级CIM平台提供数据服务接口、功能服务接口。接口服务应包括数据库交换方式、文件交换方式、Web服务交换方式，满足不同的交换场景。包括以下API接口清单：

1. 资源访问类API

提供CIM资源的描述信息查询、目录服务接口、服务配置和融合，实现信息资源的发现、检索和管理。

2. 地图类API

提供CIM资源的描述、调用、加载、渲染和场景漫游，以及属性查询、符号化等功能。

接口主要分为view视图（类）、常用地图工具、切片图层、要素图层、点云图层、几何图形图层、影像图层、高程图层、WMTS图层、常用几何、漫游路线。

3. 事件类API

CIM场景交互中可侦听和触发的事件。

主要为地图视图中接口：绘制Draw、view加载完成when（）回调函数、view上注册事件处理程序、hitTest检测视图是否存在要素、设置视图goTo、创建屏幕截图。

4. 控件类API

CIM基础平台中常用功能控件的调用。

控件类服务按照功能提供接口为图例、相机快照、比例尺、卷帘功能、视点录制、地图打印、地图截图、地图缩放。

5．数据交换类API

元数据查询、CIM数据授权访问，上传、下载、转换等功能。

6．数据分析类API

历史数据的分析，按空间、时间、属性等信息的对比，大数据挖掘分析。

接口主要为CIM工具方法、摘要统计、几何引擎。

7．平台管理类API

平台管理如用户认证、资源检索、申请审核等。

8.3 城市级CIM基础平台功能

城市级CIM基础平台应具备数据汇聚、场景配置、数据查询与可视化、数据共享交换、分析应用、运行与服务等功能。应纵向对接省级平台、国家级平台，横向同市级其他政务系统对接，具有整合、管理或共享城市信息模型资源等功能，支撑城市规划、建设、管理、运营工作的基础性信息协同平台。

8.3.1　数据汇聚与管理

8.3.1.1　数据接入

数据接入子系统实现二维数据、三维数据（含BIM模型数据）、外部服务、文件共享型数据、视频、互联网数据、传感器数据接入。数据接入系统是建设一个统一的数据接入总线，采用分布式、微服务架构，可伸缩弹性部署。采用模块化、组件化的方式适配各种数据来源，用于解决CIM基础平台汇聚海量多源异构数据的接入，经由虚拟数据总线服务作为统一的数据出口，屏蔽底层数据的多源异构复杂性，在实现CIM数据高效汇聚的同时，还可为上层应用提供数据支撑服务。

8.3.1.2　数据清洗

数据清洗子系统能够利用清洗规则，对汇聚到平台中的各类数据进行清洗、检查，并提供坐标转换、格式转换能力，打破不同格式造成的数据壁垒，解决空间转换融合过程中易出现的数据损坏、精度降低、信息丢失等问题（图8-6）。

图8-6　数据清洗操作流程

8.3.1.3 数据融合

数据融合具有对清洗后的数据信息进行集成、融合，以及加载到城市级CIM基础平台数据库的功能。

8.3.1.4 数据管理

数据管理系统是对所有数据统一管理的功能系统，具备BIM模型数据管理、空间数据管理、数据服务管理等数据管理能力，面向平台管理人员、运维人员，用户需要具备一定的操作权限方可访问（图8-7）。

8.3.1.5 数据资源编目

数据资源编目具备共享信息资源编目、目录注册和目录发布等功能（图8-8）。

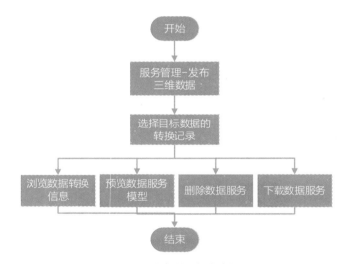

图8-7 数据管理操作流程

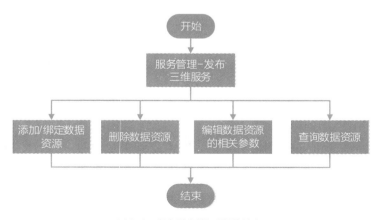

图8-8 数据资源编目操作流程

8.3.2　场景配置

市级平台针对不同应用场景提供不同模型、图形等组合，实现场景配置功能。通过多重LoD计算，为同一个构件分别生成轮廓模型与精细实体模型。在三维几何数据的实时渲染阶段，通过实时计算视点与模型的距离，进行动态的轮廓模型与精细实体模型的内存加载与渲染。从而在不影响视觉效果的前提下提高本地电脑实时渲染BIM模型的效率，并始终保持浏览器内存在可控的范围，实现类似人眼观察世界的效果。

具体策略如下：

在小比例尺（1∶30000以下）范围下，仅展示影像/电子地图，三维数据不进行加载；通过标记或者叠加二维图层来展示地物信息。

在中比例尺（1∶1500—1∶30000）范围下，展示白模/倾斜摄影单体化数据/其他格式的三维数据（仅加载建筑/地物的外轮廓），一栋建筑/一个项目作为一个单体要素。

在大比例尺（1∶1500以上）范围下，仅展示视野范围内以屏幕中心一定范围的BIM详细内部构件，其他BIM模型只展示白模或建筑外壳。用户在浏览过程中，系统自动显示屏幕中心点周围半径300m的所有BIM建筑楼层及构件列表，用户可以自主选择来查看详细构件。

8.3.3　数据查询与可视化

8.3.3.1　数据加载

通过专题、图层管理现有的数据，对图层按需进行组织，灵活应对大量图层的管理。包括图层显影、图层跳转、透明度控制功能。同时支持用专题的方式灵活应对图层控制，可支持对各个部门定义不同的专题。

1．支持按CIM数据构成进行数据归类及加载

（1）时空基础数据

平台支持加载时空基础数据，包括行政区划线、测绘遥感数据及三维模型数据，主要包含且不局限于各级行政区划图、电子地图、遥感影像数据、数字高程模型、白模数据、倾斜摄影数据、BIM数据、人工精模（交通、水利、植被、建筑、管线管廊等）数据等。

（2）资源调查数据

平台支持加载资源调查数据，包括国土调查、地质调查、耕地资源、水资源、房屋建筑普查及市政设施普查数据，主要包含资源调查的二维矢量数据（含资源地图、资源定位等）、资源信息数据及资源电子文档数据等。

（3）规划管控数据

平台支持加载规划管控数据，涵盖三条控制线及规划成果数据，包含国土空间规划数据、控制性详细规划数据、专项规划数据等。

（4）工程建设项目数据

平台支持加载工程建设项目数据，包含立项用地规划许可、建设工程规划许可、施工许可及竣工验收资料数据，主要包含项目红线、立项用地规划信息、立项规划许可阶段相关证照与批文的信息与扫描件；建设工程规划设计模型、建设工程规划许可阶段相关证照与批文的信息与扫描件；施工图BIM模型、施工审查信息、施工许可阶段相关证照与批文的信息与扫描件；竣工验收BIM模型、竣工验收信息、竣工验收资料；以及各阶段的报件与审批信息等。

（5）公共专题数据

平台支持加载公共专题数据，包含社会数据、实有单位、宏观经济数据、实有人口、兴趣点数据及地名地址数据，主要包含自然人、法人、地名、地址、兴趣点、投资、消费、金融财政、通胀通缩、就业失业、社保数据等。

（6）物联感知数据

平台支持加载物联感知数据，包含建筑监测数据、市政设施监测数据、气象监测数据、交通监测数据、生态环境监测数据及城市运行与安防数据，主要包含各类物联感知设备位置数据、各类物联感知设备信息及其运行监测数据、摄像头位置数据、摄像头信息及其视频数据等。

2．支持数据融合一体化展示

（1）多源异构数据融合展示：支持多源异构数据融合展示，在同一场景中，可以融合展示遥感影像数据、要素服务数据、DEM数据、BIM数据、倾斜摄影数据、白模数据、人工精模等。

（2）二三维数据联动展示：支持双屏联动，分别展示二维数据和三维数据，可以同时操作两屏，实现二三维数据联动展示。

（3）室内室外一体化展示：支持室内室外一体化展示，可以在平台直接展示BIM模型，可以切换室内室外视角，展示多角度观察效果。比如进入BIM模型室内，查看内部情况及外部景观。

（4）地上地下一体化展示：开启地上地下功能，可以同时展示地上的建筑数据和地下的管线数据，从而实现地上地下一体化展示（图8-9）。

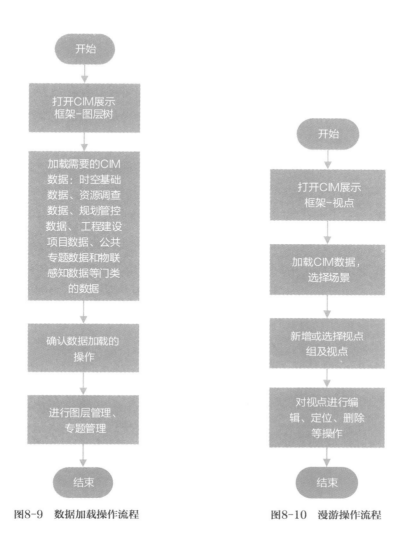

图8-9　数据加载操作流程　　　　图8-10　漫游操作流程

8.3.3.2　综合展示

1. 漫游

提供两种漫游方式，录制漫游的页面中可支持添加关键性镜头的状态图为特定节点，可随时定位关键帧位置、取消、完成和保存当前录制；绘制漫游的页面中，可绘制漫游的路径，设置漫游模型、速度和漫游角度等参数。两种方式形成的漫游汇总到漫游列表中。

已经完成的漫游，可重新进行播放。如为降低灾情的严重性，指定一个直观的逃生路线进行逃生疏散路线的动态模拟，高度还原三维视角下城市的真实情况，让用户身临其境，获得更真实的浏览体验，方便领导和城市工作者做出科学决策，公众更好感知城市建设（图8-10）。

2．视点

将CIM基础平台场景中的视点进行保存，方便后续操作直接定位到保存时的场景。以列表的形式展示给用户，支持对视点进行分组管理，保存视点时需保存场景中图层显影状态。支持用户添加观察角度的视点，记录当前加载的图层服务并捕捉当前镜头状态为列表缩略图，备注视点名称，方便后期查看检索，可进行分组管理。点击视点，可直接定位到对应的空间位置，并同步加载相应的图层服务。对于已建立的视点组和视点，可进行新增、单个或批量地删除、修改和排序操作（图8-11）。

3．图层

图层根据展示管理中的专题与目录管理配置的图层目录、服务配置以及服务授权情况，在展示框架中展示用户有权限访问的图层资源。用户根据需要对图层数据进行控制，可进行专题切换、图层搜索、图层显影、缩放至图层、透明度调整、图层样式修改、模型色彩设置、图层信息查看、图层属性表查看与搜索等操作（图8-12）。

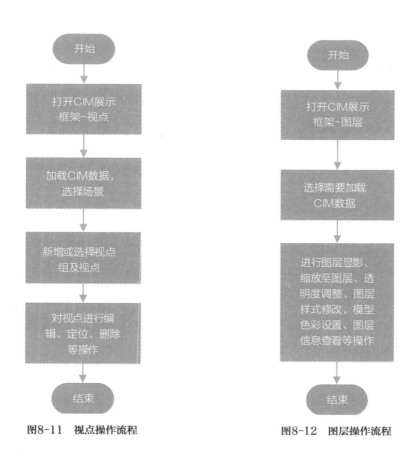

图8-11　视点操作流程　　　　　图8-12　图层操作流程

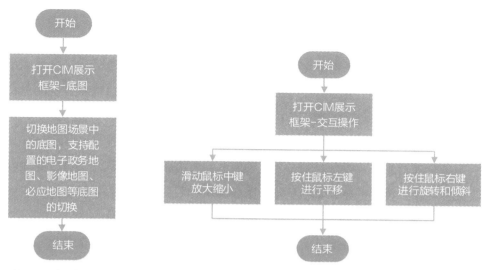

图8-13 底图操作流程　　　　　图8-14 地图功能操作流程

4．底图

底图功能，可以切换地图场景中的底图，支持配置的电子政务地图、影像地图、必应地图等底图的切换（图8-13）。

5．地图功能

地图功能，是地图操作的基本功能，可以基于二三维地图及场景进行放大、缩小、平移、旋转、定点环视、位置还原、罗盘、视图切换等操作（图8-14）。

6．工具

工具栏应用在场景设置、场景模拟、测量计算等领域。主要包含地上地下、鹰眼视角、第一视角、构件隐藏、模型视图、测量工具、属性选择、剖切工具、剖切盒子、地形开挖、天气模拟、场景设置、位置调整、场景光效、个人图层等功能。

7．功能搜索

按关键字搜索城市规划、城市设计、城市建设、城市管理等分类功能，自动匹配检索功能的结果，并对检索结果功能进行颜色标注显示。

8.3.4 数据共享交换

数据交换宜采用前置交换或在线共享或离线拷贝方式进行，是一款分布式、云边端协同的二三维一体化服务容器与管理工具，提供服务发布、服务管理、服务聚合、空间计算、信息模型检索等能力，支持服务站点动态扩容与实时监控，支持高并发，用户体验更流畅。

8.3.4.1　服务发布

服务发布功能，支持主流的GIS引擎的服务发布，支持设置发布服务基本参数，包括：服务资源的选择、资源文件上传、数据类型、发布目录等。

服务发布功能，主要分为三维服务发布和二维服务发布，可以将二三维空间数据发布成服务，为空间数据管理、分析应用、交换共享提供支撑。

8.3.4.2　服务管理

服务管理功能，主要是对发布的三维服务、二维服务进行管理，可以实现服务检索、服务统计、数据字典、服务预览、服务编辑、服务删除、服务聚合等功能。

8.3.4.3　数据源配置

数据源配置功能，主要是实现对矢量数据源、文件数据源、其他数据源的管理，不仅支持对数据源进行新增、编辑、删除、查询等操作；同时还支持丰富的数据源类型，例如：shp文件、postgis空间库、postgresql数据库、wfs server第三方要素服务、3DTILES文件目录、MINIO空间库、gltf文件目录、BIM数据文件目录，geotiff文件目录、tile瓦片数据文件目录等。

8.3.4.4　样式管理

样式管理功能，通过对样式进行添加、编辑、删除、查询等操作，实现对平台服务符号与样式的管理和应用，可丰富平台数据服务样式，提供更多美观的数据服务展示与渲染样式选择。

8.3.4.5　服务授权

服务授权功能，将已经注册的CIM数据服务资源授权给用户，授权对象可以是组织机构、用户和标签，可对已授权组织中的特定用户进行特别禁止。未被授权的用户无法访问到相应资源。AgCIM Server的服务授权，区别于其他子产品的服务授权，是可以进行跨平台、跨应用授权，方便客户更好地利用AgCIM的空间数据资源进行共享与应用。

8.3.4.6　服务运行

服务运行功能，负责对系统管理的服务进行启动、停止操作，从而控制服务运行状态。

8.3.4.7　操作日志

操作日志功能，主要是以日志形式，记录平台用户的操作情况，便于对平台数据资源、服务资源、功能模块等进行监控，不仅可了解用户操作习惯，还能对平台应用安全提供保障。

8.3.5 分析应用

模拟分析在对现实城市空间的全空间数字化表达的基础上，提供对空间相关矢量、栅格、3D以及实时位置数据的分析能力，以及控高分析、绿地率计算、天际线分析、可视域分析等通用分析能力，充分利用BIM模型的可模拟性，结合二维地图、三维模型等数据，实现疏散模拟、淹没分析等功能，透过仿真的事前分析与模拟，来辅助各项决策。

8.3.5.1 控高分析

通过绘制地块范围或导入地块范围，输入限高值，执行分析，判断建筑物高度是否超出控制高度并计算超出部分的高度（图8-15）。

8.3.5.2 绿地率计算

通过绘制地块范围或导入地块范围，计算地块范围面积、规划建设地块面积、绿地面积、绿地面积及其占比，可在判断地块范围绿化率是否达到相关要求等场景下应用（图8-16）。

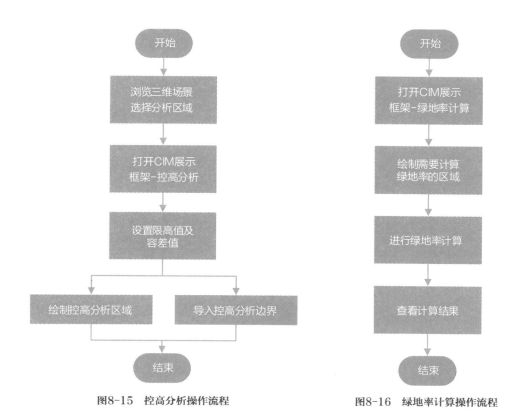

图8-15 控高分析操作流程   图8-16 绿地率计算操作流程

8.3.5.3　天际线分析

通过控制调节观察视角、设置效果图参数（像素大小、天际线背景颜色），分析生成特定视角下的城市天际线。可在分析城市天际线是否达到预期或为城市预留更美的天际线提供辅助分析等场景下应用（图8-17）。

8.3.5.4　可视域分析

支持绘制观察点与观察范围，将观察视角范围内可视和不可视的区域用不同颜色区分。可用于分析城市标志性建筑的可视域、住宅设计等场景。将方案与周边环境的空间通视关系在三维场景中直观展现出来，尤其是景观周边的报建方案，避免因报建方案中建（构）筑物太高遮挡附近的景观（图8-18）。

8.3.5.5　视廊分析

支持用户添加任意位置为视廊，并捕捉当前镜头为缩略图添加到视廊列表中，可以对视廊进行远景观察、近景观察、反向近景观察、反向远景观察、视廊漫游操作。可用于城市景观线分析、选定等场景（图8-19）。

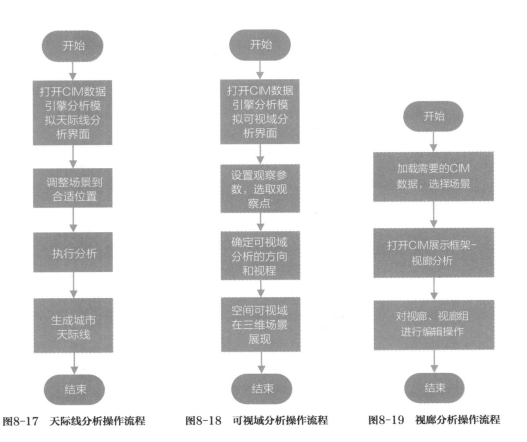

图8-17　天际线分析操作流程　　　图8-18　可视域分析操作流程　　　图8-19　视廊分析操作流程

8.3.5.6　视廊管控

从预先设置好的视廊中选择视廊进行查看，实现从眺望点观看视廊，显示视廊中轴周边建筑控规高度，从而判断控规高度是否影响视廊范围内景观。可用于保护已制定的城市景观线等场景（图8-20）。

8.3.5.7　视线分析

模拟人在地面上或某个建筑的阳台、窗户眺望周边风景时的视野情况，判断眺望点和被观看对象之间（其他任意一点）的视线能否通视，绿色视线代表可视，红色代表不可视。再将单个模型置于城市中，从宏观的角度考虑是否需要对模型进行优化调整。可用于景观分析、城市设计等场景（图8-21）。

8.3.5.8　定点观察

在场景中选定两点位置，即观察点与目标点，模拟从观察点看向目标点或从目标点看向观察点的场景展示。支持通过键盘操作实现水平面移动，并支持鼠标右键拖拽视角（图8-22）。

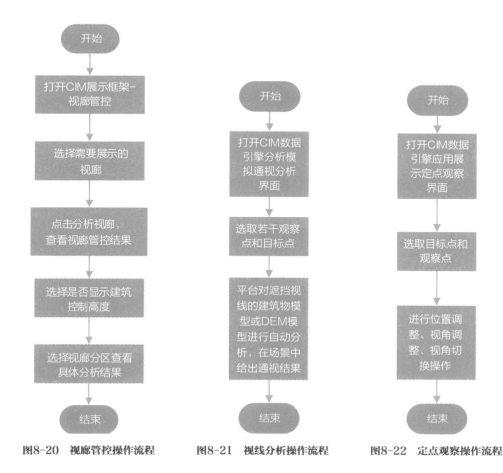

图8-20　视廊管控操作流程　　　图8-21　视线分析操作流程　　　图8-22　定点观察操作流程

8.3.5.9 日照模拟

提供日历和时钟表盘小工具，用户可自主动态模拟可视化区域内模型在一年四季、一天当中的日照变化情况。查看不同月份不同日期的一天24h的光影变化，显示真实时间日照情况下系统的光影变化，且可操作时间变化来模拟三维模型在场景中显示光照不断变化的效果（图8-23）。

8.3.5.10 日照计算

根据住宅建筑日照标准，设置大寒日和冬至日两个重要节气的有效日照时长分析。可以根据三维模型所处三维空间位置，计算出所选窗户、场地在大寒日、冬至日的一个真太阳日的累计有效日照时长。可用于检验建筑日照是否符合相关规定与要求等场景（图8-24）。

8.3.5.11 灯光模拟

灯光模拟功能，支持环境光效果，可以设置点光源、聚光灯、水平光源在不同强度下的灯光效果。可用于模拟灯光效果或选择合适灯光方案等场景（图8-25）。

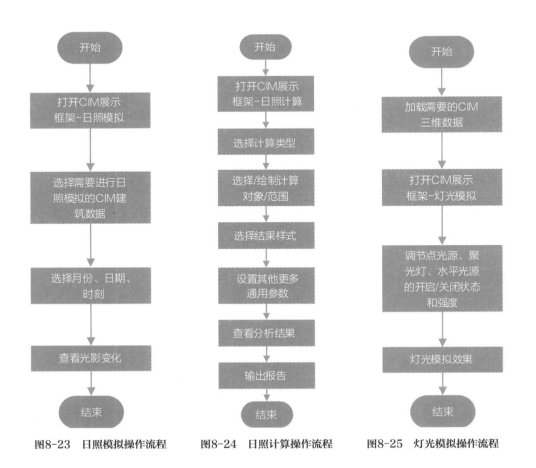

图8-23 日照模拟操作流程　　图8-24 日照计算操作流程　　图8-25 灯光模拟操作流程

8.3.6　运行与服务

8.3.6.1　统一单点登录与安全认证

提供统一的单点登录、统一的功能授权与数据授权、统一的门户服务（图8-26）。

8.3.6.2　部门管理

将登录用户分部门进行管理，任何一个应用部门在使用系统时需首先向系统管理部门申请登记机构信息，才能在用户管理或用户注册中申请本机构的用户。部门管理对使用系统的各应用部门进行信息和权限管理，主要功能包括机构列表、新建机构、修改机构、删除机构以及启用和禁用机构等。

8.3.6.3　用户管理

应用部门在登记部门信息，并分配一个管理员后，才能由本部门的管理员分配、管理本部门的用户来访问系统。用户管理包含用户账号管理、用户权限管理和信息反馈三个方面的内容。用户账号管理包括增加用户、删除用户、修改用户信息。用户权限管理包括数据权限管理、功能权限管理（图8-27）。

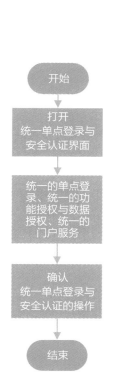

图8-26　统一单点登录与安全认证操作流程

图8-27　用户管理操作流程

8.3.6.4 角色管理

角色管理功能供应用系统管理员用来增加、修改、删除、查询该应用功能权限的集合，并能将添加的角色权限授予使用该应用系统的机构的岗位，也可将已经授予的角色权限进行回收（图8-28）。

8.3.6.5 统一授权管理

统一授权管理包括功能权限管理、BIM模型权限控制、数据资源目录访问权限设置、数据授权、专题授权。通过此模块可实现平台的功能、数据、服务、专题、BIM模型等按用户、角色进行统一授权管理（图8-29）。

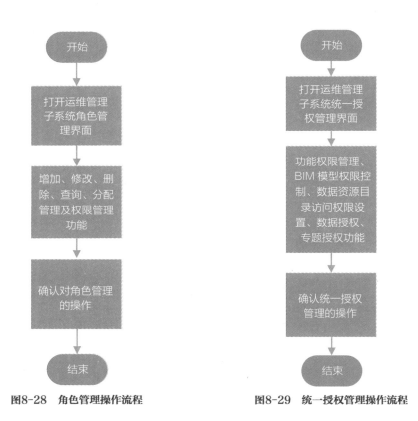

图8-28　角色管理操作流程　　　　图8-29　统一授权管理操作流程

1．功能权限管理

功能权限管理由系统管理员统一根据不同角色、不同用户的使用需求和个人职务便利情况，授予相应使用功能，实现平台功能权限的配置。这样的方式做到了对平台功能的化繁为简，信息隐藏，简化了每个工作人员的平台应用界面，用户只看到、只需要掌握平台中他所需要的功能即可，尽量做到简单、易用、实用。

可实现对系统每一个可操作功能的权限管理，包括功能菜单、功能按钮等，包含数据下载、浏览权限。

2．数据资源目录访问权限设置

数据授权管理支持对数据资源目录访问权限的设置，通过数据资源目录管理建立数据资源目录，运维管理系统通过查询对应的数据目录，在对应的数据资源目录设置访问权限。可以对同一目录层级（根目录）进行批量地设置访问权限，也可以区分不同子目录、子图层，分别设置访问权限。

3．数据授权

系统管理员可以通过此功能来实现将数据共享给系统用户，可以设置授权对象、授权数据、授权用户、授权范围、授权时限等，同时也可以随时收回数据共享权限，实现像控制开关一样控制数据是否共享。

4．专题授权

可按专题将数据授予权限给某个用户，使授权后的用户能够使用这些专题数据。

配置专题的用户权限。首先选择要授权的专题，点击"授权"按钮，在弹出的用户列表中选择要分配的用户，点击"确定"按钮。在操作面板的右边可进行用户权限的控制（启用、停用和删除）。

8.3.6.6 用户行为日志管理

实现统一的日志记录、查询、统计、备份管理，可查看日志清单，支持查看系统访问日志、专题访问日志、功能使用日志等日志清单。具体包括系统访问日志、专题访问日志、功能使用日志、数据管理日志、服务访问日志、安全管理日志、系统监控日志、系统在线日志、短信日志等功能（图8-30）。

1．系统访问日志

主要记录与空间信息服务子系统相关的日志，包括与用户、用户组相关的增、删、改等；以开始结束时间的形式查询日志。

根据用户名、系统名、访问时间等选项对系统访问日志进行查询，查询结果可导出。

2．系统监控日志

实现对服务状态、在线用户的活动情况的监控，可实时监控系统登录的用户名、主机名、IP地址、登录时间等。

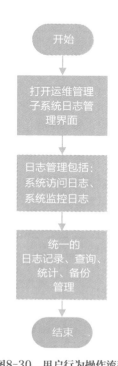

图8-30　用户行为操作流程

8.4 系统集成

8.4.1 数据集成

按照"共建、共用、互联、共享"的原则，以CIM平台为支撑，建立基础地理数据、资源调查与登记数据、规划与管控数据、管理数据、工程建设项目数据、社会经济专题数据、城市管理和监测数据七大门类数据资源目录。通过对现状三维模型、BIM模型等数据的生产和二三维空间数据的集成融合，形成以OGC标准为主的数据服务，为CIM平台应用系统和各业务部门提供数据服务支撑（图8-31）。

CIM平台数据集成从数据来源来说主要分为二三维离线数据、第三方系统或互联网数据、物联感知数据共三种。

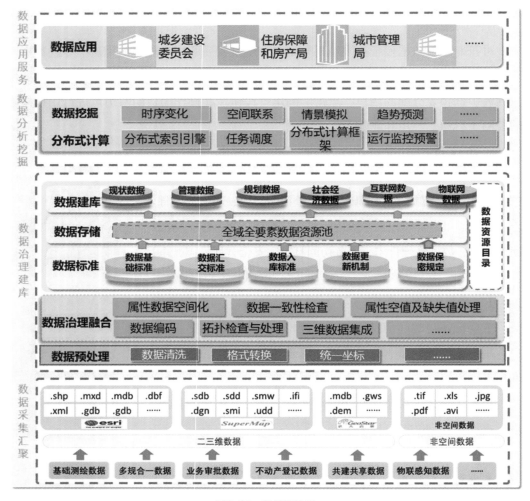

图8-31 数据架构图

对于二三维离线数据，通常使用CIM数据处理桌面工具来进行数据治理和入库，这类桌面工具具有空间数据源创建、栅格数据矢量化、属性表操作、空间数据编辑、空间数据转换与处理、专题图制作、地图符号制作、排版出图、矢量数据空间分析、栅格数据空间分析、三维数据显示与分析等功能，能够广泛地支持栅格影像、倾斜摄影、精模、点云、BIM等各类数据格式，能够对各类数据进行LoD、轻量化、纹理贴图合并优化等数据治理工作，将各种数据汇聚到CIM基础平台。

对于第三方系统或互联网数据，通常使用以ETL技术为主的工具或平台，通过将数据从来源端经过抽取（extract）、转换（transform）、加载（load）至目的端，数据转换过程中可以进行坐标转换、格式转换、时空关联、特征提取、数据质检等各类数据清洗操作，可遵循相关数据入库标准来将各种数据汇聚到CIM基础平台。

对于物联感知数据，通常使用物联网平台作为CIM基础平台的前置接入，通过各种信息传感器、射频识别技术、全球定位系统、红外感应器、激光扫描器等各种装置与技术，实时采集任何需要监控、连接、互动的物体或过程。物联网是一个基于互联网、传统电信网等的信息承载体，它让所有能够被独立寻址的普通物理对象形成互联互通的网络。CIM基础平台通常与物联网平台再进一步做数据对接，利用CIM基础平台的三维可视化渲染来直观展示物联感知数据。

8.4.2　业务集成

业务架构见图8-32。

工程建设项目全生命周期管理业务，涉及立项用地规划许可、建设工程规划许可、建设工程施工许可、竣工验收四阶段相关审查审批及后续登记管理业务，各阶段

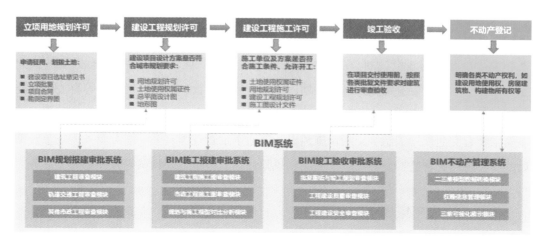

图8-32　业务架构图

之间业务相互关联，信息互通。其中：

立项用地规划许可阶段主要为建设用地审批，包括申请材料审核、用地性质审查、用地规模和用地强度审查等。建设工程规划许可阶段主要为规划报建审批，包括规划报建阶段相关文件审核，建设方案总平面、建筑单体、市政工程等相关技术性、合规性审查。建设工程施工许可阶段主要为施工报建审批，包括施工报建阶段相关文件审核和施工图总平面、建筑单体等相关技术性、合规性审查。竣工验收阶段主要为竣工验收审批和竣工备案，主要包括竣工验线、竣工测绘、联合验收、竣工备案等。在后续不动产登记阶段，涉及落宗关联、辅助测量、不动产登记管理等业务。

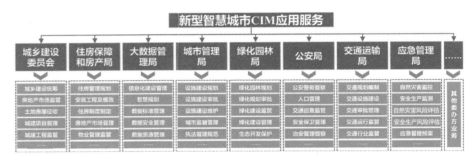

图8-33 支撑应用服务图

新型智慧城市CIM服务业务（图8-33）主要面向城乡建设委员会、住房保障和房产局、大数据管理局、城市管理局、绿化园林局、公安局、交通运输、应急管理局等其他政府部门有关空间类管理的业务，其中：

城乡建设委员会主要有城乡建设统筹、房地产市场监管、土地房屋征收、城建项目管理、城建工程监管等有关空间类业务；住房保障和房产局主要有住房管理规划、安居工程和棚改、物业管理监管等有关空间类业务；大数据管理局主要有信息化建设管理、智慧规划、数据标准管理、数据安全管理、数据资源管理等有关业务；城市管理局主要有设施的建设规划、审批和维护，城市监督管理，执法督查等有关空间类业务；绿化园林局主要有绿化园林的规划、审批、建设监管和生态开发保护等有关空间类业务；公安局主要有警务督察、人口管理、交通巡查、安全保卫和治安管理等；交通运输局主要有交通规划编制、交通设施建设、交通审批管理等有关空间类业务；应急管理局主要有自然灾害监控、安全生产监测和风险评估、应急管理预案等有关空间类业务。

8.4.3 应用集成

面向工程建设项目BIM全生命周期管理，在规划报建和施工图审查阶段，支持

BIM规划方案、施工图方案的正向设计和智能审查审批；在竣工验收阶段，对模型审查、多测合一、材料审查等方面予以技术服务支持；并在后续不动产登记阶段，支撑落宗关联、辅助测量、不动产登记管理和三维楼盘管理等业务开展；在项目运营维护阶段，通过物联感知信息与模型的挂接，丰富BIM模型信息，实现基于BIM的资源合理配置和智能设备管理。

面向新型智慧城市应用服务，以CIM平台为载体，融合倾斜摄影、影像地图、矢量地图、点云模型、白模数据、BIM模型、3ds Max展示模型等空间数据，形成与真实城市相互映射的数字孪生城市底座，并进行统一的数据管理、无缝集成、有效关联。面向城市政府部门，提供统一的数据浏览服务、仿真模拟服务、空间数据分析服务等，支撑规划、建设和管理全过程一体化解决方案和运营服务，助力实现"规建管"协同管控、一盘棋治理、社会化服务全面升级的智慧城市发展新格局。

应用集成主要是以企业应用集成（Enterprise Application Integration，EAI）技术为支撑，EAI是将基于各种不同平台、用不同方案建立的异构应用集成的一种方法和技术。EAI通过建立底层结构，来联系横贯整个企业的异构系统、应用、数据源等，实现数据库、数据仓库，以及其他重要的内部系统之间无缝地共享和交换数据。企业应用集成（EAI）技术包括界面集成、业务过程集成、应用集成、数据集成和平台集成共五个方面。

界面集成是比较原始和最浅层次的集成，但又是常用的集成。这种方法是把用户界面作为公共的集成点，把原有零散的系统界面集中在一个新的、通常是浏览器的界面之中。

业务过程集成是指当对业务过程进行集成的时候，必须在各种业务系统中定义、授权和管理各种业务信息的交换，以便改进操作、减少成本、提高响应速度。业务过程集成包括业务管理、进程模拟以及综合任务、流程、组织和进出信息的工作流，还包括业务处理中每一步都需要的工具。

应用集成为两个应用中的数据和函数提供接近实时的集成，通常以Rest、Web Services等接口方式来完成系统间的调用来完成数据传输。

数据集成为完成应用集成和业务过程集成，必须首先解决数据和数据库的集成问题。在集成之前，必须首先对数据进行标识并编成目录，另外还要确定元数据模型。这三步完成以后，数据才能在数据库系统中分布和共享。

平台集成要实现系统的集成，底层的结构、软件、硬件以及异构网络的特殊需求都必须得到集成。平台集成处理一些过程和工具，以保证这些系统进行快速安全的通信（图8-34）。

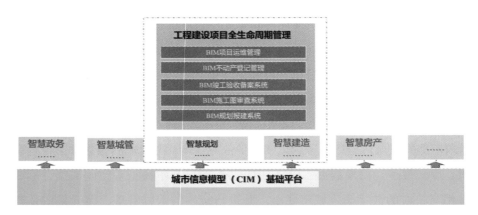

图8-34　应用架构图

8.4.4　网络及硬件集成

按照"集约建设、资源共享、适度超前"的原则，结合城市现有软硬件设施配套环境，设计开放、面向服务的基础设施架构。围绕平台计算、存储、接入、容灾和基础网络等方面配置要求确立基础设施架构，考虑接入城市感知数据、互联网数据等大数据，完善软硬件设施配置，实现硬件设施的云化和虚拟化，提升系统平台应用服务支撑能力。

在充分考虑BIM系统和CIM平台建设在平台架构、组织、存储、管理、应用等方面的基础上，从数据存储、网络环境、图形处理、数据计算等方面进行基础设施环境设计。网络层面融合电子政务外网、互联网，以及相关部门专网。云基础设施结合各城市应用实际情况，基于脱敏后的数据资源，以政务外网为核心进行流转，部分敏感数据与应用在其独立网络中运行，通过单向网闸隔离，脱敏后的数据采用前置交换的方式实现互联互通（图8-35）。

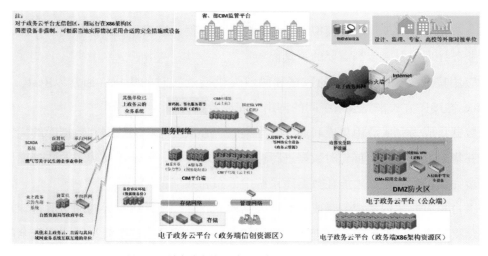

图8-35　城市信息模型（CIM）平台基础设施架构图

8.5　实施与维护

8.5.1　项目实施管理

8.5.1.1　项目实施流程

项目管理的目的是通过计划、检查、协调及控制等一系列措施，使系统开发小组在各个阶段能按原定目标进行工作。采用节点考核的方式实现项目成本、质量、进度三方面的控制及考核。CIM项目的管理流程可分为启动与快速原型、业务调研与界面设计、需求与计划评审、系统设计与实现、上线试运行、项目后期、项目运维。

8.5.1.2　实施前准备工作

系统实施是开发应用型CIM的最后一个阶段，为保证程序编制和调试及后续工作的顺利进行，通常可将这一阶段的任务分为以下几个方面：

（1）硬/软件准备

硬件准备包括计算机、视频/图形适配器、存储设备、辅助设备、通信设备等。其中硬件的要求包括CPU速度、具有SSE2扩展模块的x64平台、不低于4GB内存、24位颜色深度显示属性、1980×1080分辨率、不少于1GB的存储可用空间等。

软件设备包括系统软件、支持的操作系统（如64位Windows 10家庭版、专业版和企业版、红旗Linux 7.0、中标麒麟NeoKylin等）、数据库管理系统以及一些应用程序，CIM基础平台软硬件准备清单见表8-1。

CIM基础平台软硬件准备清单　　　　　　　　　　　　表8-1

序号	软/硬件准备工作	资源名称	规格参数
1	硬件准备	客户端硬件/图形适配器	双核CPU、SSE2扩展模块的x64平台、不低于4GB内存、24位颜色深度显示属性、1980×1080分辨率、不少于1GB的存储可用空间、DirectX11功能级别11.0、OpenGL4.3……
		操作系统	深度Linux（Deepin）15.11、中标麒麟（NeoKylin）、红旗Linux7.0、RedHat Linux6.0、Windows Server 2008 R2标准版、企业版和数据中心版（64位）、Windows 8.1专业版和企业版（64位）、Windows10家庭版、专业版和企业版（64位）……
		客户端浏览器	GoogleChrome 9或以上版本、Mozilla Firefox4或以上版本、Safari 5.1+、Opera 12alpha及以上版本、IE……
		服务器	关系型数据库节点、非关系型数据节点、GIS群节点、应用服务节点、网络安全、数据容灾……
		网络带宽租赁	100M电子政务外网网络带宽……

序号	软/硬件准备工作	资源名称	规格参数
2	软件准备	关系型数据库	达梦DMV7.0内存≥64GB，500GB数据存储、商业版关系型数据库技术支持（中国电信）
		操作系统	中标麒麟高组服务器操作系统V6.0……
		中间件	东方通TongWeB V6.0、商业版中间件技术支持（中国电信）
		网络带宽租赁	100M电子政务外网网络带宽……

（2）人员培训

人员培训包括用户培训、安装部署人员培训、技术开发人员培训。应根据基础，提前进行培训，使用户适应并逐步熟悉新的操作方法，培训采用以现场授课+上机辅导为主，远程培训、热线支持为辅的方式。

（3）数据准备

数据准备包括数据收集、检查、整理、录入，对数据完整性、规范性、一致性检查。其中数据的类型包括时空基础数据、资源调查数据、规划管控数据、工程建设项目数据、公共专题数据、物联感知数据。

8.5.2　系统维护管理

完成"项目后期"阶段工作后进入项目维护管理流程。通过建立规范化、标准化、制度化的运行维护体系，完成对系统运行状态的全面监控和运行问题的及时处理，支持应用系统的安全、稳定、高效、持续运行。

8.5.2.1　系统软件日常监控

规范日常监测工作，加强通报及实际执行情况考核，将日常监测以制度的形式确定下来，制定监测汇报流程，定义流程中各个角色的职责，确定发现问题时的通报和跟进机制。使用服务管理系统、专业监控软件等定位工具辅助完成监测汇报流程的执行和考核，在软件中制定巡检计划，进行巡检签到，发现问题处理后，将处理情况记入巡检结果。

工作时段使用集中式运维管理平台及其监控工具，对主机、操作系统、中间件、数据库、网络、应用软件等资源使用情况及运行状况进行监控，并将每个应用系统及其相关资源的数据登记到相应的表格，每日定期向采购人汇报，如发现问题必须及时向相关管理人员进行汇报，及时处理，并做好记录。

1．数据库监控要求

对日常使用数据库监控，实施运维监控数据快照对比方法，确保业务子系统的运行环境稳定，发现异常情况需报服务台，由服务台统一调度维护服务资源。例如：若CPU占用率超过日常工作正常运行快照数值，则表明当前数据库处于繁忙状态，系统的负载偏高。通过Quest Center找出运行时间异常的SQL语句，并定位具体的应用模块，针对这些运行较慢的语句制定SQL语句优化方案并进行优化；如有死锁的进程，需找到死锁语句以定位具体的应用，制定解决死锁的方案并加以解决。

通过数据监控工具查找出运行时间超过30—60s的SQL语句，并定位具体的应用模块。针对这些运行较慢的语句，用户方可以提供源代码的，服务人员须制定SQL语句优化方案；无源代码的，服务人员须提出SQL优化建议。

2．服务器监控要求

配合服务器运维商，对业务子系统服务器日常使用监控，确保业务子系统的运行环境稳定，实施运维监控数据快照对比方法，发现异常情况需报服务台，由服务台统一调度维护服务资源。分析应用系统承载环境，包括主机、操作系统、中间件、数据库、网络、应用软件等IT组件的日志分析，对其中存在的问题进行每日汇报及时整改，对需要其他主机、网络等运维商配合的工作提出需求，并由用户方审核后协调解决。

3．应用系统监控要求

对信息系统日常使用监控，确保信息系统的运行环境稳定，发现异常情况需报系统管理员。通过分析应用系统承载环境，包括主机、操作系统、中间件、数据库、网络、信息系统等IT组件的日志分析，对其中存在的问题进行每日汇报及时整改，对需要其他主机、网络等运维商配合的工作提出需求，并由用户审核后协调解决。

4．日志分析要求

当系统运行超过5min无法响应反应，甚至出现根本无法响应时，需通过以上日志分析找出问题原因并加以解决。

8.5.2.2　系统软件安全管理

定期为与应用系统相关的主机、中间件、数据库等进行密码变更，配合服务器运维商为服务器和操作系统进行升级与打补丁，进行（或配合）系统防病毒、数据备份、系统操作记录分析等工作，分析可能的安全漏洞并予以解决。

8.5.2.3　系统软件日常问题处理及分析

要求服务商针对核心业务子系统提供相当于原厂商的运行维护工作，若服务商无法独自承担运维服务，在用户方同意的前提下可通过向原厂商等其他服务商购买服务或其他途径解决，所需费用由服务商负责。

负责信息系统日常运行过程中各类业务咨询、操作指导、故障处理、数据修改、配置变更、权限调整、需求变更等运维问题的跟进及处理，对其中存在的问题进行定期总结和汇报。其中业务咨询和操作指导类问题原则上应在10min内响应，1h内解决；数据修改、配置变更和权限调整问题原则上应在20min内响应，8h内解决；需求变更类问题要求30min内响应，48h内提交解决方案；故障处理部分参见8.5.2.4。

8.5.2.4 故障分析处理及巡检、预警机制

做好核心业务子系统应急预案和应急措施，一旦业务子系统发生故障，需要在快速恢复使用的基础上，在确保应用系统恢复正常使用，不影响业务访问的前提下，分析原因并尽快解决根本问题，填写重大故障报告，报告内容应包含：故障现象、处理过程、影响情况、原因分析、分析说明、应急方案、处理方法等。

8.5.2.5 系统软件数据维护

经运维审批，在用户方许可的条件下，对应用数据进行增、删、改、查等操作，做好操作记录，定期统计数据运维状况，并深入查找数据运维的原因，降低数据运维的数量，提升业务子系统用户的自主操作能力。

8.5.2.6 系统软件缺陷分析和修复

主动及时地发现、分析系统Bug，提升应用系统的可用性。

当系统缺陷发生后，运维服务商应在30min内响应，包括向相关负责人、监理、服务台汇报情况，立即开始分析问题发生原因及解决方案，提供升级改造初步方案和实施计划，配合服务台分析解决问题需要的协助资源，运维事件处理过程中，要服从监理方的考核工作，积极配合其他运维服务人员的工作，争取在最短时间内解决问题；一般情况下，应用系统故障解决时间不超过3h。

对缺陷的修补工作，运维商应提交系统修补需求和修补计划，按用户方要求完成系统缺陷修补工作，为避免缺陷对应用的影响，缺陷修补完成时间要求在一周内完成，超出时间的要求提交延期完成申请，延期时间最长不能超过一周。另因缺陷问题导致应用系统无法正常运行或影响业务正常操作的，同时在限定时间内无法完成修补工作的，将按照绩效考核中的投诉进行处理。

8.5.2.7 测试环境维护

按照用户的要求搭建测试和培训环境，相关硬件环境由用户提供。按照用户的测试环境管理要求对测试过程中产生的数据和测试后不再使用的软件进行清理，对测试

环境中产生的异常情况进行处理，保证后续测试工作的正常开展和测试系统的可持续使用。

8.5.2.8 应急服务

根据用户对生产环境、测试环境的调整需要，配合其他服务商做好对网络、服务器等基础架构设备的安装调测工作，内容包括：

服务器更换：应用系统停、启、运行测试；

小型机升级：应用系统停、启、运行检查，数据完整性检查；

网络升级：应用系统停、启、运行检查；

其他升级改造过程中所涉及应用系统运行检查工作。

8.5.2.9 系统迁移和升级维护服务

主要是指将一个子系统从一个服务器集群迁移至另一个服务器集群；配合用户方应用系统相关的安全项目、网络架构调整等工作的开展。配合数据库和中间件应用维护商，对数据库和中间件升级工作提供技术保障，对升级过程中涉及的环境搭建，代码测试和修改，运行环境升级后的版本测试以及部署，提供保障服务。

4

实践篇

第**9**章

第章

应用实践

自住房和城乡建设部于2018年将广州、南京、厦门、雄安新区和北京城市副中心五个城市列为试点城市后，各试点城市率先开展CIM基础平台建设工作。近几年，全国其他各地也纷纷加入开展CIM基础平台建设工作的行列，以期推动"数字政府"和"智慧城市"建设。为了解各地CIM基础平台建设成效，本章特选取已投入使用的广州、南京两个试点城市，以及北京大兴国际机场临空经济区和中新天津生态城作为CIM应用实践案例，重点对每个城市的CIM基础平台建设成果、建设特色、效益分析以及经验借鉴进行梳理和分析，以期为各地开展CIM基础平台建设提供一套可复制、可推广的建设模式。

9.1 广州市实践——基于CIM基础平台的"穗智管"

9.1.1 建设情况

2019年12月，《广州市城市信息模型（CIM）基础平台建设试点工作方案》提出构建CIM基础平台的建设思路，探索数据库建设，完成现状三维数据采集并收集现有BIM单体模型，实现三维数据的单体化、矢量化，梳理整合二维基础数据，实现审批数据项目化、地块化关联，实现二三维数据融合，完成统一建库。

广州市CIM平台试点工作在标准、平台、应用等方面已经取得显著的成果，可总结为"数据精、平台实、业务智、应用广、标准全"。广州市通过信息融汇与系统集成，整合智慧城市时空大数据云平台、广州规划和自然资源、住房和城乡建设及其他委办局审批管理系统，纵向上实现了与CIM部级平台的互联互通，横向上实现了市内工程建设项目审批全业务流程的无缝衔接。在业务工作的基础上，广州市还配套出台了系列政策、文件，形成了一套适用性较强的机制保障体系和标准规范体系，为建设广州市CIM平台及其保障运行机制提供了良好的基础，同时依托"城市信息模型

（CIM）基础平台"数字化公共底座，梳理"智慧水务、城市管理、交通出行、应急管理、公共安全、医疗卫生、城市建设、生态环境"等领域的应用场景，打造集运行监测、预测预警、协同联动、决策支持、指挥调度五位一体的"穗智管"城市运行管理中枢，构建数据全域融合、时空多维呈现、要素智能配置的城市治理新范式。

广州市以CIM平台建设为契机，明确BIM技术应用范围，要求新建工程在规划、设计、施工、运营阶段全过程采用BIM技术，普及和深化BIM技术在建设项目全周期的应用。随着BIM技术的不断创新与应用，以BIM为核心的数字化技术在新建工程的全生命周期管理的一体化集成应用，推动着BIM正向设计发展，新建工程在全生命周期阶段实现了智能化审查，实现图模一致和信息有效传递，以模型为载体实现全专业信息化集成和设计协同。为施工图审查系统的建设提供了技术保障。

9.1.2 建设成果

广州市城市信息模型（CIM）基础平台以工程建设项目审批制度改革为切入点，在充分利用"多规合一""四标四实"等现有信息化成果的基础上，不断汇聚城市设计、项目报建、施工图审查、竣工验收等各阶段BIM模型数据，接入城市建设施工过程中安全生产监控数据、视频监控数据以及智慧灯杆等实时监测数据，构建起一个二三维一体化、地上地下一体化、室内室外一体化的城市信息模型，实现3DGIS和BIM技术的集成融合，打造"1+2+N"的应用体系如图9-1所示。"1"是指打造一个

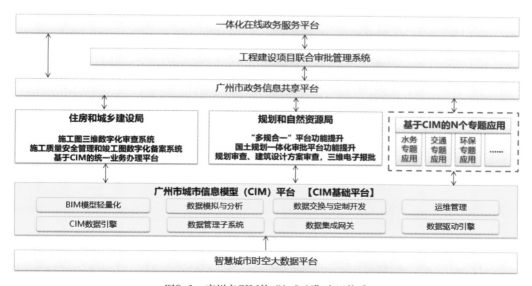

图9-1 广州市CIM的"1+2+N"应用体系

能支撑智慧城市应用的CIM基础平台；"2"是指支撑住房和城乡建设局、规划和自然资源局两个部门与工改有关的核心应用建设和运行，实现工程建设项目技术审查工作由人工审批向机器辅助审批转变；"N"指未来可进一步支撑水务、交通等多个部门基于CIM的专题应用的建设和运行，为广州各类智慧应用提供支撑。

9.1.2.1 标准规范

通过广州CIM基础平台的建设，构建了广州市CIM标准体系（图9-2），并提炼形成多项行业、省级、市级标准，提高行业对于CIM的客观认知度，为全国各地市建设CIM基础平台提供有力指导。

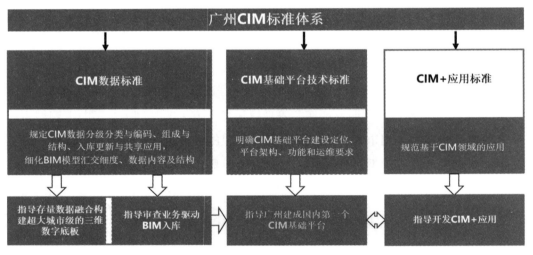

图9-2 广州市CIM标准体系

形成标准规范共计25项。其中主导编制国内CIM基础平台技术文件《城市信息模型（CIM）基础平台技术导则》及其修订版、国家行业标准4项、广东省地方标准5项、广州市地方标准4项、试点项目标准9项、指引2项，如表9-1所示。

广州市CIM标准规范   表9-1

序号	标准名称	级别
1	《城市信息模型（CIM）基础平台技术导则》（含修订版）	住房和城乡建设部技术文件
2	《城市信息模型基础平台技术标准》CJJ/T 315—2022	行业标准
3	《城市信息模型基础平台工程建设项目数据标准》（征求意见稿）	
4	《城市信息模型基础平台应用统一标准》（征求意见稿）	
5	《工程建设项目业务协同平台技术标准》CJJ/T 296—2019	

序号	标准名称	级别
6	《高大模板支撑系统实时安全监测技术规范》DBJ/T 15—197—2020	
7	《基坑工程自动化监测技术规范》DBJ/T 15—185—2020	广东省地方标准
8	《城市信息模型（CIM）基础平台技术标准》（征求意见稿）	
9	《城市信息模型（CIM）基础平台 施工图审查技术规范》DB4401/T 130—2021	广州市地方标准
10	《城市信息模型（CIM）基础平台 施工图审查数据规范》DB4401/T 131—2021	
11	《城市信息模型（CIM）基础平台技术标准》	
12	《城市信息模型（CIM）数据标准》	
13	《CIM平台汇聚BIM数据标准》	
14	《施工图三维数字化设计交付标准》	
15	《施工图三维数字化交付数据标准》	
16	《施工图三维数字化审查技术手册》	项目标准
17	《施工图审查系统建模手册》	
18	《三维数字化竣工验收模型交付标准》	
19	《竣工验收资料挂接指引》	
20	《广州市城市信息模型（CIM）基础平台可复用可共同使用指引》	指导文件
21	《广州市城市信息模型（CIM）基础平台数据共享目录》	

9.1.2.2　CIM基础数据库

融合海量多源异构数据的城市信息模型（CIM）基础数据库，参考《建筑信息模型分类和编码标准》GB/T 51269—2017等国家级标准，完成现状三维数据入库；收集现有BIM单体模型建库并接入新建项目的建筑设计方案BIM模型、施工图BIM模型和竣工验收BIM模型；整合二维基础数据，实现审批数据项目化、地块化关联，实现二三维数据融合，完成统一建库。按数据内容可分为基础数据库、城市现状三维数据库、BIM模型库、城市规划专题库、城市建设专题库、城市管理专题库等。

9.1.2.3　CIM基础平台

广州市CIM基础平台的建设实践，实现多源异构BIM模型格式转换及轻量化入库、海量CIM数据的高效加载浏览及应用，汇聚二维数据、项目报建BIM模型、项目施工图BIM模型、项目竣工BIM模型、倾斜摄影、白模数据以及视频等物联网数据，实现历史现状规划一体、地上地下一体、室内室外一体、二三维一体、三维视频融合的可视化展示，提供疏散模拟、进度模拟、虚拟漫游、模型管理与服务API等基础功

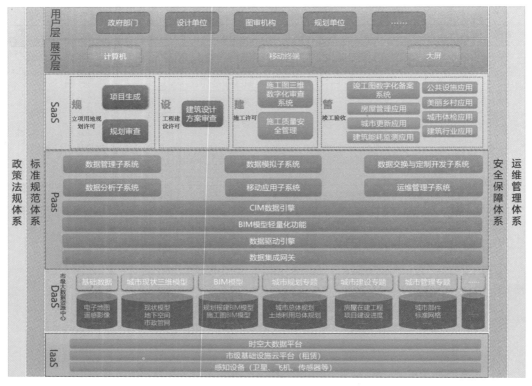

图9-3　广州CIM基础平台技术架构图

能，构建智慧广州应用的基础支撑平台。平台融合BIM技术，推进全市数据资源成果的深度应用，为规划建设管理提供多尺度仿真模拟和分析功能，提高工作人员对城市建设的感知能力，进而提高数据资源辅助决策的科学性。

广州CIM基础平台技术整体架构设计遵循智慧城市基础平台的架构，分为基础设施层、数据层、平台层、应用层、展示层和用户层，具体如图9-3所示。

CIM基础平台包括BIM模型轻量化、CIM数据引擎、数据管理子系统、数据集成网关、数据驱动引擎、数据模拟与分析子系统、数据交换与定制开发子系统、移动应用子系统、运维管理子系统等。

1．BIM模型轻量化

随着BIM应用得越来越深入，无论是在民建领域还是在基建领域，BIM模型越来越精细、越来越大，已经成为一种现实与趋势，大部分建设工程的施工图BIM模型、施工BIM模型、竣工验收BIM模型包含的构件都非常多，文件非常大，如果全量加载到CIM平台的话，对于BIM模型的浏览、应用体验不好。BIM模型轻量化引擎主要是要实现对BIM模型轻量化，方便不同的系统、不同的终端可使用BIM模型开展各类应

用，实现了BIM模型在Web端、移动端的"轻量化"应用模式。

2．CIM数据引擎

实现地形、影像、三维模型、BIM模型等海量多源异构数据的加载和高效渲染；实现对BIM模型的构件属性展示、构件统计、批注与管理、检索等；实现二三维联动、视点切换与漫游；实现基于CIM数据的视频融合。

3．数据管理

实现BIM模型数据管理、空间数据管理、数据服务管理功能。

4．数据集成网关

实现对各种不同的数据进行接入、转换、管理和分发。通过定义数据接入接口，实现监控数据不断的接入，然后将数据清洗成格式化的数据。数据定期存储到大数据平台中并进行大数据分析，最终为用户提供实时监控数据及大数据分析报告。

5．数据驱动引擎

数据驱动引擎识别可响应动作的实体，根据用户请求或实时数据接入模块，驱动实体对象完成指定的行为。

6．数据模拟与分析

充分利用BIM的可模拟性，结合二维地图、三维模型等数据，实现疏散模拟、景观可视度分析等数据模拟分析功能，透过仿真的事前分析与模拟，来协助各项决策。

7．数据交换与定制开发

通过数据服务和开发API接口管理实现平台数据的集成与扩展，并提供二次开发接口、开发指南和示例DEMO，方便其他委办局可以基于CIM平台的数据和功能，根据自身的业务特点定制开发基于CIM的应用，例如智慧交通、智慧水务等。

8．移动应用

支持移动端数据交互，方便用户随时随地访问系统数据库，具体包括CIM数据浏览、CIM数据漫游、CIM数据属性查看、CIM模型批注、多角度浏览剖面布局等，实现移动办公与管理。

9．运维管理

实现对平台门户的统一管理与安全认证、用户的组织机构及人员的管理、角色管理、系统权限的管理和用户行为日志管理。

9.1.2.4　施工图三维数字化审查系统

施工图三维数字化审查系统建立在广州市统一的联合审图系统，实现工程施工图数字化交付，统一图纸标准和格式，充分利用互联网+和先进的图形处理技术，建立起全市施工图审查基础数据库，采集施工图审查的关键数据，形成大数据中心，为行业管理和服务提供数据支撑。达到全面有效地提升本市数字化审图水平，为住房和城乡建设、人防、消防等多部门的联审管理提供架构支持，最终达到缩短施工图审查周期和提高审查质量及效率的目标。

针对三维数字审查，在项目中开展三维技术应用，探索施工图三维数字化审查，建立三维数字化施工图审查系统。

在BIM审查数据交付标准体系上，研发施工图三维数字化智能审查审核工具。在形成统一的数据交付标准、数据格式标准和管理规范的基础上，为其他各地开展工程建设项目BIM施工图三维审查并与"多规合一"管理平台衔接提供可复制可推广的经验。开展三维技术应用，探索施工图三维数字化审查，建设三维数字化施工图审查系统。就施工图审查中部分刚性指标，依托施工图审查系统实现计算机机审，减少人工审查部分，实现快速机审与人工审查协同配合。提供三维浏览、自动审查、手工辅助审查、自动出审查报告等功能。

施工图三维数字化智能审查系统与CIM基础平台衔接。探索施工图三维数字化智能审查系统与市"多规合一"管理平台顺畅衔接，在应用数据上统一标准，在系统结构上互联互通，实现"多规合一"管理平台上对报建工程建设项目BIM数据的集中统一管理，促进BIM报建数据成果在城市规划建设管理领域共享，实现数据联动、管理协同，为智慧城市建设奠定数据基础。

开发的系统功能包含智能审查引擎、规范条文拆解及规则库编写、公共数据标准及软件插件、项目管理、轻量化浏览、专业专项审查、辅助审查及批注、规范检索、审查报告、AI审查知识库、AI语音助手、后台管理程序开发等模块。

9.1.2.5 施工质量安全管理和竣工数字化备案系统

系统提供全市在建工程总控监管功能，通过整合后工程数据资源，在首页集中将工程的全过程数据进行汇总展示。系统提供工程质量检测监管功能，基于统一的BIM模型的编码标准，对接基础CIM平台，实现基于CIM平台的在建工程BIM模型集成，基于CIM平台实现对全市工程质量检测的监管，实现工程质量检测构件、区域或者楼层的选取、工程质量检测数据和报告与CIM模型的关联查看。系统提供工程质量安全监督检查功能，通过工程质量安全监督检查资料与在建工程BIM模型对应关联，实现基于CIM平台的工程质量安全监督检查、现场执法等应用。实现基于CIM平台的无人机工地巡查建模模型集成。通过CIM平台接入在建工程的无人机工地巡检作业成果数据，将无人机拍摄影像与CIM模型无缝叠加，提供施工进度的管理与比照。系统提供起重机械安全监控功能，对接基础CIM平台，实现基于CIM平台的施工场布模型集成。系统提供地下工程和深基坑安全监测预警功能，通过地下工程和深基坑监测埋点关联、地下工程和深基坑相关数据的关联（监测报告、工程监督员信息等信息），基于CIM平台集成可展示地下工程和深基坑安全监测预警信息，包括监测数据、监测报告、视频数据、不同工况模型、工程监督员信息等。系统提供工程进度模拟展示的功能，通过与基础CIM平台对接，实现基于CIM平台的在建工程BIM模型集成等。

9.1.2.6　智慧城市一体化运营中心

在广州市住房和城乡建设局办公大楼部署一体化运营大屏，用于将计算机、会议系统、摄像机、远程视频的信号及其他输入源的内容显示给参会者。

9.1.2.7　CIM+应用

广州市基于CIM基础平台建设"穗智管"，并同步推进CIM基础平台在智慧工程（智慧工地、智慧档案、智慧应急、智慧设计等）、智慧应用（智慧社区、城市体检等）、智慧产业（智慧建造、智慧车联网）等的探索尝试，在实践中不断总结经验，构建CIM+应用体系，逐步推进CIM平台的应用。

1．CIM+穗智管应用

广州市依托"城市信息模型（CIM）基础平台"数字化公共底座，梳理"智慧水务、城市管理、交通出行、应急管理、公共安全、医疗卫生、城市建设、生态环境"等领域的应用场景，打造集运行监测、预测预警、协同联动、决策支持、指挥调度五位一体的"穗智管"城市运行管理中枢，构建数据全域融合、时空多维呈现、要素智能配置的城市治理新范式，如图9-4所示。

按照"一图统揽，一网共治"总体构想，汇聚广州市各个委办局、单位的相关主题内容数据，方便市领导更好地站在全市的角度，一屏掌握全方位的数据，为领导统

图9-4　广州市"穗智管"城市运行管理中枢

管提供综合性的数据分析和决策支持。基于数据实时渲染技术，跨系统、业务、格式实现云数据场景化融合。

（1）智慧水务

智慧水务主题是"穗智管"广州城市运行管理中枢的一个建设主题，通过运用大数据、云计算、区块链、人工智能、物联网等新一代信息技术，融合河长制管理、水务物联数据、黑臭水体治理、防灾减灾等信息，建设河长制、水利、排水、水资源、节水、供水、海绵城市、黑臭水体、水务工程等多个基础板块，实现水务信息与地图联动，专题可视化、业务可视化、设施可视化管理等多维信息的融合展示，向业务管理者提供足够的数据支持与资料参考，为水务决策工作提供全面、准确的数据支撑。

水务总览页面一共有八个模块，分别为河长制模块、水利模块、排水模块、水资源模块、节水模块、供水模块、海绵城市模块、黑臭水体模块，以水务部门的这八大工作模块作为界面展示的重点，主要是各模块的统计信息和实时监测数据，方便领导了解、掌握全市水务概况和工作成效，为水务部门资源配置、水务工作规划部署提供数据支撑和参考资料。海绵城市、黑臭水体、水利、水资源、节水、供水模块以表单的形式展示。河长制、排水模块涉及较多数量、数据展示，以表单+柱状图+折线图+圆环图的形式展示，界面示意如图9-5所示。

图9-5 智慧水务主题展示示意图

（2）城市管理

城市管理围绕"看全面、管到位、防在前"核心目标，基于"一图统揽，一网共治"的总体架构下，对城市管理智能化、智慧化理念的提升和创新，利用物联网、大数据、人工智能等技术，整合城市管理资源，拓展智慧城管业务应用，扩大城市管理可视、可控范围，提高应用的智能化程度。系统建设的城管管理主题包括城管总览、垃圾管理、燃气管理、数字城管与综合执法四个模块，以及对垃圾分类智慧管理、建筑废弃物管理、燃气管理及数字城管视频分析进行了深入的分析和下钻展示。

图9-6　城市管理主题展示示意图

在概览首页展示广州市城市管理整体概况内容，包括全市和各个区的作业人员、车辆、设备等城管资源、环境卫生的作业内容和市容景观总体情况，以及城市管理主要业务场景的概览情况，并呈现各模块的总体态势，界面示意如图9-6所示。

（3）交通出行

基于广州市综合交通建设及发展需要，在整合现有交通相关数据与资源的基础上，联动交警、应急、气象、水务等委办局的相关数据，结合数字广州市基础平台、时空云平台、城市信息模型（CIM）等公共基础平台的数据和腾讯地图能力，通过自动化、规范化的数据处理和系统分析，实现对综合交通数据深层次、多维度的挖掘分析、处理和展示，数智化支持市政府以及相关委办局的决策。同时为交通资源结构优化提升、道路网络建设规划、公交线路网调整、交通管理需求分析与制订、各大交通系统运行状况评估、交通疏堵工程方案制订、疏堵措施效果评价等提供强有力的数据分析和支持。最终实现有效交通资源调节与供需平衡，提高公共交通运行效率和服务水平，提高路网通行效率，为广州市发展提速赋能，界面示意如图9-7所示。

图9-7　交通出行主题展示示意图

（4）应急管理

充分利用移动互联网、大数据、物联网、人工智能、时空地理信息系统等新兴信息技术，融合气象、水利、地质、林业、交通、公安等专业部门基础数据及实时监测数据，建立应急相关基础资源库和专题库。支撑广州市城市应急管理工作方面，满足

图9-8　应急管理主题展示示意图

应急管理工作数据统计和分析的需要，应急业务分为常态业务和非常态业务。平台对全广州市所有与应急相关的数据进行了统计和分析，提供了包括突发事件、应急资源、预警信息、风险隐患等信息的总览。结合CIM地图可实时查看各种风险及资源分布情况，平时对风险隐患预警预防，战时对突发事件进行指挥调度，实现了广州市应急管理"一张图"，界面示意如图9-8所示。

（5）公共安全

在"穗智管"城市运行管理中枢的建设赋能下，公共安全主题平台在"情报、指挥、巡逻、视频、卡口、网络"六位一体的社会治安防控体系的基础上，以互联网+思维的理念积极应用视频云等智能科技，形成一体化的智慧防控网络。

全面推动公共安全与现代科技深度融合，打造广州市公共安全主题场景可视化平台，实现警情动态感知、轨迹等监控以及重大交通事故应急指挥协调。公共安全主题建设，主要基于城市地理信息模型为基础，叠加公安部门各警种管控要素，实现公共安全管理要素一图通览；主题主要围绕整体态势、事件及安全支撑三个方面进行建设，同时建设面向警务专区的地理信息数据可视化平台以及热力数据服务等基础支撑能力，为公共安全可视化支撑提供平台及数据支撑。通过"一张图"实现治安态势、交通概览、重点区域人口、网络态势、人口概况、车辆概况、危爆物品概况以及警务基础管理要素落图管理等功能。

充分应用大数据分析技术，通过区域治安防控等级勤务响应机制，平台对全市11个区治安状况由低至高实行绿、蓝、橙、红"四色预警"，对应启动四级、三级、二级、一级勤务响应，引导警力"靶向"投放。通过不断推进信息化条件下的勤务指挥体系建设，公共安全平台实现精准指挥、精确打击、精密防控、精细管理的现代化指挥调度模式，大幅度提升警务实战效能，为公安机关高效履行维护社会公共安全职责提供有力的系统支撑，界面示意如图9-9—图9-12所示。

（6）医疗卫生

医疗卫生主题主要包含医疗救治、公共卫生、卫生监督、综合分析四个功能模

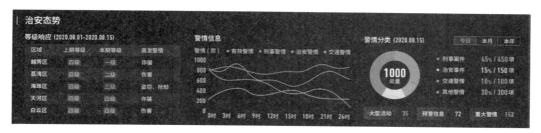

图9-9　治安态势展示示意图

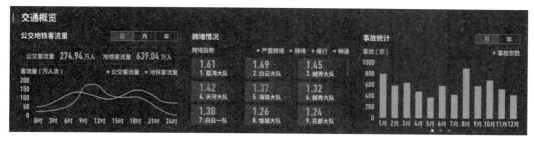

图9-10　交通概览展示示意图

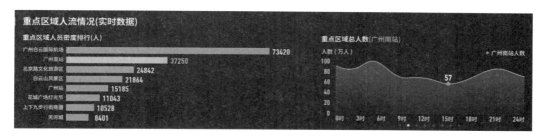

图9-11　重点区域人流情况展示示意图

图9-12　网络态势展示示意图

块。通过医疗救治功能，在地图上显示和跟踪救护车的实时地理位置分布与轨迹，实现对全市院前急救到院内急救事件和服务的实时监测，并结合道路实时交通拥堵信息，通过视频会商功能和一键拨号功能，建立"警医"之间的有效联动，实现指挥调度，共同为执行紧急任务的救护车疏导交通；通过公共卫生和卫生监督功能，全域监

图9-13　医疗卫生主题展示示意图

控全市各类医疗卫生事件并实现医疗卫生预警体系一图总览，有效应对突发性公共卫生事件，掌握重点人群、防疫物资等医疗卫生相关要素最新态势，为分区分级防控决策、指挥调度提供支撑；通过综合分析功能，辅助决策者全面掌控医疗卫生数据变化态势，深度挖掘运行数据的时空特征及变化规律，增强处置突发事件的能力和水平，界面示意如图9-13所示。

（7）城市建设

构建全市住房城乡建设"一张图"，融入智慧工地、住房和城乡建设重点项目、房地产市场监测情况、城市更新、消防审验、城市体检六大专题版块，综合运用BIM/CIM、云计算、大数据、物联网等先进技术手段，多维度、多视角地了解城市建设实时动态，提高精细化管理水平；积极推进住房城乡建设领域的数字化、便捷化、智能化，促进跨部门、跨行业、跨地区的信息共享与互联互通，全面掌握城市建设运行关键体征指标数据和未来发展态势，为政府宏观决策提供数据支撑。展示住房和城乡建设业务涉及不同的功能模块的三维展示联动以及三维单体化，快速一览化广州市工程建筑工地等风貌情况（图9-14）。

图9-14　城市建设主题展示示意图

（8）生态环境

全面汇聚、整合城市治理各业务条线数据，打造全市生态环境总体态势图。通过将生态环境业务数据与三维地图整合，实现生态环境领域关注的相关指标，以地图为媒介与监测站点、污染源、车辆等进行联动，借助大数据分析、物联网感知、融合通

图9-15 生态环境主题展示示意图

信等能力，实现全市环境质量、核心目标、控制指标、现状进展和差距分析的全面洞察，为领导的决策管理和生态环境治理提供一个集展示、监测、预警、处理全流程管理的一体化主题应用，推动跨部门联动和指挥调度，实现生态环境的智识、智管、智治（图9-15）。

2. CIM+智慧工地

基于CIM基础平台提升建筑工地的智慧管理水平，实现在建工程的空间分布可视化，集成了工程、人员、材料、执法、巡检等各类工程信息，可对施工现场的塔式起重机、深基坑等危险源进行远程监控，对扬尘、噪声等环境指标进行实时监测，通过视频监控实时对工地现场进行远程巡检，做到即时、高效、精益的智慧监管（图9-16）。

图9-16 广州市CIM+智慧工地应用

3．CIM+智慧园区

CIM基础平台在智慧园区的应用，是把CIM技术具体落地到园区规划建设运行中，统筹园区整体全面系统的应用，强化规划、建管一体化应用，落实以数据为核心的园区数据互通互联，以园区数字底板集成载体的方式，真正实现智慧园区的升级落地（图9-17）。

4．CIM+智慧社区

基于CIM基础平台的智慧社区应用，整合区域人、地、物、情、事、组织和房屋等信息，统筹公共管理、公共服务和商业服务等资源，提升社区治理能力和小区管理现代化，促进公共服务和便民利民服务智能化（图9-18）。

图9-17　广州市CIM+智慧园区应用

图9-18　广州市CIM+智慧社区应用

5.CIM+智慧房屋安全管理

基于CIM基础平台建立二三维联动的房屋智能化管理系统,实现房屋的可视化管理,同时将房屋自动化动态监测的数据实时接入,实现房屋安全监测预警,并形成"发现—立案—派遣—处理—核查—结案"闭环管理,最终实现房屋安全精细化、智慧化管理(图9-19)。

图9-19 广州市CIM+智慧房屋安全管理

9.1.3 建设特色

9.1.3.1 BIM正向设计

BIM正向设计指应用BIM技术进行设计,并基于BIM模型形成设计成果文档的设计模式,被认为是BIM技术在设计阶段应用的最理想模式,也是确保图模一致、设计信息顺利传递至施工与运维阶段,从而延展至CIM应用的必然选择。广州市借助CIM平台建设的机遇,不断推动BIM正向设计的发展,推动BIM正向设计是目前保证图模一致的最可行途径。在施工图三维数字化审查系统中,实现了建筑、结构、给水排水、暖通、电气、消防、人防、节能等专业和专项系统的智能化审查。BIM正向设计、图从模出是保障模图一致的关键技术,模图一致设计、模实一致施工则是保障项目数据可用和模型具有法律地位的技术前提。

施工图三维数字化审查系统与CIM基础平台衔接,实现报建工程建设项目BIM数据的集中统一管理,促进BIM报建数据成果在城市规划建设管理领域共享,实现数据联动、管理协同，为智慧城市建设奠定数据基础。BIM是CIM的真实数据基座，是CIM的有效建立基础，若实现BIM数据模型的有效性、真实性、完整性，CIM的发展将更加广泛、更加充分。

9.1.3.2　构建CIM分级分类体系

为了构建全要素、多时态、多分辨率的CIM数字底板，满足CIM的多层级、多尺度、多维度的模型表达与数据应用要求，研究建立CIM分级分类体系。传统的城市三维模型、CityGML及BIM分级是相对独立的，无法满足CIM数据相互交叉衔接、统一管理的需求。考虑到CIM用于城市规、设、建、管全生命周期协作管理的需求，设计了多尺度的7级模型，包含地表模型、框架模型、标准模型、精细模型、功能级模型、构件级模型和零件级模型，有效满足"市域—城区—社区—建筑物—构件—零件"多层级、多尺度的模型表达与数据应用要求。

考虑到CIM需要完整描述结构复杂的城市系统，项目融合BIM、基础地理、测绘GIS、空间规划和国民经济行业等分类维度，提出"成果、进程、资源、属性和应用"五大维度分类及其面状分类编码规则，满足CIM用于建筑、设施、资源与环境、城市现状与规划空间等多业务管理需求，具体详见7.1.2。

9.1.3.3　服务场景聚合分发技术

CIM平台数据和服务共享过程中存在人工处理数据工作量大、重复存储浪费资源、用户调用效率低等问题。项目研发服务场景聚合分发技术，根据应用场景的范围大小，从粗到细快速提供从服务聚合到场景聚合再到分权分域分发的定制化多源异构数据融合服务，优化和满足多源数据融合下的场景化服务需求，实现服务对外快速发布共享（图9-20）。

服务聚合处理：根据多源数据分类，对同一类型的数据服务进行聚合处理，把多源服务融合进同一个场景。

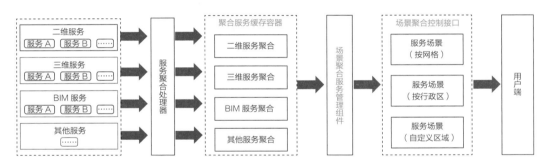

图9-20　广州市CIM服务场景聚合分发技术

服务聚合处理器：通过场景聚合组件对场景进行聚合处理，客户端通过请求服务场景接口查看相应的服务场景。

服务管理组件：对聚合后的服务场景进行分权分域分发，用户通过资源服务地址获取申请的各类资源服务。

9.1.3.4 LoD高效组织与轻量化渲染技术

项目建设的三维模型原始数据具有几何精细、纹理精度高等特点，存在数据加载缓慢、内存显存资源占用高、平台渲染压力大等问题。利用LoD技术、LoD层级数据生产技术、基于场景图的LoD组织管理技术，多任务、多机器、多进程、多线程并行的数据处理技术，解决了三维模型数据资源占用不可控和调度渲染效率低的问题。

基于多级LoD组织，利用多种数据处理算法、空间索引技术、数据动态加载及多级缓存等方法，有效提高三维数据调度性能，实现无缓存的高速加载调用。

9.1.3.5 多源异构数据融合技术

DEM和DOM融合。根据基础地形图资料、DEM和DOM，对DEM进行加工优化，融合集成不同格网间距的数字高程模型数据，按照瓦片规定的尺寸和计算出的最大等级数，对DEM和DOM逐级进行切片，将不同等级的瓦片采用分层的方式存储在数据库中，建立三维大场景基础数据，更好地满足数据应用和浏览的需求。

矢量点线面数据融合。实现对兴趣点数据、路网、行政边界等的融合。

规划成果数据融合。通过接入二维规划管理系统的规划成果数据，如将项目红线融合到三维地图中，实现控规面快速拉盒子，形象查看道路退让、限高控制是否符合管控要求。

城市设计、建设项目与三维模型、倾斜摄影融合。采用以现状模型为基底，与规划模型融合时可以把现状模型进行隐藏，查看规划模型在现状场景中整体形状、体量、色彩等是否与现状场景一致，并可实现规划模型与现状模型的切换显示。

三维实景模型与BIM模型的融合。三维实景模型数据结构与BIM的数据结构相似，涵盖了BIM的数据结构、数据表现形式、数据对象，与BIM功能有重叠（信息管理、空间分析等），两者的融合可逐步实现城市现状三维模型全覆盖，实现城市管理从宏观走向微观。

9.1.3.6 CIM平台与物联网、智能感知等融合技术

通过使用CIM与遥感的结合，可识别出建筑过程的前、中、后进行工程管理，分析建筑过程的质量、周期。视频设备通过图形图像分析与CIM结合可以进行建筑设计

与施工过程的对比，快速修正施工中可能存在的问题。在社会经济与人类安全中，在发生紧急状况时通过感知设备追踪目标，快速定位，为施救过程提供帮助。

9.1.3.7 BIM数据与CIM高效融合技术

数据融合发布经过数据资源汇聚、服务聚合发布、平台服务BIM数据与三维GIS数据的二三维一体化，应用层这几个环节。首先需将数据进行汇聚，形成数据资源池，对各类异构数据进行数据配置、数据校验、空间化生成、数字签发等，通过标准协议进行服务分发，进入平台里进行服务聚合，服务聚合后通过SOAP接口对外提供统一的服务。

平台设计了逻辑服务，在单个服务发布完成后，用户通过添加逻辑服务可以将多个服务组织成一个逻辑服务，也可以将一个服务拆分成几个添加需要的进逻辑服务，并重新发布。用户可根据需要，配置自己的逻辑服务。

9.1.3.8 CIM高效引擎技术

随着CIM模型的规模和复杂性的增加，单机处理多专业CIM模型的存储和分析变得越来越困难。对于独立的计算机来说，多个大型场景的渲染或者城市级数量的建筑信息模型渲染具有一定难度，建立CIM模型要求则更高，而城市级数量的建筑信息模型要结合地理信息数据进行展示更是对计算机性能有很高的要求，同时也需要非常长的渲染运行时间。

平台使用CIM高效引擎技术提高渲染效率：首先利用空间填充曲线算法对二三维数据重新进行索引，实现索引降维；基于Hadoop分布式存储，采用分布式数据存储作为空间数据库，建立Geo索引，实现海量遥感数据的并行计算，解决传统遥感数据存储和调度的性能瓶颈问题；基于Hadoop的动态调度，将渲染作业通过Map函数划分为细粒度的MapReduce作业，分发到集群节点上进行并行计算，生成中间结果，再通过Reduce函数合并节点形成最终结果。

9.1.4 效益分析

9.1.4.1 经济效益

1．实现数据共享，减少政府重复投资

广州市CIM基础平台自2020年12月验收应用以来，分别为广州市公安局、政数局、城管局提供约550km²、海珠区约69km²和黄埔区约24km²现状三维模型数据共享使用，现状三维模型每平方公里的成本约为6万元，节省政府投资约6×（550×3+69+24）=10458万元。

2．技术迭代衍生，创造企业经济价值

通过项目的研究和推广应用，带动了一批国内重点试点示范项目。比如北京、济南等近31个城市，并衍生出如基于CIM基础平台的多规合一平台、城市设计、工程建设项目审批和建设管理、公共服务与城市公共安全管理等迭代平台（仅2020年5月以来），为相关企业创造近14007.3万元的产值。

3．构建智能审查，带动行业协同发展

施工图BIM智能审查系统自2020年10月1日运行至今，报审项目总建筑面积达3326万m²，按照《广东省建筑信息模型（BIM）技术应用费用计价参考依据》，土建及机电安装工程应用单价为8.75+12.25=21元，计算得项目为BIM设计单位带来经济效益约3326×21=69846万元。

9.1.4.2　社会效益

1．为各地提供可复制可推广的广州经验

作为住房和城乡建设部首批试点城市，广州市率先完成CIM平台搭建，形成可复制可推广的"广州经验"，贯彻落实我国自主创新的主张，推动CIM自主软件核心技术水平的提升，在全国的CIM平台建设工作中发挥引领作用。

2．培育高水平人才队伍，优化产业生态圈

形成政产学研协同攻关团队，培养了一批在CIM技术上具有创新研发能力的高水平人才。在CIM产业培育方面，由建设、施工、生产、运营、金融等龙头企业组建广州市建设行业智慧化产业联盟，重点发展CIM在智慧建造、智慧市政设施等产业领域的融合应用，促进CIM+智慧应用产业的发展。

9.1.5　经验借鉴

构建起广州市"一张三维底图"，为"穗智管"提供有力支撑，是新城建的重要信息基础设施，形成可复制可推广的"广州经验"，树立了全国试点城市CIM建设示范标杆。

广州市CIM试点工作的数据资源建设、平台搭建、应用体系等一系列建设成果都可成为全国其他试点城市建设CIM基础平台的借鉴经验。广州CIM基础平台汇集"四标四实"、工程建设项目审批等多源异构数据，以及全市7434km²三维地形地貌和建成区域1300km²的现状三维模型，推动形成了时空基础、资源调查、规划管控等7大类数据资源共建共享，该成果可作为CIM基础平台在数据资源体系建设的参考案例。广州市CIM基础平台作为国内首个正式发布的CIM平台，具备海量数据的高效渲染、

三维模型与信息全集成、可视化分析等核心能力，为其他试点城市的CIM基础平台建设提供参考的依据。而且丰富多元的"CIM+"应用体系，最典型的就是"穗智管"城市运行管理中枢，在广州市的"一网统管、全市统管"中发挥了重要作用，也成为CIM+应用建设领域的模范案例。

9.2 南京市实践——基于CIM基础平台的规划报建审查

9.2.1 建设情况

2018年11月，住房和城乡建设部正式向南京市人民政府下发《关于开展运用建筑信息模型系统进行工程建设项目审查审批和城市信息模型平台建设试点工作的函》。南京市委市政府高度重视，将试点工作作为深化工程建设项目审批制度改革、优化营商环境的一项重要举措，并提出"三个一"服务实践，并在之后出台的优化营商环境、美丽古都建设、数字经济发展、推进城市治理等系列重要文件中，进一步强调和细化了BIM/CIM试点建设与城市建设发展的互动联系，为运用BIM和CIM技术推进审批程序和管理方式变革、探索建设智慧城市基础性平台奠定了坚实基础。

南京市BIM/CIM试点项目在南京市规划和自然资源局的努力推动下，在2021年10月顺利完成验收，并完成了以下的建设目标：

1. 改革实现关键突破

以BIM和CIM技术融合应用为抓手，梳理构建机器可识别、内容可拓展的智能审查规则库，划定机器智能审查和传统人工审查的内容边界，创新建设工程设计方案审查、施工图审查、竣工验收备案管理全流程工作模式。

2. 全要素、全流程BIM审查提速增效

逐步形成BIM审查智能化技术，循序渐进，加强统筹，实现各阶段BIM审查的有机统一、前后联动、有效衔接。围绕工程建设项目审批的类型全覆盖、过程全覆盖、审查要素全覆盖等方面持续发力，全方位推动BIM智能审查提速增效；围绕"能上手早推广、精简审批环节、提高审批效能"探索工程建设项目审批改革智能化道路，支撑工程建设项目审批改革提速增效。

3. 全空间立体化数字底板升维升级

以项目审批和智慧应用的空间底座为目标，建设能支撑工程建设项目审批改革管理、规划和自然资源业务应用与智慧城市服务的新型空间底座。推动"数据治理"迈向"数据智理"，集成包括基础测绘、多规合一、城市设计、地下空间等多源异构数

据，形成涵盖二维和BIM、精模、白模的覆盖全市域二维三维一体化"一张图"，集成涵盖地上、地表、地下（地质、地下管线、地下空间）的全息透视"一张图"，推演从东吴、东晋到明、清、民国、现在的历史演变"一张图"。集成融合实现GIS、BIM、IoT等数据的融合升级，推动空间场景数字化由二维向三维、BIM化逐级提升。

4. 打造"三个一"的服务体系

决策一键达。以提升市委市政府的决策支撑能力为重点，通过试点建设，构建统一的空间数字底板，以二三维场景实时展示和集成融合城市各类智慧应用，打造全方位、多元化、动态化的辅助决策体系，推动形成事前决策一键表达，事中决策一键传达，事后反馈一键送达的"一键达"精准决策支撑能力。

治理一网通。在工程建设项目相关审批环节，导入机器审查和人工智能等技术，提升自动搜索、自动审查能力，切实减轻规划管理者的审批工作量，提升精细化治理水平。强化系统集成共用，推动规划资源、建委等各部门及各试点片区专用网络和信息系统整合融合，使建设项目全环节互通，促进城市治理的过程精细、结果精细、监管精细。通过打造数字空间一网通、工程建设项目审批一网通、智慧应用一网通，推动精细治理由"相互分割"向"一体联动"转变、从"碎片化治理"向"整体性治理"转变。

服务一端享。以人民对美好生活的追求为出发点，以CIM平台为基础，通过融合智慧社区、智慧交通等使民众生活更加便捷舒适的智慧应用，使民众一屏通享精致服务，进一步降低民众生活的成本，提高民众的城市获得感和认同感。在居有所安等民众最为关切的民生问题上形成服务成效，使公众最大限度地感受优化的服务能力，高端的服务水平，精致的服务品质。民众能享受实惠的服务内容，体验更加集汇的服务形式，通过任意终端即可一屏通享精致化服务。

9.2.2 建设成果

南京市CIM基础平台以工程建设项目审批制度改革为引领，从应用BIM和CIM技术融合为抓手，以工程建设项目规划设计技术审查为突破口，探索审批改革智能化道路，以"多规合一"信息平台为基础，探索构建一个全域全空间、三维可视化、附带丰富属性信息的CIM平台，形成南京市空间数字底板。

9.2.2.1 标准成果

1. 标准体系框架

为贯彻执行国家及部委相关政策，推广BIM/CIM技术应用，统一市建设项目BIM

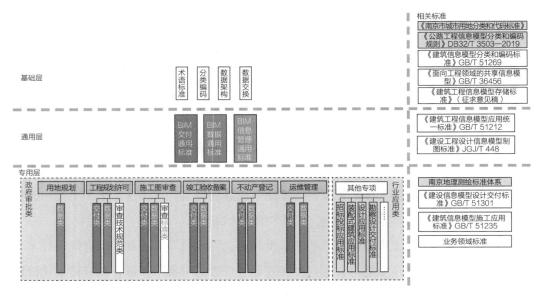

图9-21 南京市标准体系总体框架

报建及使用要求，规范CIM建设，提高信息应用效率和效益，支撑建设工程审批制度改革的推进实施，构建本市BIM/CIM标准体系总体框架。明确基础层、通用层、专用层三个层次框架结构。其中，基础层主要由术语标准、分类编码、数据构架、数据交换等标准构成。通用层由BIM交付通用标准、BIM数据通用标准、BIM信息管理通用标准等构成。专用层按应用领域分为政府审批类和行业应用类，其中政府审批类根据六大阶段，分为用地规划、工程规划许可、施工图审查、竣工验收备案、不动产登记、运维管理等相关的专用标准。标准体系根据不同定位制定了若干标准类别，涵盖工程建设项目审批全流程和智慧城市建设应用全生命周期（图9-21）。

2．BIM标准体系

基础标准：是指在一定范围内作为其他标准的基础被普遍使用，并具有广泛指导意义的标准，对其下位标准具有指导、制约作用。基础标准主要包括分类编码标准和语义信息标准两个方面。其中分类编码标准主要规定了各类信息的分类方式和编码办法，这些信息包括建设资源、建设行为和建设成果。语义信息标准对BIM相关语义信息的内涵、应用等进行解释和规定。

通用标准：是指表达若干种标准化对象间共性特征的标准，通用标准由一定范围内的下层次标准中提取出来的共性内容而形成，其目的是避免制定互相重复或抵触的个性标准而引起的混乱。通用标准融合涵盖BIM报建各阶段，具体包括交付通用标准、数据通用标准、数据质量通用标准、信息安全通用标准等标准。

专用标准：应用于规划报建各阶段，各业务领域，根据各阶段专业独特要求，进行编制。

3．CIM标准体系

基础类标准：主要包含CIM平台建设、服务及运维标准，平台建设标准规范CIM平台的基础功能、内外服务内容与形式。CIM平台服务规范规定CIM平台的服务原则、服务内容、服务要求、人员要求、运行管理、安全与应急、监督评价与改进等内容。平台运维标准规范CIM平台的管理维护，保障平台安全、持续、可靠、稳定的运行，包括平台数据安全、网络安全、平台运维安全等方面内容。

数据类标准：是CIM平台建设的基础，具体包括CIM基础平台数据规范、CIM基础平台数据建库规范、CIM基础平台数据共享交换规范等标准。其中数据规范主要规范数据分类分级、采集建库、更新等技术要求。数据建库规范主要为确保数据生产建设、治理入库、数据更新等内容标准化、规范化，制定数据，规定城市信息模型（CIM）数据的分类分级、几何与非几何特征、建库与更新流程等技术内容。数据共享交换规范对城市信息模型的元数据、资源目录、数据交换格式等进行规定。

BIM数据类标准：主要包括规划报建数据标准、施工图报建数据标准、竣工联合验收备案数据标准。规划报建数据标准规定BIM规划报建数据基本要求，对模型单元、指标数据、命名规则等形成规范。施工图报建数据标准涵盖建筑、交通、结构、供暖、电气等相关专业领域的BIM数据报建要求及属性信息。竣工联合验收备案数据标准对人防、消防等相关专业的BIM竣工模型精度、格式、属性内容等进行规范和规定。

应用类标准：主要包括CIM+智慧应用标准规范。面向智慧城市建设管理等领域，CIM平台作为基础空间信息平台，根据平台技术支撑能力和服务水平，从数据服务、功能服务、应用场景、应用范围等多方面制定CIM专项应用类标准。结合BIM规划报建审批应用范围，以全覆盖、不重复为原则，明确CIM平台支撑宏观和中观层面的规划报建应用服务，形成CIM规划报建类标准。同时，规定CIM平台在智慧房产应用中的数据体系支撑、功能服务支撑和业务应用场景支撑等内容，为打造三维不动产融合智慧房产应用提供理论指导。

9.2.2.2 数据体系

根据数据架构中的数据存储架构设计，建立CIM数据库，包括了二维数据（包括融合目前常见的GIS二维数据，接入"多规合一"信息平台底图、智慧南京时空信息云平台相关数据和各委办局工程建设项目审批结果等信息）、三维数据（包括精细化建模、城市白模数据、地下管线数据、地下空间数据、地质钻孔数据等）、BIM数据（包括规划报建BIM模型，如轨道交通BIM模型、房屋建筑BIM模型等）、物联网大数据（如POI、手机信令、企业法人和其他城市管理领域大数据）等多源异构数据。

数据治理数据类型包括BIM模型、倾斜模型、地质、地下空间、审查审批管控要素等。通过专项三维数据治理工具及服务工作进行数据接入、清洗、整合、优化及服务分发工作。数据治理要求平面坐标系采用NJ08坐标，高程系统采用1985国家高程标准；实现原始数据到通用数据格式的转换，在转换过程中同时支持数据轻量化能力；进行数据优化时，实现针对数据轻量化的优化处理，轻量化数据不存在结构丢失问题；轻量化数据纹理显示正常，无马赛克等情况；轻量化数据LoD分级合理清晰。成果数据的数据格式为三维通用标准数据格式（3dtiles、i3s、OSGB等），能够被主流地理信息系统平台正确加载显示；数据优化成果满足超大体量的三维模型的应用要求，支持亿级以上的三角面、千万级以上BIM构件流畅加载和调用；数据优化成果满足在同一可见场景内，支持6000万以上三角面模型的高效浏览，支持100万以上构件数量的BIM模型的高效浏览；针对处理后的三维数据的服务日常管理。

9.2.2.3 系统平台

1. BIM系统

以"标准引领、多端设计、云端审查、集成融合"总体建设思路为指引，明确BIM规划报建系统总体建设内容及建设原则。开展BIM规划报建标准规范建设，依托统一的设计插件，支持基于ArchiCAD、Revit、Bentley等现有市场主流设计软件下项目设计方案合规化设计，成果格式统一转换成南京自主数据格式。同时，支持对BIM模型进行轻量化处理，上传至统一的Web审查界面，为规划审批业务人员提供审查工具。

2. BIM规划报建系统

在现有工程建设项目电子报建的基础上，建立统一的BIM电子报批数据标准、建筑分类及编码标准、技术审查要点和交付标准，优化项目报批流程，实现快捷的电子报批规整方式，辅助规划审批，并将最终报批成果进行转化入库，推动成果共享。

（1）系统架构（图9-22）

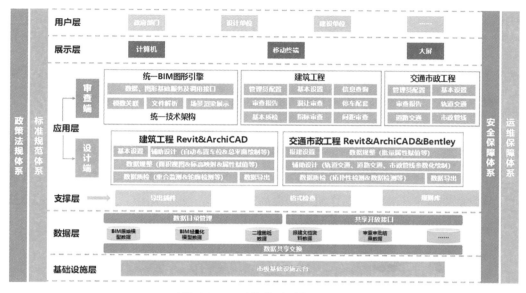

图9-22　BIM规划报建系统总体架构

在标准规范体系、政策法规体系、安全保障体系和运维保障体系四大体系下，形成基础设施层、数据层、应用层、展示层和用户层五层系统框架。

基础设施层：BIM规划报建系统运行的基础环境为市级基础设施云平台，用于存储与备份建设单位的用户信息、报建模型及审批结果信息等。

数据层：按照数据目录框架对BIM规划报建原始模型、轻量化模型、二维图纸、报建文档资料、审查审批结果数据的统一存储及调用。

应用层：支撑业务人员及设计人员工作的技术手段。其中导出插件，格式检查和规则库是支持本地设计与云端审查应用互联互通的基础性支撑。在设计端中包括建筑工程辅助设计和交通市政工程辅助设计。在审查端中基于统一Web界面、统一BIM图形引擎和统一技术架构，构建辅助建筑工程和交通市政工程审查应用。同时，云端审查应用支持网页端、APP端、大屏展示等多端应用。

用户层：面向BIM规划报建系统的用户，包括设计单位、建设单位、政府相关审查单位等。

（2）系统功能

1）设计端功能

设计端面向建筑工程和市政交通工程两个领域，包括成果规整、成果质检、格式转换和数据传导四个模块。支持利用BIM模型轻量化引擎对成果模型进行轻量化处理，降低了模型数据计算和存储要求，以便后续实现BIM模型在Web端的"轻量化"审查应用。

2）审查端功能

支持基于Web端直接打开BIM轻量化模型进行预览和信息查询统计，依托可配置的审查规则库，实现建设工程全要素智能化审查，助力审查审批提速。主要包括以下功能：

成果质检：面向审批人员，对基于BIM规划报建系统规范化设计成果进行智能化基础性审查，确保BIM规划报建方案图模一致、拓扑关系及图形要素关系符合技术要求，减少前期初审工作量与工作时间，提高审批效率。包括图模一致性审查、图形拓扑关系审查、图形要素关系审查。

建筑工程审查：面向审批人员，提供可视化分析功能，辅助审批人员对设计方案进行多方面审查，提高审批效率，确保设计方案符合技术标准。包括局部显示与剖面分析、建筑形式审查、建筑布局分析、建筑面积核算、建筑疏散审查、公共空间审查、配套设施分析和规划指标审查等功能。

地下管线工程审查：提供管径核查、埋深检测、路由审核、净距分析、竖向分析、碰撞分析等功能。

道路交通工程审查：提供横断面审查、红线审查、竖向分析、机动车道数审查等功能。

轨道交通工程审查：提供轨道线路分析、区间线路分析、用地范围审查、敷设方式分析、出入口分析等功能。

审查结果管理：提供在线审批、二三维联动审查及审查要点计算等功能，综合各部门、各专业的相关意见，推动协同办公、联合审批。

3．BIM施工审查系统

BIM施工审查系统以工程建设项目审批制度改革为指导，结合BIM技术在房屋建筑、市政等工程施工图审查的应用，建立智能化审查审批规则库，逐步实现刚性指标计算机自动审查、弹性要素计算机助力人工审查的业务模式，实现快速机审与人审协同配合，提高审图效率，最大限度地消除错审漏审。以业务审查为切入点，提升建筑业数字化水平，提高工程设计、建造和管理质量，实现从二维平面向三维立体模型的技术跨越和改革转型。

系统以现有二维数字化审查系统为基础，开展BIM施工图智能审查系统建设工作，预留与现有二维施工图数字化审查系统、BIM规划报建系统、工程建设项目审批管理系统以及CIM平台的对接接口，实现了与前期BIM规划模型和后期BIM竣工模型进行数据流转及比对分析，实现工程建设项目全生命周期电子化审查审批，创新全流程覆盖、全方位监管的建设项目审查审批管理，更加高效合理地履行在项目规划报建审批和建设施工过程中的管理职能。

（1）系统架构

BIM施工审查系统依托城乡建设委的基础设施环境，汇集BIM原始模型数据、轻量化模型数据、报建文档资料、审批管理数据、技术标准规范等，在规划报建BIM数据格式基础之上，扩展符合BIM施工审查相关的业务数据，指导搭建BIM施工审查数据库，支撑施工图智能审查、规则库管理、辅助审查、基础视图操作、系统后台管理5个应用模块，为审批管理部门、建设单位、设计单位提供多终端、立体化、智能化的审批工具支撑，实现施工审查增效提速（图9-23）。

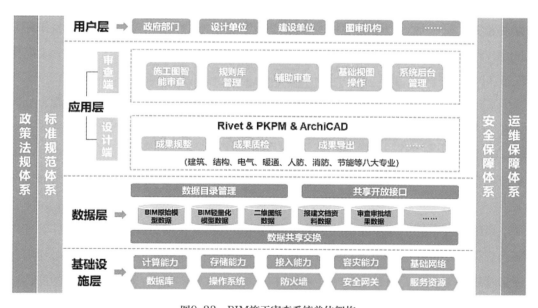

图9-23　BIM施工审查系统总体架构

（2）系统功能

1）设计端功能

采用统一的BIM数据格式.njm，在现有数据格式基础上扩展与施工图审查相关的业务数据，研发基于Rivet软件、PKPM-BIM软件、PKPM结构计算软件、ArchiCAD软件的设计插件工具，提供包括成果规整、成果质检、成果导出等功能模块，对规整后的报审数据完整性、有效性、合法性进行校验，并将通过质检的BIM模型进行导出。

2）审查端功能

施工图智能审查：分步骤实现各专业的智能审查，近期重点提供包括建筑、结构、电气、建筑给水排水、室外排水管网（含海绵城市设计）、暖通、人防、消防、节能在内的八大专业审查模块，采用自动、半自动审查相结合的方法，对各专业中可量化的强制性条文进行智能审查，中远期实现所有施工审查专业的全覆盖。

规则库管理：梳理建筑、结构、水、暖、电、人防、消防、节能、室外排水管网等专业相关设计标准和技术审查标准规范，将其中可量化的强制性规范条文进行拆解，按照结构化自然语言的语法要求进行编写，形成机器可读取、可识别、可判定的智能审查规则，同步录入到规则库。

辅助审查业务：结合施工图审查业务开展需要，提供条文选择、自动审查、结果分类、问题定位、问题批注、意见编辑与归并、审查报告生成、批注管理等功能，方便业务人员灵活设置审查规则，实现不同专业指标的自动审查、结果展示和意见归并，针对有问题的指标进行视图定位和批注编辑操作，最终一键预览或生成审查报告。

基础视图功能：面向报建方案的模型展示和关联浏览，提供构件信息查看、分屏查看、多屏联动、资料关联、视图控制等功能，支持对多专业模型进行同时加载显示，提供多角度、漫游、剖切、测量、属性查看等模型展示功能，同时能够将二维图纸与三维模型进行关联查看、切换展示、衬图展示，满足业务人员不同的视图和操作需求。

系统后台管理：为保证系统的正常运行和高效审查，搭建规范管理、插件管理、项目管理、配置管理等功能，提供规范录入界面，供后台录入各规范条文，搭建后台项目管理框架，实现项目信息及其附件材料的多层次统一管理，支持对系统的配色方案、页面布局方式、展示内容项等进行开关控制。

4．BIM竣工验收系统

BIM竣工验收系统是利用BIM技术应用项目竣工验收环节的重要突破。依托BIM竣工验收系统，工程责任主体及相关单位可利用数字化、可视化工具，确定建设项目在施工建造过程中的变更情况，同时对BIM竣工模型中的质量验收进行评估分析，通过多专业验收材料的综合汇集，形成竣工验收备案材料，为高效率、高精准的项目验收备案奠定基础。以施工深化设计、设计变更、工程竣工、质量验收、验收备案等环节串联业务主线，搭建BIM竣工验收系统，对各环节重点关注的应用需求进行落实响应，降低施工过程中对设计变更追踪和查验的管理难度，进一步提高竣工验收阶段人力、物力成本和结算的质量、效率，实现将BIM技术应用于项目竣工验收环节的一次革命性的探索及尝试。

（1）系统架构（图9-24）

集成BIM施工模型、施工环节信息、BIM竣工模型、工程算量信息及建设项目多专业竣工验收信息等内容，构建BIM竣工验收系统数据库，支撑建设信息采集、模型浏览、智慧监管、模型比对、辅助工程质量验收、辅助工程验收备案6大模块，提升建设项目竣工验收备案数字化管理水平，助力竣工阶段质量和效率提高。

图9-24　BIM竣工验收系统总体架构

（2）系统功能

建设信息采集：实现对项目的前置审批信息，工程责任主体及相关单位的基本信息，工程地址、性质、建设规模、施工进度等建设信息，以及项目负责人的基本信息和相关证明信息的采集及动态更新，打造在建工程项目"一张图"，展示项目分布情况，支持按照行政区划对工程建设信息进行分类汇总统计。

模型浏览：实现BIM模型信息和相关图纸、检验信息的关联查询，能够分层、分构件、分检验批地对模型信息进行查看，实现三维浏览和室内漫游等多视角浏览。同时，打造移动端（APP），方便管理人员通过手持平板电脑对施工过程和竣工验收情况及相关材料进行调阅查看，方便现场人员快速查看所查部位的二维图纸和三维模型。

智慧监管：面向施工过程中的设计变更管理需要，提供初始模型查看、设计变更管理、竣工模型导出等功能，将通过审查的施工图设计BIM数据及关联材料传至BIM竣工验收备案管理系统中存档管理，对施工过程中设计变更的次数和工作量进行及时记录和BIM模型更新，同步上传、关联相关设计变更图纸或文件，最终在工程完工时，根据当前BIM数据生成对应的竣工信息模型。

模型比对：通过对建筑外形的扫描，形成实物模型，与竣工信息模型进行比对分析，检查工程外形、高度、尺寸有无不符合设计要求的问题。同时，在住宅工程分户验收中提供每户室内净高、进深实测数据导入模块，与建筑外形的竣工信息模型净高、进深设计值自动进行比对，按预设的允许偏差判定合格情况。

辅助工程质量验收：按照竣工信息模型的数据结构和分类标准，对各级各类工程的验收信息及验收证明文件进行统一管理，支持根据BIM竣工模型数据计算工程量，按预设要求自动判定主要建筑材料（构配件）进场复验和工程实体检测的最低数量要求，实现相关检测数据和报告扫描件与BIM数据的动态关联。

辅助工程验收备案：围绕工程项目竣工验收相关要求，提供前置信息管理、验收过程管理、工程质量验收管理、竣工验收备案管理4个功能模块，支持对竣工验收前期的勘察、设计、施工、监理提交的质量检查或评估文件进行录入管理，对竣工验收过程中涉及的现场人员、抽查部位和路线等过程数据进行管理，实现竣工验收成果上传的关联，最终将上述竣工验收信息与规划核实、消防验收、人防验收等环节信息进行关联，形成工程竣工验收备案表。

5．CIM平台

南京CIM基础平台建设满足了城市空间数据库管理、空间信息查询与展示、辅助规划设计分析、工程建设项目BIM方案审查、服务管理、后台管理等相关需求。在数据库管理方面，实现数据组织转换、建库入库、数据生成和编辑扩展；在空间信息展示方面，实现城市三维场景、多源融合展示、空间基础测量等功能；在辅助规划设计分析方面，实现三维空间分析、三维统计分析，支持大数据扩展应用；在工程建设项目BIM方案审查方面，实现指标审查、合规性审查等；服务管理强调应用服务的创建、管理、部署和扩展；后台管理侧重于组织、权限和日志管理。

基于"一个平台统筹全域空间，一个中台支撑拓展复用"的理念开展CIM平台建设。实现三维智能增效审查审批，可配规则适应多变业务，通过多维系统联动引领多元应用，集成融合数据功能实现交汇联通。进一步以CIM平台及技术提升社会治理现

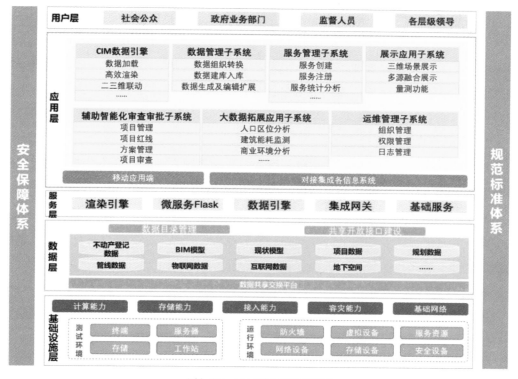

图9-25　CIM平台总体架构图

代化水平，加快推进基于CIM平台的数字孪生建设与社会治理创新的深度融合，促进社会治理从"经验治理"向"精准治理"转变、从"静态治理"向"动态治理"转变、从"碎片化治理"向"整体性治理"转变。

（1）总体架构

在安全保障体系和规范标准体系的支撑下，CIM平台由基础设施层、数据层、服务层、应用层、用户层五个部分组成（图9-25）。

其中服务层基于企业服务总线（ESB）技术，提供渲染引擎、微服务Flask、数据引擎、集成网关、基础服务等共性服务。

应用层由CIM数据引擎、数据管理、服务管理、展示应用、辅助智能化审查审批、大数据拓展应用和运维管理七大子系统组成。同时，应用层还支持移动应用端和对接各信息系统。

（2）功能系统

功能系统的建设包括CIM数据引擎、数据管理子系统、服务管理子系统、展示应用子系统、辅助智能化审查审批子系统、大数据拓展应用子系统、运维管理子系统。

1）CIM数据引擎

CIM数据引擎建设利用轻量化技术和LoD技术实现海量数据的加载和显示，实现地上地下、室内室外的浏览和漫游。专业表达和展示二维数据，BIM、倾斜摄影等三维数据、物联网大数据等。支持二三维一体化展示、多屏对比和联动，支持三维视频融合。

2）数据管理子系统

数据管理子系统是对所有数据统一管理的功能系统，为CIM平台提供数据组织转换、数据建库入库、数据生成及编辑扩展等功能模块。

3）服务管理子系统

服务管理子系统是CIM平台数据和功能的综合管理系统，为CIM平台提供数据和功能的创建、管理、统计分析、部署和拓展等功能服务。

4）展示应用子系统

展示应用子系统是CIM平台展示、查询、浏览功能的窗口，提供三维场景展示、BIM模型全流程展示与应用、多源融合展示、量测、拓展应用等功能。

5）辅助智能化审查审批子系统

南京CIM平台辅助智能化审查审批应用主要为建设项目规划设计前期的方案研究、正式报建阶段的CIM审查两类场景提供应用服务。

在建设项目规划设计前期研究提供双空间方案比选功能，辅助实现直观三维视觉效果下的景观分析。

在正式规划报建阶段，基于建设项目规划条件和《南京市建设工程设计方案审查工作导则（2017版）》梳理基于CIM平台的审查指标，为规划报建审查提供科学辅助功能，树立基于三维场景的审查新视角，打破单个规划BIM项目审查的场景局限性，进一步提高要素审查完整度。

6）大数据拓展应用子系统

平台可支持接入POI、手机信令、企业法人等大数据，立足平台融合的多元空间大数据与建筑模型资源，利用空间分析与数据挖掘技术进行相关专题大数据分析和展示应用，为智慧城市数字化管理提供多维分析工具。

7）运维管理子系统

实现对数据管理子系统、服务管理子系统、展示应用子系统、辅助智能化审查审批子系统、大数据拓展应用子系统的统一配置和统一管理。

9.2.2.4 示范应用

1. BIM+应用体系

面向BIM系统不同的使用对象，从设计单位、建设单位和行政审批部门的应用需求出发，梳理形成相对完善的BIM+应用体系。

构建BIM在工程建设项目审批业务方面的应用场景，实现了BIM在工程建设项目规划审查、建筑设计方案审查、施工图审查、竣工验收备案等阶段的应用落地，以实现各阶段BIM数据的全流程打通，推动跨部门审批业务的有机衔接，为工程建设项目审批提速增效。面向BIM系统不同的使用对象，从设计单位、建设单位和行政审批部门的应用需求出发，梳理形成相对完善的BIM+应用体系（图9-26）。

规划报建阶段。设计和建设单位在取得项目用地许可后，完成项目规划设计方案，并提交至规划审批单位进行项目规划许可证申报。审批单位接收规整后的BIM规划设计方案后，借助BIM规划报建系统和CIM平台对BIM方案文件的一致性、图形拓扑关系、图形要素关系和方案指标进行审查。待审查通过后，由审批单位下发项目规划许可证。

施工报建阶段。设计单位受建设单位委托，依托BIM施工审查系统的设计端软件，在BIM规划报建成果基础上进行深化设计，完成BIM施工图设计方案的自审自查和数据规整，提交给建设单位统一的"宁建模"格式数据。审批单位借助BIM施工审查系统审批端对通过初步质检的BIM模型进行建筑、结构、消防等相关专业的成果审查，形成审查意见。

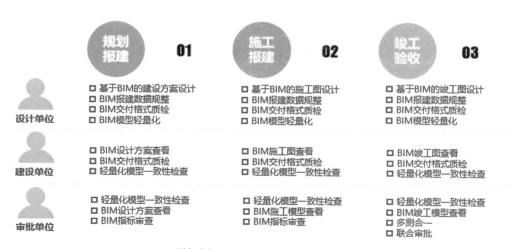

图9-26 BIM+工程建设项目审批应用

竣工验收阶段。建设单位提请"申请验收"，提交相应BIM竣工模型。行政审批人员调用BIM竣工验收备案管理系统的模型比对功能接口，对施工模型与竣工模型进行对比，比较变更部位。通过模型审查和对比分析，确保项目按照规划、施工阶段提交的设计方案进行建设，符合验收要求。

2．CIM+应用体系

（1）CIM+规划应用

城市设计。集成建设城市设计成果"一张图"，以二三维一体化的"一张图"为载体和索引，提供总体层面、区段层面、地块层面及专项层面城市设计编制成果的有效整合和内容查看，支持城市设计管控要素的三维可量化分析，满足在规划编制时相关规划要求的核提，以及审批前设计时规划要点的下达。基于CIM的城市设计方案辅助审查相关功能，满足南京市规划和自然资源局对城市设计成果展示、管理和审查审批要求，统筹管理不同层级、不同时期、不同区域的城市设计成果，实现规划智能化审查审批，提高行政审批效率。结合城市地标，关联南京的文化背景，响应《南京市美丽古都建设行动计划》中提到的点亮城市地标相关要求，选取南京市有代表性的建筑，如侵华日军南京大屠杀遇难同胞纪念馆、紫峰大厦等与城市文化和发展相关的建筑，依托三维建模和仿真模拟，实现城市地标的三维展示与漫游，体现城市设计中历史与现代的巧妙结合。

历史文化保护。南京是一座拥有近2500年建城史的历史文化名城。市委市政府也高度重视对南京历史建筑的保护，并在《南京市美丽古都建设行动计划》中要求：尊重和善待老街区、老建筑、老物件，保护好城市的文化回忆，积极挖掘人文底蕴，实施文化载体建设，讲好南京历史故事，彰显古都风貌与现代气息交相辉映的独特魅力。为此，可利用点云激光技术对历史文化街区和建筑群体进行三维精细建模，基于CIM平台建立南京历史文化数字档案，实现历史街区漫游和历史建筑展示，为南京历史传承提供新途径。

（2）CIM+服务应用

三维不动产示范应用。以房地一体化不动产三维管理为目标，实现BIM模型在落宗关联、辅助测量、不动产登记管理和三维楼盘管理方面的应用落地。结合BIM不动产登记模型数据，在房屋落宗时，根据宗地范围，再结合房屋栋号、坐落地址等信息，筛选出相应的自然栋，将丰富的不动产登记信息直接关联到三维模型上，自动建立房屋、楼栋、地块之间的关联关系，编制不动产单元号，完成落宗关联。

针对不动产历史信息存在地块图形缺失、房屋二维矢量图形不完整的现象，且重新测量需要耗费大量人力、物力的问题，可通过倾斜摄影三维模型表面进行快速矢量数据采集，补充完善宗地及自然栋的空间图形数据，同时结合BIM模型完成房屋内部权属界线测量、面积量算等工作，弥补当前房屋图形数据的缺失，解决数据采集成本高昂的问题。为解决房产上存在一户对应多个楼盘的历史遗留问题，运用BIM技术，依据现有房产测绘数据或平面设计图纸建立对应的室内三维景观模型，再将室内三维景观模型与三维楼盘模型关联起来，建立楼盘与房产之间的对应关系，实现三维可视化的户型浏览查询、漫游，并能够对户型内部供水管网、供电线路、网线等各类预埋管网分布及走势情况进行查看，推动楼盘信息管理趋向智能化和可视化。

智慧安防应用。以实现"全域覆盖、全时可用、全网共享、全程可控"的公共安全监控联网为目标，搭建基于CIM的智慧安防系统，推动公共区域监控数据、政府部门管理数据与互联网数据的集成应用，实现监控设备全域覆盖，监控设备全天运行，监控信息全网共享，信息安全全程可控，充分发挥系统在反恐维稳、治安防控、服务群众等方面的重要作用。

（3）CIM+治理应用

智慧城管应用。综合运用云服务架构，运用地理信息、物联网、AI+视频技术手段，利用共享基础设施、感知信息、城市综合信息等资源，立足精细化的网格管理思路，实现在CIM平台上基于网格管理的宏观城市监管，深化执行层面的"数字执法"实际效能；基于CIM平台实现城管违规事件告警、核实、任务派发、结果反馈、核验等一系列处置流程，促进管理、监督多个环节真正形成有机衔接、科学合理、高效有序的闭合系统。

城市综合管理。立足于城市运行监测、管理、处理、决策等要求，汇聚整合各行业多源数据资源，构建城市实时运行展示"一张图"、城市部件管理"一张网"的数字化城市综合管理、协同化城市精准治理体系，提高城市管理水平。以城市信息模型为载体，叠加人类活动信息、公共服务设施活力点、监管督查等多源数据集合，形成全局统一调度与协同治理模式。借助智能大屏、城市仪表盘、领导驾驶舱、数字沙盘、立体投影等形式，实现"一张图"全方位展示城市各领域综合运行态势，并根据不同主题分级分类呈现，帮助城市决策者、管理者、普通用户从不同角度观察和体验城市发展现状、分析趋势规律，提高城市管理效率与工作效能。通过编制标准统一化的城市部件数字编码标识体系，挂接BIM城市部件模型，关联空天地全方位立体部署的物联感知设施，赋予各类城市部件、基础设施等唯一"数字ID"，实现对城市部件的智能感知、精准定位、故障发现和远程处置。

城市应急管理。依托CIM平台以及虚拟现实技术，模拟真实发生的突发灾难的场景，以事前防范与模拟、事中响应及指挥、事后评估及改善为闭环，逐步完善应急工作为目标，开展基于CIM的智慧应急管理应用，实现城市物联网监测信息（如城管、交通、环保、气象等信息）的接入及分析，提供对突发事件及重大气象灾害事故发生的风险评估及预警功能，实现三维可视化应急指挥方案预演，为应急处置与联防联调提供决策依据，提高城市应急管理能力。

城市安全管理。依托城市视频监控探头等智能化基础设施，结合视频图像的智能识别分析功能，实现对各类警情、灾情、生态破坏、道路违章等行为活动进行信息采集并可视化展示，借助CIM平台深度学习、人工智能等技术手段，支撑城市安全防范预警、警情提示定位、资源调配优化管理等活动。未来可基于建筑信息模型，挂接消防应急设备和资源等信息，实现城市消防资源及防灾信息的统一管控，打造基于城市安全的消防应急指挥管理模块，辅助现场消防人员开展最佳救援路线选择和火灾救援工作，提高火灾预防、灾害处置和应急救援能力。同时可基于城市安全应用系统指定消防演练方案，采用VR、仿真模拟等技术开展消防人员培训，提高消防人员紧急应变能力。

9.2.3　建设特色

9.2.3.1　建筑、市政一体化智能审查审批

结合BIM和CIM技术，创建可识别、可拓展的智能审查规则库，划定传统人工审查和机器智能审查的边界，创新建设工程各阶段审查的全流程工作模式，明确工程建设项目审批机器审查的范围、内容，以及全自动、半自动、全人工的界定，最大限度解决机器审查"能不能"问题，提供智能化手段实现人机互动，最优方式解决人工审查"好不好"问题，让人审变成机审，依据全要素规划条件和二维数字报建软件，将内容分为全自动审查、半自动审查、全人工审查，最大限度地实现机器审查。

9.2.3.2　国内率先构建CIM标准体系

新编CIM概念框架、CIM数据与建库、CIM平台建设、工改专题和共享应用等城市信息模型（CIM）标准，国内率先提出融合测绘地理信息、建筑信息模型和三维建模等标准，形成包含基础层、通用层和专用层等层次清晰、内容完整的CIM标准体系成果（图9-27）。

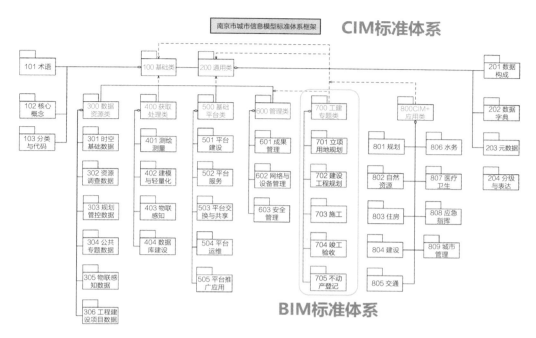

图9-27 南京市CIM标准体系

9.2.3.3 高效三维引擎的建立

采用多尺度多类型二三维CIM数据分级存储策略，设计融合LoD显示和内存调度等方法的高效三维引擎，建立了综合大场景展示和业务应用的高效性能支撑的城市信息模型（CIM）基础平台，并创建了分布式海量异构数据管理与多源异构融合服务保障体系（图9-28）。

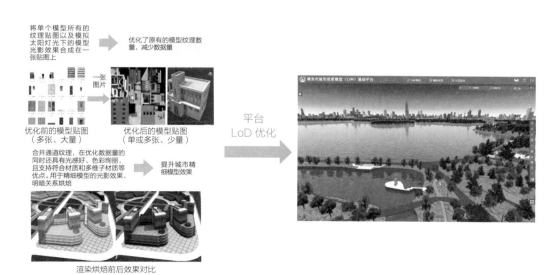

图9-28 高效三维引擎

9.2.3.4 创新"宁建模"报建格式，实现智能化审查

开展城市一级的BIM标准体系的探索和研究。贯彻同一个城市同一个标准的建设构想，联合建委共同开展了南京地方标准工程建设信息模型格式并建模，形成多部门合作多层次推进BIM标准研究的工作模式。"宁建模"是一个基于国际标准自主可控的数据标准，为未来国产的设计端预留接口，可以支撑用地、选址、规划许可、施工图审查竣工等工程建设项目改革全过程各个阶段的数据存储和数据的组织。

基于CIM平台，在项目红线范围内，采用高效解析技术，可直接加载"宁建模（NJM）"格式模型信息。采用传统方式项目立案后到CIM审批平台看到模型需要等待2h左右，采用新融合技术项目立案后1min内即可在CIM平台开展方案审查工作（图9-29）。

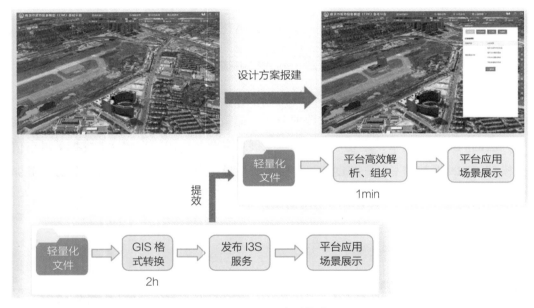

图9-29 NJM报建格式

9.2.3.5 实现一套数据、多种服务，可满足跨平台使用

实现了glTF2.0、IFC+2.0、IFC4.0统一NJM格式转换，并可以发布I3S、3DTiles支持多技术路线应用，夯实了NJM作为统一格式可行性（图9-30）。

9.2.3.6 多视频衔接和融合

基于城市信息模型（CIM）的室外室内、多视频融合以及周边视频融合算法（图9-31）。

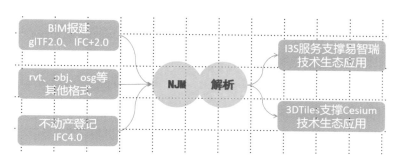

图9-30 多种数据格式融合

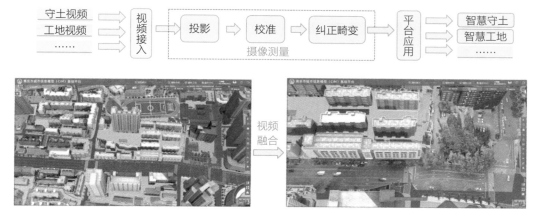

图9-31 多视频衔接与融合

9.2.3.7 白模精细化制作工艺

按精模工艺制作了全市域覆盖的白模全息底图（图9-32）。

为全市智慧城市运行管理、指挥调度、安全管理等提供了基础。

图9-32 白模全息底图

9.2.4　效益分析

9.2.4.1　经济效益

1．革新工作模式，降低规划设计成本

在规划设计前期阶段介入，打造BIM规划报建系统设计端，支持在三维可视化视角及协同工作模式下进行规划设计，实现参数化及关联性方案修改，确保规划设计成果统一实现可视化、参数化的规划方案设计优化，规范项目报建交付成果模型，支持对成果进行自动化质检、预审，减少规划设计和图纸返工成本，提高规划设计成果的科学性。

2．推动经济融合，驱动数字经济发展

构建数字产业创新发展驱动新方式，通过BIM、CIM的建设，逐步构建数字孪生城市，培育城市治理智慧化超级应用，着力突破平台经济短板，围绕产业价值网络构建生态体系，促进相关技术实力和业务市场的快速提升和持续扩张，推动数字经济与实体经济深度融合发展。

3．创新经济理念，激发产业发展动力

作为新型智慧城市建设的重要组成部分，BIM、CIM的建设不仅可以激活拉动整个信息通信产业链的共同发展，同时也为其他行业以及一些基础性和应用型的技术指出了新的发展方向。从事新型测绘、地理信息、高精度定位等研发和产业化的企业，将考虑为智慧城市建立精确的城市骨架数字底图，并在此基础上能够高效集成全量数据；从事3D建模、BIM设计、可视化、场景渲染、虚拟现实之类的企业，将重点关注基于动态数据导入和静态数据导入的全要素三维场景服务，如何在数字世界精准映射、准确表达物理世界的一花一草一举一动，表面的现象以及抽象的规则；从事仿真推演、预警预测、数据挖掘、知识发现的相关企业，也将面对更为全量、实时、动态、异构的城市数据，考虑如何从中洞悉城市发展规律，发现问题并找到最优决策。

9.2.4.2　社会效益

1．全面融入"放管服"改革，优化南京营商环境

促进政府服务职能转变。探索智能化审查审批是推动工程建设项目审批改革的一个重要方向，以"机器审查行不行，人工审查好不好"为原则，科学分类审批事项，做到标准化事项"马上办"，特色事项"高效办"。试点工作建设是加快政府职能转变的重要举措，也是提升南京中心城市首位度、打造全国最优营商环境示范城市、推动高质量发展的"关键一招"。

促进政府服务效能提升。以BIM/CIM为抓手，围绕工程建设项目审批管理，打通规划、建设、管理、运维的全链条，覆盖设计单位、建设单位、施工单位、管理部门、产权用户的全生态，数据同源、规则同一、过程同步，智能审查慧眼识图，让问题自动暴露、主动解决、流动监测，推动工程建设项目审批制度改革向智慧化转型、向效率化递进。

2．夯实智慧城市底板，提升南京治理水平

提升城市规划的科学性。通过BIM/CIM的二三维一体化、全息化表达方式，直观展示城市形象及特色空间，提升多维空间综合分析能力，努力构建人与建筑、环境的最优关系，使城市的设计者与管理者更加关注生活在城市中人的需求和体验，更加关注空间品质与内涵的提升，为科学规划与管理提供有力的技术支持；也让一般公众能看懂规划，直观感受规划设计建成后的效果，共同参与规划治理。

提升建设管理的精准性。利用BIM/CIM更加精准地控制算量分析、建造进度管理、成本核算等城市"生长过程"，深入了解和掌握城市建造各个环节的信息，提升南京城市"智慧建设"水平。

提升城市智慧运营水平。通过BIM/CIM系统全面地掌握包含场地、单体、构件、管线、设施等在内的城市"经络体系"，加强数字城市与物理城市的泛在物联感知，实现城市问题的精准诊断、预先模拟和快速应对。

3．引领行业转型升级，培育创新产业项目

推动建设行业转型升级。发挥BIM在三维化、可视化、虚拟化、协同化等方面的优势，通过试点项目的开展，加快推广BIM在建设项目全生命周期的管理应用，推动建设行业传统思维的转变。

培育南京创新产业项目。试点项目是跨建筑行业、信息产业、制造业的多行业关联性项目，将有利于加强软件研发企业、设计企业和建筑企业的协作，促进产、学、研、用的深度融合，推动BIM和CIM相关产业成为南京市新的经济增长点。

9.2.5　经验借鉴

南京市基于试点项目形成的"特大城市CIM平台关键技术及示范应用"成果荣获"2021年国家地理信息科技进步一等奖"。同时标志着南京市在深化和拓展BIM/CIM技术的融合应用、服务规划资源事业发展、服务城市建设发展、服务智慧南京能力提升等方面，率先为全国BIM/CIM的应用推广做出"南京示范"。

南京CIM实践在室外室内、多视频融合以及周边视频融合上取得成功，成为全国其他试点城市在CIM基础平台的多视频衔接与融合上的宝贵技术经验。南京研发特有的地方BIM格式，构建南京BIM、CIM系列地方标准，形成统一的规则库建设模式，其他试点城市参照南京的做法，打造具备城市自身特色的技术体系。

9.3 北京大兴国际机场临空经济区实践——基于CIM基础平台的智慧园区

9.3.1 建设情况

政府高度重视北京大兴国际机场廊坊临空经济区规划建设，积极践行新发展理念，坚持世界眼光、国际一流标准，建设宜居宜业的航空城，培育高端产业、打造高端平台、建设高端项目，把廊坊临空经济区打造成为河北发展新高地。根据廊坊临空经济区实际情况，围绕"以新型智慧城市全业务需求为导向，打造智慧城市操作系统"的总体建设目标，汇聚大量多源异构数据资源，从全空间、全时态的多维视角，率先在国内打造基于CIM技术的城市全生命周期智慧城市操作系统。以工程建设项目三维数字报建（BIM报建）为切入点，实现规划报批、设计方案、施工图审查以及竣工验收备案阶段各类BIM标准相互衔接。统筹管理工程建设项目全生命周期BIM模型成果，支撑从城市设计、规划、施工、竣工全流程BIM报建，实现全过程、全专业、全维度BIM辅助智能化审查。通过互联互通的网络、融会贯通的数据池，面向廊坊临空经济区规划研究、规划深化、设计方案稳定、辅助招商、市政管网管理、规划建设业务一体化等业务场景，建设具有综合展示、统一业务办理、三维城市设计、地下空间管理和辅助智慧招商等基于CIM的应用系统，使得管理者可以总揽全局、指挥调度和科学决策，有效提高城市精细化管理水平，实现依托数字孪生城市的创新发展。

逐步推进BIM、CIM技术在城市规划、设计、建设、管理全过程的应用，以廊坊临空经济区CIM平台一期项目为基础，通过数字孪生的手段、大数据应用、智能算法搭建城市的感知体系、神经网络。针对城市建设和发展的核心问题，搭建城市规划建设一体化业务协同平台，构建多行业应用系统，贯穿城市"规、设、建、管"全流程，深度协同城市发展过程中工程建设各领域业务。打造城市建设"一图统管"、城市更新"实时联动"的数字孪生体。

9.3.2 建设成果

廊坊临空经济区CIM平台一期项目的建设内容有5大项，以工程建设项目"规设建管"全流程BIM报建辅助审查为抓手，汇集多元异构数据，构建临空区"1+4+5"

应用体系。具体包括一套CIM平台标准规范、一个CIM平台数据库、一个CIM基础平台、四个基于审批制度改革的辅助系统和五个基于CIM的应用平台。其中，四个基于审批制度改革的辅助系统包括：基于BIM的规划报批审查系统、基于BIM的设计方案报批审查系统、基于BIM的施工图报批审查系统、基于BIM的竣工图数字化备案辅助系统；五个基于CIM的应用平台包括：基于CIM的统一业务办理平台、基于CIM的三维城市设计系统、基于CIM的综合展示系统、基于CIM的辅助智慧招商系统和基于CIM的地下空间管理系统。

9.3.2.1　CIM平台标准规范建设

标准规范是廊坊临空经济区CIM平台项目建设的依据，需要对平台的数据内容、建库流程、接口标准、共享交换方法、运行管理过程等进行统一定义，形成标准化文档，避免在平台建设过程中出现的各种不一致。

共建设了8个标准规范，分别是：《城市信息模型（CIM）基础平台技术标准》《城市信息模型（CIM）数据标准》《规划设计BIM数据标准》《施工和竣工市政BIM汇交标准》《施工和竣工建筑BIM汇交标准》《规划设计BIM三维模型制作入库标准》《建筑信息模型（BIM）交付标准》《地质数据建库标准》。

1.《城市信息模型（CIM）基础平台技术标准》

标准规范城市信息模型（CIM）平台术语和定义、基本规定、平台功能和平台运维要求，适用于廊坊临空经济区CIM平台建设，服务于工程建设项目三维数字化报建、机器辅助审批、智慧园区建设和精细管理等应用。

2.《城市信息模型（CIM）数据标准》

标准规范廊坊临空经济区城市信息模型（CIM）数据的分级分类、构成、内容与结构、入库更新与共享应用，指导廊坊临空经济区CIM平台建设，支撑工程建设项目审批提质增效和跨部门的共享应用，适用于廊坊临空经济区CIM平台建设部门，按统一的标准更新、共享和协同应用城市信息模型数据。

3.《规划设计BIM数据标准》

标准适用于规划设计BIM数据汇交至廊坊临空经济区CIM平台，服务于工程建设项目三维数字化报建、机器辅助审批和智慧园区建设和精细管理等应用，规定了城市设计信息模型、规划设计建筑信息模型和规划设计市政工程信息模型汇交细度、数据内容及结构，适用于工程建设项目涉及的规划设计阶段BIM汇交至廊坊临空经济区CIM平台。

4.《施工和竣工市政BIM汇交标准》

标准适用于施工和竣工市政BIM数据汇交至廊坊临空经济区CIM平台，服务于工程建设项目三维数字化报建、机器辅助审批、智慧园区建设和精细管理等应用，规定了市政工程信息模型汇交细度、数据内容及结构，适用于市政工程建设项目涉及的施工阶段和竣工阶段市政工程信息模型汇交至廊坊临空经济区CIM平台。

5.《施工和竣工建筑BIM汇交标准》

标准适用于施工和竣工建筑BIM数据汇交至廊坊临空经济区CIM平台，服务于工程建设项目三维数字化报建、机器辅助审批、智慧园区建设和精细管理等应用，规定了建筑工程信息模型汇交细度、数据内容及结构，适用于工程建设项目涉及的施工阶段和竣工阶段建筑工程信息模型汇交至廊坊临空经济区CIM平台。

6.《规划设计BIM三维模型制作入库标准》

标准规定了廊坊临空经济区规划设计BIM三维模型的术语和定义、总体要求、数据命名原则、资料要求、模型制作要求、数据质检、更新数据入库。

7.《建筑信息模型（BIM）交付标准》

标准适用于廊坊临空经济区CIM平台工程建设项目三维数字化报建、机器辅助审批、智慧园区建设和精细管理等应用。为深化工程建设项目审批制度改革，构建廊坊临空经济区CIM平台数据库，规范建筑信息模型的交付成果，制定此标准。标准应与廊坊临空经济区CIM平台建设所配套的其他标准保持一致，高度衔接。

8.《地质数据建库标准》

标准规定了廊坊临空经济区基于CIM的地下空间管理系统中地质数据建库总体要求、数据命名原则、数据结构。

9.3.2.2　CIM平台数据库建设

本项目基于云平台的大容量、高并发、高可用CIM数据库框架、结构和内容体系，管理城市GIS二维数据、三维数据和BIM数据，支持大场景宏观管理、空间分析，中小场景的快速三维可视化、空间规划、城市设计，并建立数据建库入库更新、数据安全管理体系，各行业CIM应用通过共享服务访问数据库。

1.CIM基础库

CIM基础库管理基础二维数据、城市设计三维模型、地下空间数据、地质数据、地下管线数据等。对外提供标准化的三维OGC服务，服务形式包括I3S、3DTiles。二维数据服务采用易智瑞DataStroe托管的PostgreSQL数据库进行存储，三维数据服务切片缓存采用易智瑞DataStroe托管的CouchDB数据库进行存储，通过云平台进行管理和内容分发。

2．基础二维数据库

廊坊临空经济区CIM平台建设需处理入库地图影像、数字线划图、资源调查与登记、规划管控类等二维数据。

3．城市设计三维信息模型库

廊坊临空经济区CIM平台建设需采集入库100km²的城市设计模型。

4．白模数据

廊坊临空经济区CIM平台建设需要处理入库覆盖廊坊临空经济区100km²的建筑白模数据，根据二维白模基底生成三维数据整理入库。

5．地质数据

廊坊临空经济区CIM平台建设需处理入库廊坊临空经济区地质模型数据。

6．地下管线数据

廊坊临空经济区CIM平台建设需处理入库廊坊临空经济区地下管线数据。

7．地下空间资源数据

廊坊临空经济区CIM平台建设需处理入库廊坊临空经济区地下空间资源数据。

8．BIM模型库

为促进基于BIM的工程建设项目审批改革，提高BIM报建的效率和可靠性，建立BIM报建数据库，管理BIM报建BIM模型、轻量化数据、属性数据等，还包括BIM模型计算得到的经济技术指标、BIM模型周边地块信息、BIM模型附件信息等资源，同时也包括存量BIM数据。

9．方案库

存储原城市设计系统与廊坊临空经济区CIM平台中进行项目方案设计的项目信息、方案信息、方案模型文件数据。

10．项目审批库

项目审批库用于存储建设项目规、设、建、管各阶段的项目信息、项目审批信息、相关材料信息、批文信息等。对应数据标准中工程建设项目数据，但不含BIM模型数据，模型数据放到BIM数据库存储。

11．公共专题库

公共专题库用于存储城市运营数据中的各类公共专题数据，包括社会经济数据、人口数据、法人数据等，对应数据标准中的公共专题类数据。

12．物联感知库

物联感知库用于存储相关行业各类感知设备收集的监测数据，包括气象、交通、水利、生态环境、灾害等监测数据，同时也包括建筑空间里的设备运行监测数据、能耗监测数据等。

13．运维管理库

运维管理库负责系统的运维数据的管理，包括用户管理、权限管理、日志管理等。

14．非结构化数据库

非结构化数据库用于存储、检索廊坊临空经济区CIM平台中运用到的文本、图形、图像、音频、视频等数据。

9.3.2.3　CIM基础平台建设

图9-33为廊坊临空经济区CIM基础平台总体架构图。

廊坊临空经济区CIM基础平台包含了四个层次：设施层、数据层、应用层，用户层，并与多个关键平台集成，如"多规合一"空间信息平台、智慧城市时空大数据平

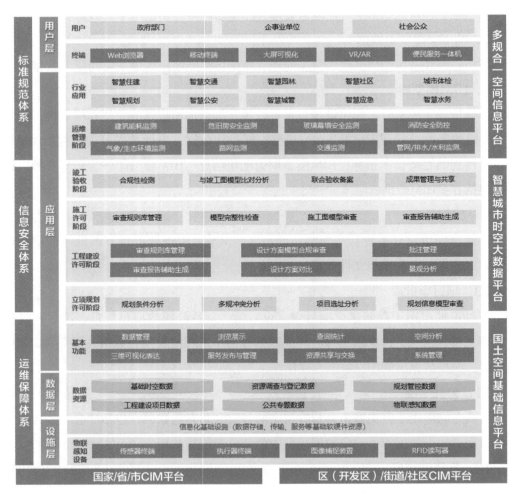

图9-33　廊坊临空经济区CIM基础平台总体架构图

台、国土空间基础信息平台、省/市/县/区/开发区/街道/社区各级CIM平台；同时具备了安全保障体系、标准规范体系、运行维护体系的3大保障体系。

设施层：包括物联感知设备和信息化基础设施；物联感知设施基于传感器终端、图像捕捉装置和RFID读写器等，可面向工程建设项目全生命周期需求进行扩展。

数据层：包括基础时空数据、资源调查与登记数据、规划管控数据、工程建设项目数据、公共专题数据和物联感知数据等CIM平台基础数据体系，实现数据的汇交和管理。

应用层：面向工程建设项目的立项规划、设计方案报建、施工图审查、竣工验收备案和运维管理等全过程，提供包括通用功能、专业应用等系统支持，并与各委办局业务系统连接，实现部门间信息共享和业务协同，为企事业单位和社会公众提供服务。

用户层：接入访问的信息门户，访问者是通过统一认证的平台用户，以各种浏览器及移动终端安全访问，随时随地共享平台服务和资源。

1．CIM数据引擎

利用轻量化技术和LoD技术实现海量数据的加载和显示，实现地上地下、室内室外的浏览。专业表达二维数据、三维数据、BIM数据等多源数据。支持二三维一体化展示，支持双屏对比和联动。建成后的数据引擎应支持海量二维数据、多源三维数据的同步加载、浏览、编辑、分析和输出，同时具备丰富的地理分析工具和建模工具，支持丰富的三维可视化效果。

2．数据管理系统

数据管理系统通过提供数据建库、数据入库更新、服务管理、BIM模型管理、文件管理、运维管理等功能模块，实现对二维数据（包括融合目前常见的GIS二维数据：矢量数据和栅格数据）、三维数据（包括精细化建模、城市白模数据、地下管线数据、地下空间数据、地质钻孔数据等）、BIM数据（包括规划报建BIM数据、设计方案BIM数据、施工BIM数据和竣工BIM数据等）、物联网大数据（如POI、手机信令、企业法人和其他城市管理领域大数据）等多源异构数据的管理。

3．运维管理子系统

运维管理子系统用于管理整个CIM平台及各业务应用的运行数据，提供单点登录与安全认证，授权管理，用户、部门、角色管理，用户行为日志管理等功能。

4．数据模拟与分析模块

基于二维地图、三维模型、BIM模型等数据，提供视觉分析、地形分析、道路分析、BIM分析等数据分析和模拟功能，为城市设计提供模拟分析，为工程建设项目各个环节的审批提供辅助决策能力。

5．数据交换与定制开发子系统

CIM平台是面向廊坊临空经济区各委办局的平台，提供二次开发接口，方便其他委办局可以基于CIM平台功能，根据自身的业务特点定制开发基于CIM的应用。

6．高仿真平台

高仿真平台是一个开放的实时渲染平台，具备照片级逼真的渲染能力，主要提供图层大纲、工具、天空盒子、水系统、资源库、媒体、方案比选等（图9-34）。

图9-34　廊坊临空经济区CIM基础平台

9.3.2.4　基于BIM的报批审查辅助系统建设

1．基于BIM的规划报批审查系统（图9-35）

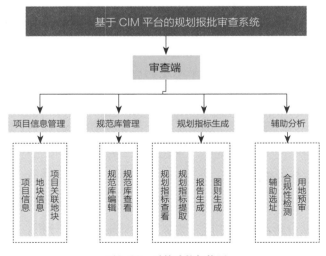

图9-35　系统功能架构图

在规划条件审查、规划方案审查和项目策划生成等阶段通过城市信息模型（CIM）平台优化审批流程，基于BIM模型规范技术审查标准，推动"机审辅助人审"。

可服务于规划研究管理部、土地管理中心等部门。统筹智慧城市建设、把控规划条件，做好规划传导和管控，为用地规划许可审批提供支撑。确保工程建设项目选址合规性，优选项目落地选址，使项目选址从合规性到合理性同步提升。

主要功能包括：项目信息管理、用地预审、辅助选址及合规性检测、规划条件生成、规范库管理（图9-36、图9-37）。

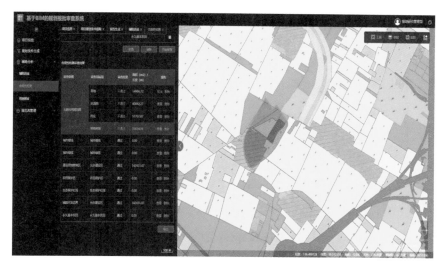

图9-36　用地预审

图9-37　规划条件生成

2. 基于BIM的设计方案报批审查系统（图9-38）

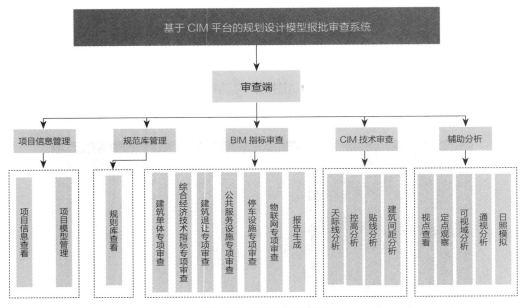

图9-38　系统功能架构图

在建筑设计方案审查阶段，通过CIM平台实现基于BIM的报批，形成窗口端、审批端智能化报建工具集，建立差异化分类审批管理制度，初步实现设计方案审查"机审辅助人审"。主要功能包括窗口收件端智能审查、审批端智能审查、审批端智能化管控。

（1）项目信息管理

项目信息查看：查看项目信息，如项目名称、项目代码，还可以查看项目材料信息。

项目模型管理：可以上传项目模型（obj格式文件）及模型数据附件表。

（2）辅助分析

1）日照模拟

日照模拟提供日历、时钟表盘小工具，可动态模拟、可视化三维模型在一年四季、一天当中的日照变化情况。

2）可视域分析

通过设置观察点、观察半径、观察高度、分辨率和角度等参数，选择观察点及视域中心点，模拟人类视觉区域效果，以不同颜色展示各区域的可见程度（图9-39）。

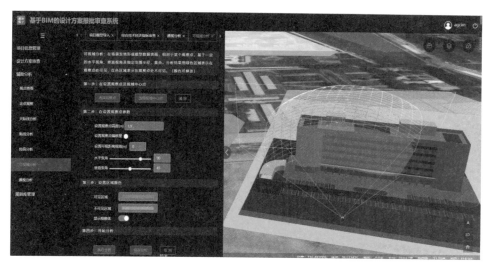

图9-39 可视域分析

3）视点查看

支持用户添加观察角度的视点，并捕捉当前镜头状态为列表缩略图，备注视点标签名称，方便后期查看检索。点击视点，可直接定位到对应的空间位置。

4）定点观察

通过设置观察点及景点，进行定点观察，可以通过移动的方式模拟人在城市中的观察效果。

（3）BIM指标审查

1）综合经济技术指标专项审查

审查设计方案的综合经济指标（如用地性质、用地面积、容积率、绿地率、建筑密度、建筑限高）是否符合规划要求，出具审查结果（图9-40）。

2）建筑单体专项审查

审查设计方案的建筑单体指标（如建筑性质、建筑高度、建筑层数、建筑面积、总户数）是否符合规划要求，出具审查结果。

3）建筑退让专项审查

辅助审查建筑退让用地界线、道路红线等的距离，出具审查结果。

4）公共服务设施专项审查

审查设计方案中的公共服务配套指标（如配套设施类型、数量、建筑占地面积、建筑面积）是否符合规划要求，出具审查结果。

5）停车设施专项审查

用户可以通过规划数据及模型数据，对停车设施指标进行审查，并出具相应审查

图9-40　综合经济技术指标专项审查

意见。

6）物联网专项审查

用户可以通过规划数据及模型数据，对物联网专项指标进行审查，并出具相应审查意见。

7）报告生成

将审查项整理汇总，出具审查报告，并可导出查看。

（4）CIM技术审查

1）天际线分析

通过控制观察视角，分析生成特定视角下的城市天际线，支持下载分析结果。生成审查记录并支持报告导出。

2）控高分析

在场景中分析方案是否符合区域对建筑物的限高要求，系统在三维场景中建立限高立体模型，直观地对比建筑设计模型是否超出规划控制高度的要求。生成审查记录并支持报告导出（图9-41）。

3）贴线分析

通过绘制目标线，计算临街两边建筑物的贴线率，分析建筑物的退让程度，检验街面看上去是否整齐、是否满足相关规范要求。生成审查记录并支持报告导出。

4）建筑间距分析

通过选择对应建筑基底面，自动计算出建筑间距的距离，读取第一阶段的规划数据，辅助审查人员判断建筑间距的合理性，生成审查记录并支持报告导出。

图9-41　控高分析

（5）规范库管理

可以查看各类指标项的审查规则。

3．基于BIM的施工图报批审查系统（图9-42）

在施工图审查阶段，通过CIM平台开展施工图BIM模型审查，就施工图中部分刚性指标实现计算机辅助审查，减少人工干预，实现快速机审与人工审查协同配合。

可服务于建设单位、综合监管服务部等部门。各审查机构基于统一工具实施施工图模型审查，使施工图模型符合各强制性条文要求，为出具施工许可证提供支撑。同时推动设计单位建立BIM建模标准，辅助审查机构提高数字化审图效率（图9-43）。

主要功能包括：Revit辅助自审、项目信息、智能审查引擎和辅助审查、规则库

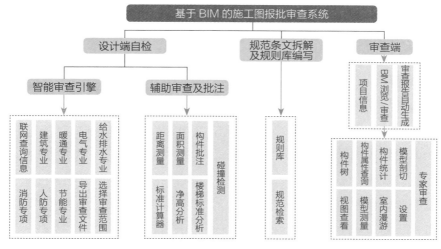

图9-42　系统功能架构图

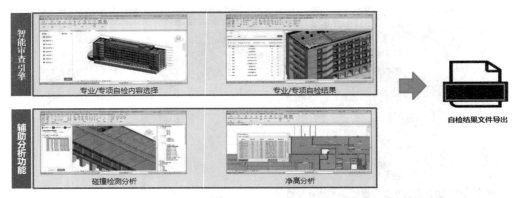

图9-43　基于BIM的施工图报批审查系统示意图

编写录入。

（1）Revit辅助自审

使用Revit设计端进行BIM辅助设计和审查，导出报建模型（LKD）。

（2）项目信息

查看项目信息，包括工程基本信息、单体信息、建筑楼层信息等，施工图模型上传管理。

（3）智能审查引擎和辅助审查

使用BS审查系统对部分规范条文进行技术审查，图审专家添加并出具审查意见，最终生成审查报告。

（4）规则库编写录入

梳理相关国家规范条文的核心要素和具体规则，提供规则配置查询汇总功能，通过语义化解析建立规则库，为智能化审查提供判断依据。

（5）基于BIM的竣工图数字化备案辅助系统（图9-44）

在竣工验收阶段，通过CIM平台实现施工BIM模型与竣工BIM模型的差异比对，简单明了、方便快捷地展示审查结果。

可服务于建设单位、综合监管服务部、质量安全部等部门。全流程的申报资料、汇报

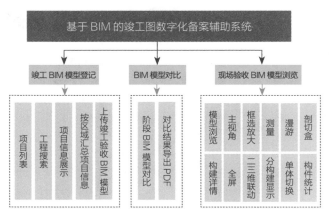

图9-44　系统功能架构图

资料、项目模型、宣传资料、成果资料及检查资料在系统中统一归档。为联合竣工验收和竣工验收备案提供二三维一体化的数字化支撑依据。

主要包括：项目信息、BIM模型比对、辅助验收、BIM模型浏览与分析。

（1）项目信息

查看项目工程信息，模型信息和验收相关材料信息。可以提供验收申报，验收资料和竣工验收BIM模型上传（备用）。

（2）BIM模型比对

通过竣工模型和施工比对，查看精细到构件。

（3）辅助验收

通过竣工点云数据和施工比对，对竣工模型的进深、净高进行核验。

（4）BIM模型浏览与分析

分专业、分空间、分楼层查看BIM模型及相关工程量等信息，可支撑可视化施工进度模拟，二三维联动等（图9-45）。

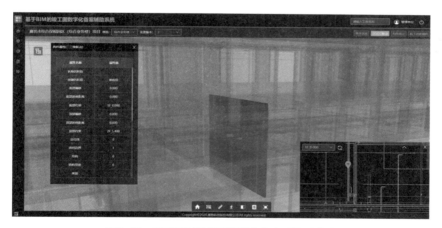

图9-45　基于BIM的竣工数字化备案系统示意图

9.3.2.5　基于CIM的应用平台建设

1．基于CIM的统一业务办理平台（图9-46、图9-47）

（1）综合服务

1）业务审查

待办任务，显示当前账户需要办理的办件，满足用户完成待办件的办理审查。

已办任务，显示当前账户已经办理的办件，满足用户对已办办件的查看、检索、取回、提醒催办的功能。显示已经处于办结状态的办件，满足用户对已办办件的查

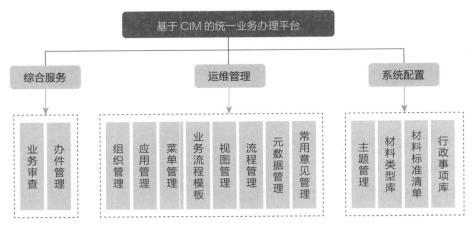

图9-46　基于CIM的统一业务办理平台系统功能图

图9-47　基于CIM的统一业务办理平台示意图

看、检索功能需求。

2）办件管理

所有办件，显示所有部门人员的办理办件，满足领导对所有办件的审查检索功能需求。

已办任务，显示单位办理的所有办件，满足用户对已办办件的查看、检索功能需求。

我经办办件，显示当前登录人员办理的所有办件，满足用户对我经办办件的查看、检索功能需求。

（2）运维管理

1）组织管理

管理本规建部及下属部门，形成组织机构树。

2）应用管理

管理系统应用，实现便捷配置、编辑。

3）菜单管理

管理系统菜单，实现便捷配置、编辑，与实际业务应用相绑定关联。

4）业务流程模板

实现对业务流程的管理，按业务需求进行配置。

5）视图管理

自定义查询视图，依照系统现有表结构，后台人员可自定义查询视图，方便快捷地实现某类数据的查询。

6）流程管理

统一管理系统业务流程，实现流程分类管理。

7）元数据管理

用于创建对不同数据库的连接，对数据表的管理。

8）常用意见管理

审查人员对常用意见进行统一管理（增、删、改、查）。

（3）系统配置

1）行政事项库

根据项目梳理的事项清单，在"行政事项库"或"公共服务事项库"等事项库中新增事项，提供项目申报流程等条件。事项分为标准事项和实施事项。

2）主题管理

对项目主题进行增删改。

3）材料类型库

对材料分类列表进行新增、删除、分类编辑等。

4）材料标准清单

对事项材料进行新增、删除、刷新等。

2．基于CIM的三维城市设计系统（图9-48）

三维城市设计系统具有面向三维规划领域，辅助模拟对比城市设计方案的专业应用系统。系统建设采用双引擎、双平台进行开发，易智瑞引擎和平台主要侧重于业务应用，UE引擎和高仿真平台主要提供对场景高逼真展示以及可服务于规划研究管理部、规划技术审查部等部门。在规划设计方案的审定中，帮助决策者确定方案周边建筑现状、山体、水体、场地、视觉通廊、水域与周边是否矛盾，采用三维城市设计系

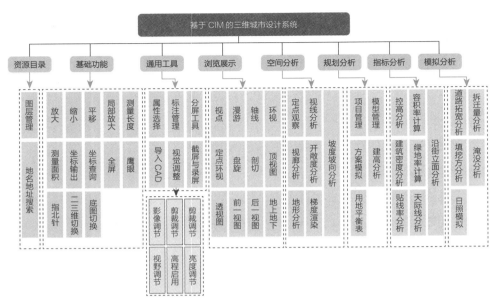

图9-48 基于CIM的三维城市设计系统功能图

统，可实现多视角三维可视化浏览，帮助确定上述信息，其次提供方案优选能力，可以直观地判断方案的合理性以辅助选择最佳方案，使新的建设方案融入城市现状，得到最终方案。

其主要功能包括：项目管理、模型管理、辅助分析、浏览展示、规划分析。

（1）项目管理

系统中创建项目，需先有项目才能上传模型；汇总在办项目和办结项目；按项目类型分类统计项目数量，按模型类型统计平台中的模型数量。

（2）模型管理

上传项目的模型到系统中统一管理。

（3）辅助分析

根据城市规划导则，从城市公共空间环境的角度出发，对建筑单体之间的空间关系提出建议性的设计要求，并对城市整体建筑色彩、城市整体形态、城市天际线等控制指标提出建议。

（4）浏览展示

规划管理者需要确定工程的以下信息：周边建筑现状、山体、水体、场地拆迁情况，高压线、微波通道、视觉通廊、水域、涵道、场地标高与周边高差、与周边有无矛盾，采用三维城市设计系统，可实现多视角三维可视化浏览，并通过各种三维分析功能，方便地帮助规划管理者确定以上需要了解的信息。

图9-49　基于CIM的三维城市设计系统示意图

（5）规划分析

对照上位控规条件，实现规划指标的动态实时计算（包括控高分析、容积率计算、建筑密度计算、绿地率计算等，图9-49）。

3. 基于CIM的综合管理系统（图9-50）

作为CIM基础平台的可视化端，综合展示系统基于CIM三维场景，提供基本浏览、剖切、通用工具、截屏录屏等功能，汇聚各类专项应用数据等能力。

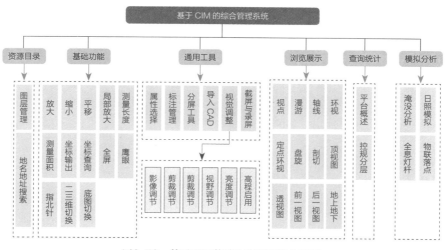

图9-50　基于CIM的综合管理系统功能图

267

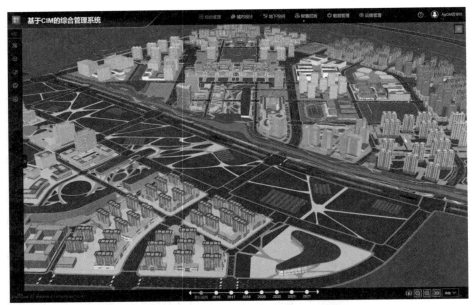

图9-51　基于CIM的综合管理系统示意图

在系统中可实现查看和跟踪工程建设项目分布和进展，周边场景数据、物联感知数据、互联网大数据与工程建设项目关系以及规划实施监督评估。查看平台资源目录，加载查看各类规划冲突情况，叠加CAD和导出CAD文件。

各部门可通过综合展示系统查看数字底板，也可以将相关数据提供给智慧城市推进部，纳入平台中，实现部门间数据共享（图9-51）。

4. 基于CIM的辅助智慧招商系统（图9-52）

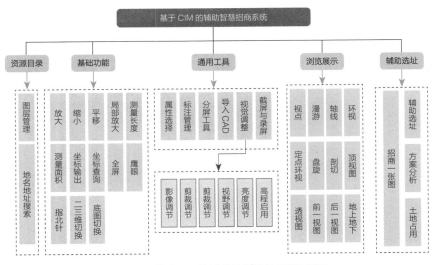

图9-52　基于CIM的辅助智慧招商系统架构图

基于CIM的辅助智慧招商系统是以CIM平台提供的数据为支撑进行应用的，汇聚各类应用数据，提供基本的浏览、剖切、截图与录屏等经济区漫游功能及辅助选址功能。

可服务于招商一、二部，提供用地资源和招商推介。基于CIM基础信息平台，对区域内的招商资源、招商项目基础信息进行全面梳理，实现政务、新闻资讯等招商信息综合展示、基于CIM各类数据的经济区漫游和智慧选址分析等功能，提供招商咨询平台。

主要功能包含两大方面：经济区浏览、智慧选址分析。

（1）经济区浏览

系统汇集国土、规划、环保、经济等相关数据，制定数据标准，明确土地位置、土地价值；整合开发区原有招商数据资源，由碎片化向集中化过渡，搭建招商平台，建立共享体系；招商专员、招商局领导通过系统了解临空区招商资源情况。

（2）智慧选址分析

通过整合信息，多维度数据分析，提出选址意见；汇集多部门信息，为企业规避选址风险，提高效率（图9-53）。

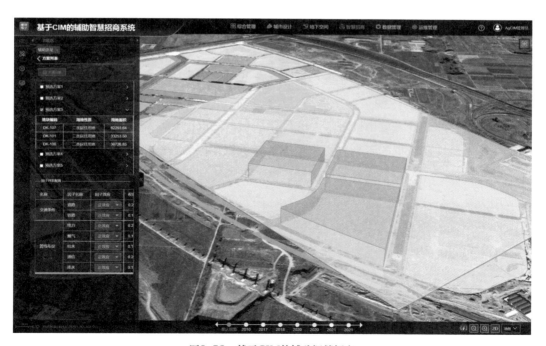

图9-53　基于CIM的辅助智慧招商

5. 基于CIM的地下空间管理系统（图9-54）

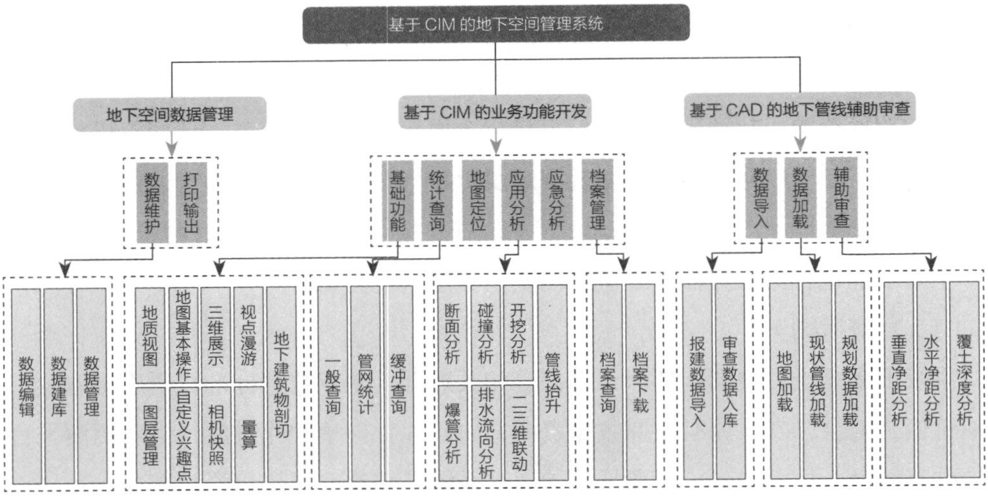

图9-54　基于CIM的地下空间管理系统功能架构图

系统基于CIM平台实现地上地下空间场景一体化展示，形象展示出地下管线情况。通过数据管理、数据编辑、数据导入和输出功能，为管理部门提供方便、准确、快捷的地下管线数据信息管理以及更新机制；通过统计查询、应用分析为管线的规划设计、建设管理以及市政设施管理提供方便，通过管线的应急分析、二三维联动展示、地下建（构）筑物剖切的方式，辅助政府部门分析决策。

可为规划研究管理部、市政规划部、市政工程管理部、公用事业部、质量安全部、综合监管部、智慧城市推进部、综合执法局、建设单位等部门提供服务。实现地下管线全生命周期数据的管理，提供数据更新机制，保障数据质量。建成基于CIM的地下空间管理系统，为其他业务子系统提供地下管线和地质钻孔、土层数据信息，辅助应用决策。

地下空间管理系统建设内容包括以下功能：基于CIM的地下空间数据管理、基于CAD（2008）的地下管线辅助审查、地下空间应急分析、管线应用分析、管线统计查询。

（1）基于CIM的地下空间数据管理

系统提供管线全生命周期的数据管理，支持管线数据质检、成图、更新入库。

（2）基于CAD（2008）的地下管线辅助审查

提供管线数据的碰撞分析，辅助审查部门人员对报建数据的审查。

（3）地下空间应急分析

系统提供针对火灾发生隐患位置，可通过地图空间数据分析周边消防站点距离及路径分析，得出最近消防点的位置及路径距离。

（4）管线应用分析

基于CIM平台提供管线的相关分析功能，如：断面分析、开挖分析、排水流向分析、爆管分析等，辅助管理部门对管线情况的分析查看。

（5）管线统计查询

基于CIM平台提供现状管线数据的查询统计，地质钻孔、土层数据的查询功能，便于管理部门对现状信息的查询管理（图9-55）。

图9-55　基于CIM的地下空间管理系统功能架构图

9.3.3　建设特色

1. 城市"规设建管"全流程支撑体系

结合临空区特点，综合运用GIS、BIM、CIM、数字孪生等技术，将城市规划、城市建设、城市管理、城市运营四大CIM关键环节彻底打通，结合BIM审查辅助系统和BIM审计辅助系统，从业务上连接为一个大系统、形成一个链条，进一步实现城市智慧化管理、决策及可持续运营。

2．城市全域数据共享和交互

充分利用CIM平台关键技术，融合各类覆盖地上、地表、地下的现状和规划数据，打破数据壁垒，使用统一的数据推进城市全域数据的共享和交互，实现对城市信息的立体全面感知、广泛互联互通、海量数据共享、知识决策分析和智能服务应用。

3．城市更新发展全进程数字化和孪生化

充分利用BIM技术，探索贯穿城市生长的各行各业和各个阶段，覆盖规划、市政、建筑等多领域需求的临空区CIM平台，打造统一的数字孪生空间，从而实现从"一张蓝图"到项目落地，从一片空地到整座城市，城市更新发展全进程的数字孪生。

4．率先在国内实现从智慧城市建设角度出发的基于BIM技术的全范围、全流程CIM平台应用

基于CIM平台建设规划、设计、施工、竣工验收的辅助审查系统，实现对工程建设项目BIM报建成果基于关键条件、硬性指标、强制性条文的智能审查，降低人为因素干扰，提高审批效率。

5．临空区"新基建"与实体城市同生共长

充分利用新基建技术，将物联网导则与实施细则纳入规划条件和技术审查，统筹规划物联基础设施一张网，并基于CIM平台将5G、LoRa、合杆等物联基础设施下沉至每个地块，统筹设计与建设，实现临空区新基建与实体城市同生共长。

9.3.4 效益分析

9.3.4.1 经济效益

1．实现CIM数据共享，减少政府各委办局重复投资

通过CIM关键技术可以帮助搭建以BIM数据为核心，多源、多尺度、全空间融合的面向城市精细化管理的智慧城市动态全息底板，并通过平台实现政府部门之间的共享使用，支撑智慧应用的开发。从而实现一次投入建设，多部门共享使用，可以减少政府各委办局在平台和数据方面的重复投资。

2．为工程建设审批单位节约业务时间，降低BIM模型重复制作成本和实施返工成本

通过CIM关键技术，可实现工程建设项目的智能化审查审批，设计单位在设计BIM模型的时候就可以自检BIM模型是否符合报建要求，减少往返次数；政府部门或审图单位可以利用BIM系统实现智能化审查审批，提高了审查审批效率，节省了企业的业务办理时间。

设计、施工、竣工等阶段制作的BIM模型都可以通过平台实现工程建设项目全生命周期的信息融合、流转、共享，这样也降低了设计单位、施工单位等重复制作BIM模型的成本。此外，施工单位利用BIM技术可以在正式实施前发现并解决存在的问题，减少因图纸错漏、方案不合理造成的返工，节约工期及造价。

3. 激发产业发展动力，创造利税，促进GDP增长

项目作为新型智慧城市建设的重要组成部分，激活拉动了整个信息通信产业链的共同发展，围绕产业价值网络构建生态体系，相关技术实力和业务市场将快速提升和持续扩张，推动上下游产业落户，促进CIM创新公司和相关业务市场的落地，创造利税，同时也为其他行业及一些基础性和应用型的技术指出新的发展方向。

随着今后项目技术的不断深入研究和进一步探索，城市产业、交通、市政、教育、医疗等更广泛的数据将进一步融合，平台将汇聚海量数据并共享，在指导其他城市或区县的平台建设工作中发挥更大作用，并为全国CIM平台建设工作提供示范及指导，进而降低全国各政府委办及机构CIM平台建设成本。

9.3.4.2 社会效益

1. 孵化出自主可控、轻量化的LKD格式，贯彻建筑项目全生命周期，加快国产化进程，保障数据安全性

项目孵化出了自主可控的、轻量化的LKD格式。对审查指标进行了再梳理，实现了全要素规划审查，智能审查审批覆盖了工程建设项目全专业，有助于经办人更好地服务于报建单位；拓展了基于IFC工程规划报建领域的数据对象及属性信息定义，涵盖建筑等专业，满足了现有工程建设项目全专业报建和全指标审查需要。

通过LKD轻量化数据格式，有效保证了标准参数一致、功能操作一致、结果模型一致，实现从立项用地规划许可到不动产登记和运营全生命周期六阶段都可以基于统一标准的BIM模型实现信息融合、流转，做到信息前后无缝流转，通过对LKD文件的应用，使得审查审批业务可以贯彻到建筑项目全生命周期。同时自主可控、轻量化的LKD格式有利于保障数据的安全性，便于数据交换；基于LKD格式，支持BIM审查，为全区BIM应用创造了便利条件，为实现数字城市做好准备工作。

2. 加快数字基础设施建设，精准实现城市基础设施问题诊断及预演，支撑城市精细化管理

以BIM/CIM为抓手，打通规划、建设、管理、运维的全链条，覆盖设计单位、建设单位、施工单位、管理部门的全生态，数据同源、规则统一、过程同步，联通全区基础设施，准确地加载城市数字化模型上。通过BIM/CIM系统全面地掌握包含场

地、单体、构件、管线、设施等在内的城市"经络体系"，加强数字城市与物理城市的泛在物联感知，实现城市问题的精准诊断、预先模拟和快速应对。

3．城市全息底板统筹城市规划发展，加快城市治理智慧化转型，促进政府服务效能提升

项目打造了一张动态的城市全息底板，各政务系统与CIM平台进行对接，让城市的不同管理部门，在同一平台上实行交叉管理，推动数字技术与城市治理广泛深度融合，实现部门间信息传递和数据互通，推动政务服务资源有效汇聚、充分共享。

聚焦企业设立、不动产交易登记、工程建设项目并联审批等重点领域，景观工程、市政规划等辅助决策领域，不断拓展关联事项，优化办理流程；促进政务服务效能大幅提升，有效解决"信息烟囱""数据难协调"等问题，减少重复建设，促进城市信息联动。

4．带头示范作用，积极引导产业创新

构建基于CIM技术的建设行业管理平台，起到示范作用，促进CIM技术在建设企业的应用，通过减少设计错漏、精细化管理带动业主对CIM技术的认可，推动CIM技术在建设行业的应用快速健康发展。以CIM平台建设助推BIM在信息模型三维化、可视化、虚拟化、协同化应用的优势，串联工程建设各阶段BIM在项目全生命周期的管理应用，推动建设行业传统思维的加快转变。

5．拉动就业，培养造就高水平人才队伍，激发并优化产业生态

项目的构建与实施推动了信息化产业的发展，刺激了CIM相关产业壮大，释放出更多就业机会；基于项目，遴选和培养了一批在CIM技术上具有创新研发能力的高水平人才，扩大了CIM人才队伍，为全国CIM技术的深入发展和应用奠定了基础。

今后项目成果将不断推动CIM+应用，将在促进城市管理、人才就业等方面发挥更加重要的作用，促进精准规划、精细管理和精明服务，助推新型智慧城市发展建设。

9.3.5 经验借鉴

总体来看，北京大兴国际机场临空经济区实践主要有以下几个方面的经验：一是政府主导建设，CIM平台是智慧城市的基础性和关键性的信息基础设施，是一个复杂巨系统，涉及部门广、对接系统多、沟通难度大，是"一把手"工程，需要从机制上动员多方合力推进；二是做好顶层设计，复杂系统工程一般都需要做好顶层设计，定义好CIM平台的建设阶段和层次，设计形成有机统一、协同的试点建设体系，在数据治理、系统平台建设、软硬件环境搭建、智慧应用、措施保障等方面形成分级分工建设指引，指导各级各部门在数据标准贯彻、样例推荐、平台对接、数据共享等方面产生成效；三是注重基础数据，按照发布的技术导则和相关标准，结合本地实际需求，分级建立CIM基础数据库，丰富数据资源，建立数据共享和管理机制；四是抓住应用小切口——四个阶段智能化审查（备案），开展建设规划审查、建筑设计方案审查、施工图审查、竣工验收备案等应用，实现工程建设项目审批由人审向机审辅助人审转变，为审批提速增效，进一步辅助提升工程建设项目审批改革的成效，优化营商环境；五是以用促建，聚焦本地实际，构建应用体系，围绕城市的规划、设计、建设和管理等构建"CIM+"应用系统，通过具体应用场景来检验和促进平台的优化，优化后的平台为应用提供更好的支撑，形成良性循环。全国的其他地区可以通过考察交流、专家咨询和培训等方式，学习北京大兴国际机场临空经济区CIM基础平台建设的经验和做法，促进全国各地区智慧城市建设的新模式发展。

9.4　中新天津生态城实践——基于CIM基础平台的城市建设全生命周期管理

9.4.1　建设情况

2020年初，经天津市人民政府同意，中新天津生态城（以下简称生态城）CIM平台试点工作方案正式上报住房和城乡建设部。当年年底，住房和城乡建设部办公厅下发《关于同意中新天津生态城开展城市信息模型（CIM）平台建设试点的函》，正式同意生态城开展CIM平台建设试点。

为贯彻住房和城乡建设部试点工作要求，落实完成生态城建设局关于开展城市信息模型（CIM）平台建设工作，提升规划审查、建筑设计方案审查、房屋管理、地下管线管理、土地储备管理的效率和质量，推进工程建设项目审批相关信息系统建设，推动政府职能转向减审批、强监管、优服务，建设生态城智慧城市统一三维平台，特此开展2020年生态城CIM平台项目建设。

9.4.2　建设成果

生态城CIM平台建设的目标是建设支撑生态城建设业务全过程流转的CIM完整平台；打造反映生态城建设过去、现在和未来全时域的智慧建设应用场景；建立覆盖生态城全空间的三维数据底板，服务生态城整体智慧城市建设，具体建设规划包括：

（1）在多层级安全访问机制下，建设具有智慧规划和智慧建设能力的全过程CIM平台；

（2）打造生态城智慧城市"1+3+N"框架体系下的"智慧建设"应用场景，全时域展示生态城建设的过去、现在和未来；

（3）建立覆盖生态城全域的三维数据底板，为生态城智慧城市建设提供开放共享的全空间基础支撑。

CIM平台在生态城智慧城市建设中有着明确定位。生态城确定的《智慧城市建设实施方案》提出生态城将在"1+3+N"的框架体系下，建设全国智慧城市的试点样板。其中的"3"个平台，就包括以生态城CIM平台和数据汇聚平台为核心，逐步建成区域的全域CIM化，以及全部区域的基础数字化的"数字平台"。全域数字孪生为基础的CIM平台以规划建设行业为起点，逐渐支持各城市管理领域的虚拟化治理也是"N"类前沿科技应用。在"城市大脑"的驱动下，各类社会治理问题将在CIM平台的帮助下快速化解在一个个"网格"之间（图9-56）。

生态城CIM平台建设，主要包括CIM三维底板、CIM基础平台、智慧业务系统三大部分。

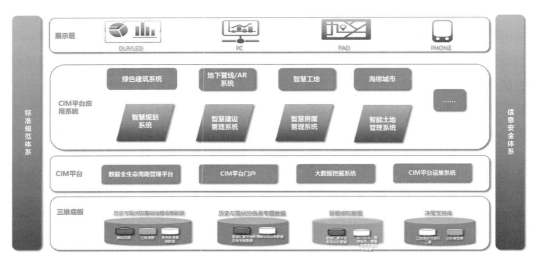

图9-56　生态城CIM平台整体架构图

9.4.2.1　CIM三维底板

补充采集或加工地理信息数据，打造覆盖生态城全域的三维底板。在现有数据平台15个门类60多种数据基础上，补充完善规划类数据、基础地理信息数据、城市建设相关数据及其他数据，包括精模数量5400余个，提取建筑物覆盖区面（包括精模、城

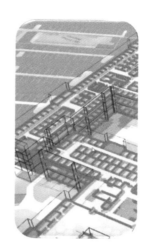

图9-57　三维底板数据中心

市设计模型等）1万余个。其中，规划类数据包括城市总规、控规、城市设计和土地权属信息数据；城市建设相关数据包括建筑物BIM数据、建设项目信息、绿色建筑、海绵城市、地下管廊和地下管线信息数据。

三维数据底板建设中，在原来6大类数据（时空基础数据、资源调查数据、规划管理数据、工程建设项目数据、公共专题数据、物联感知数据）的基础上，增加了房屋管理数据和特色专题数据，实现了城市建设业务全过程数据的融合，最后以资源目录的方式提供使用（图9-57）。

9.4.2.2　CIM基础平台

智慧城市CIM基础平台，以二三维地理信息服务为基础，通过标准规范和操作规程体系保障，重点打造生态城管委会各职能部门和专业公司之间的数据共享平台和城市运维协作平台。在技术层面，实现对物联网实时数据、各类三维数据和空间大数据服务的支撑，为实现各种智慧应用提供技术保障，平台具体包括数据汇聚与治理系统、全息展示与查询分析系统、共享与服务系统和运维管理系统等模块（图9-58）。

（1）全息城市：全息城市展现、多维数据查询和综合分析，提供大数据挖掘分析能力（图9-59—图9-64）；

（2）资源中心：CIM平台数据资源共享交换的窗口，提供基础数据服务和资源检索能力（图9-65）；

（3）在线制图：二三维地图/场景可视化定制，支持多源数据场景组装；

（4）开放平台：为平台内外部不同类型的用户提供应用定制化能力（图9-66）；

（5）运维管理：面向平台管理运维人员，提供CIM平台软硬件—体化监控运维管理。

图9-58　生态城CIM基础平台

图9-59　多源数据融合展示

图9-60　传统手工建模

图9-61　倾斜摄影模型

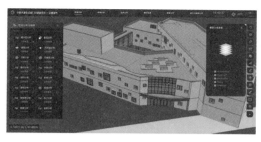

图9-62 BIM模型

图9-63 地下管线模型

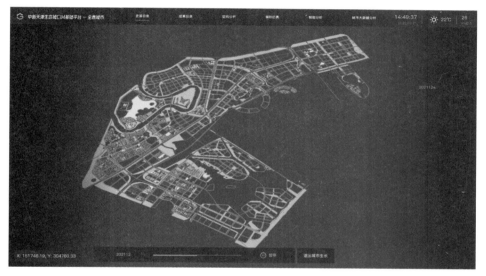

图9-64 城市生长模拟仿真

图9-65 资源目录

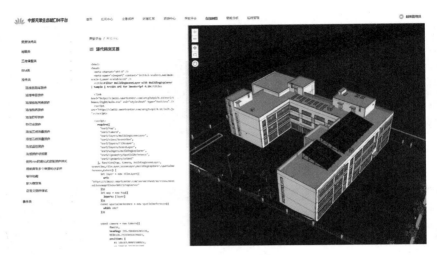

图9-66　二次开发接口

9.4.2.3　智慧应用系统

生态城CIM平台建设了八大智慧应用系统，实现建设业务全覆盖。

1．智慧规划系统

依托CIM平台，建立以监测评估和辅助决策分析为核心的智慧规划系统，在控规层面对城市的居住空间、产业空间、综合交通、开放空间，以及公共服务设施等方面展开监测评估，关联用地、建设项目、产业和居住、人口、交通、公共服务设施等，建立大数据城市规划分析模型，为政府部门进行城市招商选址、发展空间、街区更新改造、用地优化调整、交通组织、公众参与等方面提供决策参考。利用CIM平台，通过二三维联动，实现规划指标监测、概念设计方案比选的可视化，实现生态城规划建设管理的数字化和智慧化（图9-67）。

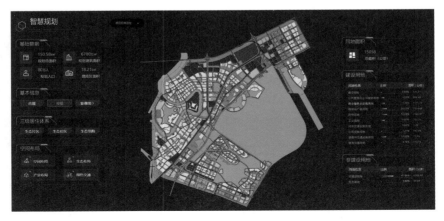

图9-67　智慧规划系统

2．智慧规划系统——BIM报建系统

应用于工程建设项目在线报建审查审批与相关部门协同审批，利用BIM技术，结合规划审批业务流程，实现经济技术指标的自动化审查，通过BIM模型为业务决策提供精准的数据支撑。为报建申请人提供24h在线的项目申请入口，实现提供在线提交文件模型、在线查询审批进度和反馈意见等功能。审批人员可批注审批意见；实现相关法律法规与报建文件的经济技术指标自动对比检查，向审批人员实时报告自动审核结果（图9-68）。

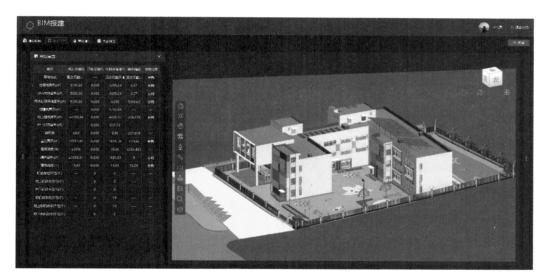

图9-68　智慧规划系统——BIM报建系统

BIM数据标准编制：建立BIM应用标准、数据交换标准、模型设计标准及成果交付标准，有效实现BIM模型数据存储与交换，保证数据存储与传递的安全，满足从规划方案、设计方案报建等环节的BIM报建标准规范体系。

3．智能土地储备管理系统

智能土地储备管理系统主要用于储备土地的收购、整理、分配与管理，能够有效地进行地块储备及供地与规划信息管理，提高土地资源利用率，为征地和土地登记发证提供决策依据，为公众提供高质量、高可靠的服务。智能土地储备管理支持储备土地的空间可视化、土地状态的监管以及土地信息的查询与统计（图9-69）。

4．智慧建设信息系统

生态城逐年编制建设计划，并跟踪建设进展，确保各重点项目能够按照建设计划

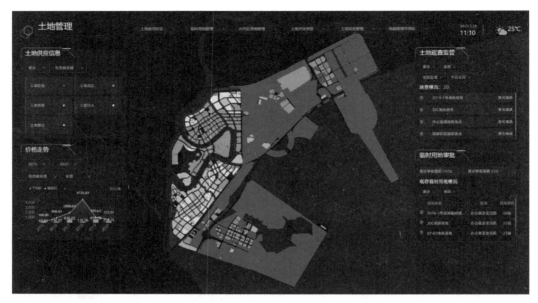

图9-69　智能土地储备管理系统

图9-70　智慧建设信息系统

确定的进度节点推进。以CIM平台为基础，对建设计划的申报、编制、调整、进度执行、资金拨付与工程变更等全阶段进行管理；综合分析项目建设分布与进展情况、资金计划与固投完成情况，通过项目分布位置图、资金投入分布图、项目类型分布图、建设过程热力图等展现模式，动态实时反馈建设项目的进展情况（图9-70）。

5．智慧房屋管理系统

智慧房屋管理系统建立房地产预警预控指标体系，自动进行宏观比对与预警，构建房地产预警预控系统；在提升房屋管理系统基础上，整合房屋基础信息和小区大门出入信息，建立房屋安全监测系统；建立物业和配套项目管理系统，对配套项目计划、配套费收缴、配套项目过程监管和配套项目验收等方面进行综合管理，实现生态城配套项目的统一管控以及对入住小区房屋的安全管理（图9-71）。

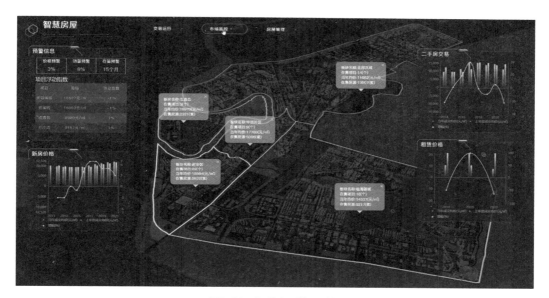

图9-71　智慧房屋管理系统

6．地下管线管理系统

通过管线数据定期更新和传感器感知管线及管线设施运行状态，实现管网逻辑拓扑图与地理图联动，利用北斗定位、增强现实等技术，提供施工、巡检现场各类管网埋设情况和运行状态的报送（图9-72）。

7．地下管线管理系统——AR三维管线展示系统

通过移动端手持设备智能感知管线及管线设施运行状态和环境状态，逻辑拓扑呈现管网设备连接关系，AR新技术助力智能巡检（图9-73）。

8．绿色建筑能耗监控系统

绿建系统对生态城城区及绿色建筑进行动态展示，实时比对绿建指标与实际运行状态，使建筑节能、节水、室内环境、建筑运维等方面的技术和实际效果可视化，综合反映建筑运行水平，覆盖面广，展示内容全面。CIM平台的引入，使绿建场景深入建筑内部，用户可直观地查看能耗、构件属性以及所采用绿建技术等（图9-74）。

图9-72　地下管线管理系统

图9-73　移动端AR三维管线展示系统

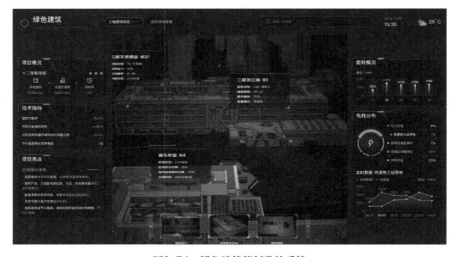

图9-74　绿色建筑能耗监控系统

9. 智慧工地管理系统

围绕人员、安全、质量等业务场景，构建覆盖建设主管部门、责任主体、建筑工人三级联动的智慧工地管理体系，依据生态城首先提出的智慧工地4S管理体系，通过对人员管理、安全生产、监管和服务达到对建筑工地全生命周期全过程的监管（图9-75）。

10. 海绵城市管控系统

海绵城市管控系统对城市范围内的水循环全过程进行管控与监测，为政府和相关各方在海绵城市建设和海绵城市运维管理方面提供量化的数据支撑和实用的管理工具。采用指标来管理和控制海绵城市建设过程，通过实时监测对管控目标是否达成进行验证与评估考核（图9-76）。

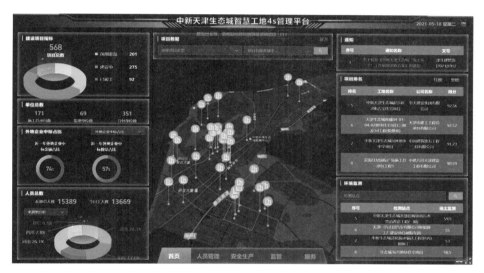

图9-75　智慧工地管理系统

图9-76　海绵城市管控系统

9.4.3 建设特色

1．打造覆盖生态城全域的三维数据底板

从二维到三维，CIM平台是在数据汇聚平台的基础上，通过标准规范和操作规程体系保障，重点打造支撑规划、建设、土地、房屋等各业务系统并打通建设局业务数据流转的协作平台；同时，将打造三维地图底板，开发城市级三维场景下室内室外、地上地下、静态、实时数据展示分析的支撑能力，为实现智慧城市各场景应用提供技术保障。

2．勾画城市国土空间规划"一张蓝图"

深入学习新加坡在智慧规划方面的先进经验，同新加坡国家发展部开展交流合作，打造基于CIM平台的智慧规划平台，整合城市基础信息、城市规划和大数据信息等资源，实现"一本规划""一张蓝图"，解决现有各类规划自成体系、内容冲突、缺乏衔接等问题，实现优化空间布局、有效配置土地资源、提高空间管控和治理能力。分析并进行汇总、建模和评估，使城市规划更加智能化和科学化，为城市设计提供决策支持。

3．支撑新城建，打造智慧城市统一三维基础平台

生态城以"统筹规划、统筹建设、统筹管理、统筹运维"的原则形成科技治理城市的思路主线，聚焦如何提高政府效能，通过构建全域数据整合、职能整合和资源整合，形成了面向未来的一体化发展环境。以CIM平台为基础，将城市规划、建设、运维数据叠加在一起，实时掌控城市脉动，融全生命周期管理意识于城市建设管理的方方面面，实现了"一张底图管全部"，支撑着智慧交通、智慧小区、智慧环保等新城建典型智慧应用，以智慧赋能，促进城市效能和治理能力提升。

4．先进、稳定、安全的技术体系，为系统建设保驾护航

基于新一代国产地理信息平台GeoScene研发，是贯穿从桌面端、服务器端、应用端到开发端的三维整体解决方案，同时支持开放地理空间协会（Open Geospatial Consortium，OGC）的Indexed 3D Scene Layers（I3S）标准，功能上提供增强的数据获取和处理、海量的数据存储与管理、强大的空间分析、便捷多渠道的服务发布、高效的场景创建、可视化和灵活的系统定制与开发能力。

采用分布式部署：将一个大的系统划分为多个业务模块，业务模块分别部署在不同的服务器上，各业务模块之间通过接口进行数据交互。数据库采用分布式，如redis、ES、solor等。通过LVS/NGinx代理应用，将用户请求均衡地负载到不同的服务

器上，大大提高了系统负载能力，解决了网站高并发的需求。

采用微服务架构开发，将CIM平台主要功能分解拆分成很多小应用（微服务），各微服务可独立迭代升级，测试部署，减少故障影响。

9.4.4　效益分析

9.4.4.1　经济效益

中新天津生态城CIM平台的建设，使城市数据从汇聚治理，到融会贯通，再到盘活应用，让生态城建设业务工作实现了全面升维。

1. 空间升维

从二维到三维，服务于全域、全空间、全要素的精细治理。

2. 时间升维

能够回溯历史、掌管当下、预测未来。例如：我们能够感受到城市发展的沧海桑田，它描绘了生态城从一块盐碱之地到未来2035年的变迁过程；通过对建筑工地的施工模拟仿真，让我们看到一栋建筑，根据其施工计划将如何一步一步建成。

3. 业务升维

围绕建设局核心业务进行赋能，为日常工作提质增效。例如城市规划、土地储备管理、建设计划管理、绿色建筑监控管理，等等。

4. 治理升维

从数据汇聚到共享服务形成闭环，打通各职能部门间的数据壁垒，为内部、外部提供业务支撑能力。城市的精细化治理是目标，消除数据鸿沟是基础，因此需要数据存储管理、服务资源管理、共享分发管理、标准规范与机制的制定来共同实现。

9.4.4.2　社会效益

中新天津生态城智慧城市CIM平台及应用建设项目于2020年8月19日签署合同，项目主体内容CIM平台全息城市展示系统、智慧规划——BIM报建系统、智慧建设系统、绿色建筑智慧场景陆续投入试运行，拓展了CIM基础平台在城市规划建设管理领域的示范应用，构建了丰富多元的"CIM+"应用体系，推进城市信息化、智能化和智慧化。

2021年5月19日央视新闻在《走进智能大会永久展示基地——天津中新生态城智能小镇》直播中对生态城CIM平台做了报道。5月20日生态城CIM平台亮相第五届世界智能大会，得到与会专家、来宾的高度关注和认可（图9-77）。

同时，生态城还在积极探索新城建CIM的建设与应用，目前正在生态环境、智慧

图9-77　央视报道生态城CIM平台

交通、无废城市、重点关爱群体等方面探索应用。以无废城市为例，无废城市是生态城建设"绿色发展示范区"的重点工程，CIM平台充分发挥建设全生命周期管理优势，体现城市固体废物精细化管理态势，展示生活垃圾、餐厨垃圾等不同类别分类管理相关信息，通过分析预警功能发现固体废物对环境的影响，提示相关部门及时处置。而重点关爱群体，则是利用CIM室内外全景三维、5G室内定位等技术，跟踪独居老人等重点关爱群体，建立电话随访、室内定位、能源使用监测等多种渠道交叉判定异常事件机制，达到见户知人、见人知情、及时预警的目的。

9.4.5　经验借鉴

中新天津生态城CIM平台是以建设全生命周期治理为目标，进行了市政基础设施数据模型深度融合，建立了统一的三维实体数据模型。在空间维度上，涵盖了全域范围内每一个建设工程地上、地下、室内、室外的硬件数据。在时间维度上，它记载了生态城从2008年开工至今的全部历史建设数据，并且可以延伸和推演出2035年规划期内的发展情景。在专业维度上，它囊括了规划、土地、建设、房管、工地等各个领域的业务数据，打通了各个职能部门之间的数据壁垒。基于以上物理与业务实体，CIM平台打造全空间、全要素、全域信息可连接的三维实体数据模型，也是与物理世界一一映射、精度上分层分级、具有唯一身份编码、结构化的CIM平台核心模型。

生态城CIM平台强调应用至上。基于日常管理的业务需要，目前在CIM平台之下共开发了八个智慧应用，包括规划、土地、建设、房管、工地五个主要业务领域和地下管线、绿色建筑、海绵城市三个特色业务领域。例如，规划应用可以辅助招商项目选址、实现建设项目BIM系统报批报建；土地应用可以对闲置土地进行动态监管；建设应用可以对固定资产投资和建设计划完成情况进行实时监控；房管应用可以对房屋销售价格、存量商品房去化周期进行实时监控；工地应用可以利用物联网对每一个工地进行远程监管，查找安全隐患；绿色建筑和海绵城市应用可以对建筑能耗、水量、水质等数据进行实时监控和预警。上述应用极大提高了生态城规划建设管理的效能和精细化水平。

5

展望篇

第10章

未来展望

　　工程项目审批改革需求、"一网统管"的建设需求、城市高质量发展的要求，以及相关信息技术发展驱动催生了CIM的诞生。通过梳理CIM相关的国家政策、地方政策，分析出政策指引的CIM+应用方向——在工程建设项目审批管理、智慧市政、城市规划、城市体检、城市更新等精细化城市建设治理工作中，都起到了支撑作用。

　　我们探讨了CIM与CIM基础平台的概念，CIM是以建筑信息模型（BIM）、地理信息系统（GIS）、物联网（IoT）等技术为基础，整合城市地上地下、室内室外、历史现状未来多维多尺度空间数据和物联感知数据，构建起三维数字空间的城市信息有机综合体；CIM基础平台是管理和表达城市立体空间、建筑物和基础设施等三维数字模型，支撑城市规划、建设、管理、运行工作的基础性操作平台，是智慧城市的基础性和关键性信息基础设施。由此可知，CIM是一门信息技术，承载CIM技术的载体即是CIM基础平台。

　　CIM基础平台定位是作为城市三维数字底座的操作系统，平台要满足汇聚多源异构异地异主数据的融合、海量数据的可视化渲染、二三维数据的互联共享，因此，需要建立一个开放的、松耦合的、易于扩展的系统架构，基于此CIM基础平台设计方法主要采用面向服务的设计方法。为了实现多源异构异地异主数据融合集成，搭建智慧城市三维数字化底板，对CIM高效三维引擎、BIM兼容集成、CIM与智能感知和自动识别融合等技术的研究，成为CIM基础平台推广运用的关键。本书对CIM基础平台架构、CIM基础平台设计的总体内容，包括对数据资源、CIM基础平台、标准规范、安全保障、硬件网络、配套管理机制等做了总体概述，对开展CIM基础平台建设提供顶层指导。

　　在充分探讨CIM相关理论的基础上，对已投入使用的广州、南京试点城市，以及北京大兴国际机场临空经济区和中新天津生态城作为CIM应用实践案例进行分析，分别获悉各项目的建设内容、成果、特色及经验等。

CIM基础平台的快速推广应用，还需要更加规范的标准体系、国产化的数据库、更智能的基础平台服务，以及更有力的安全保障。在未来，CIM基础平台可以与市政基础设施智能感知与监测、智慧城市与智能网联汽车、城市运行管理服务、智慧社区与数字家庭、智能建造与建筑工业化、城市体检等应用进行联合，通过CIM基础平台提升这些应用与空间属性的深度结合，从二三维一体化的全新视角支持城市公共管理与公共服务，逐步通过CIM平台提供信息互通、资源共享、协调联动的在线服务，打造成为"一网统管"的共性支撑平台。

10.1　CIM基础平台发展展望

10.1.1　标准体系更规范

标准规范是行业发展的重要依据和保证，能够提高行业在市场发展中的竞争力。CIM基础平台的发展必须要构建一套规范的CIM标准体系，包括CIM基础平台建设标准、数据标准规范、应用标准规范以及运维管理标准规范等，从数据采集、数据处理、数据汇聚、平台搭建、运维管理等方面规范和指导CIM基础平台建设及开展CIM+应用。

CIM标准体系的编制以科学、技术和实践经验的综合为基础。现有的标准规范体系是为了快速响应各地建设所亟须的CIM基础平台和数据加工的技术性要求，解决项目实施落地过程中的难点问题。随着各地CIM基础平台建设热度持续高涨，多地在CIM标准体系建设方面做了探索与实践。全国智能建筑及居住区数字化标准化技术委员会、广东省、南京市和成都市等，均聚焦各自应用层面与具体需求，相继开展了CIM标准体系的研究，为国家、省市等层面CIM标准体系的构建积累了可借鉴的实践经验。

未来，完善的CIM标准体系在平台落地建设和长效运营中的作用举足轻重，结合各地对于标准体系和基础标准的实践探索，构建统一、全面的标准体系，以各类标准规范的功能和数据技术内容、数据的共享交换机制、信息安全及运维管理等内容，以标准化工作促进CIM基础平台建设逐步走向科学化、合理化和规范化。同时，除了逐步规范和完善CIM标准体系之外，各级CIM基础平台建设需要一套更加完善的制度体系设计：一是保障国家—省—市三级CIM基础平台体系的融会贯通，涉及自下而上的数据传导和共享，以及自上而下的业务监督和管理机制；二是要设计一套保障CIM基础平台全生命周期运营的数据有效治理更新共享的机制；三是要设计一套有效的评估机制和激励机制。CIM标准体系的设计，将直接影响平台实际的建成效果、运行状态和运营价值，未来各地将深入研究CIM标准体系，助力CIM基础平台在城市规划、建设、管理、运营全生命周期过程中发挥持久有效的支撑作用。

10.1.2 数据库建设更国产

我国大力发展国产化战略，在新型城市基础设施建设的层面，将加快推动包括数据库在内的信息技术的本土创新，鼓励企业采购国产化生态厂商的产品和服务，大大促进了国产战略发展。CIM基础平台的建设，未来会响应国家国产化战略的号召，逐步实现包括数据库在内的信息技术国产化，数据库也正在往国产化方向发展，如OceanBase、PostgreSQL、TiDB、达梦、人大金仓等。为了拥有真正的核心竞争力，保持新城建持续发展能力，在数据库国产化道路上，不是简单替换，在短时间内去完成产品替代，而是基于新一代技术进行创新，实现真正的全面国产化。

构建CIM大数据中心是CIM基础平台建设的一个重要环节，同时也是新城建的关键环节。实现海量CIM数据的高效加载浏览及应用，汇聚二维数据、BIM模型、倾斜摄影、白模数据以及视频等物联网数据，实现历史现状规划一体、地上地下一体、室内室外一体、二三维一体、三维视频融合的可视化展示，提供疏散模拟、进度模拟、虚拟漫游、模型管理与服务API等基础功能，打造CIM城市的数据大脑。平台汇聚城市的多源异构数据，对数据处理的技术要求日益增加。国内为了推动稳投资促消费政策落地落实，激发信息技术应用创新产品和服务的市场化、规模化效应，形成国产化芯片、操作系统、数据库等在典型CIM应用场景的技术方案，包括一是将原有系统服务重新部署在国产化服务器上；二是对软件应用的代码进行改造，以适应这些国产化环境；三是数据库迁移，包括MySQL、MongoDB。实现CIM基础平台的技术创新产品的国产化建设，推进新城建的国产化进程。

10.1.3 基础平台服务更智能

CIM基础平台的建设，是在CIM开发支撑平台之上，分期分批地逐步完善平台资源与服务能力，通过城市规建领域的应用，逐步构建城市三维数据空间框架，再逐步实现城市动态数据的接入，将CIM基础平台的服务能力向更多领域扩展，提升城市管理信息化、数字化、智能化服务水平。积极推动CIM基础平台为城市治理服务各领域提供的分析决策能力。将CIM基础平台作为城市基础性、开放性的信息平台，推动城市各行业、各部门的数据共享和业务协同，逐步深化CIM基础平台在自然资源、规划、建设、公共服务和城市运行等多领域的应用服务，提升CIM基础平台城市管理水平，在以下的城市管理应用场景中实现智能化服务：

1. 城市设计

基于CIM的三维城市设计系统以CIM作为数字底板，针对三维城市设计在场景展示、规划设计、规划模拟、规划分析、项目管理等方面的应用提供了可行、高效的技术支撑。

2. 智慧社区

基于CIM的智慧社区系统是一个综合运用信息化、智能化等技术手段，整合社区内人、事、建筑、部件、资源、业务等信息，统筹公共管理、公共服务和商业服务等资源，旨在为社区居民提供安全、高效、舒适、便利的居住环境而建设的面向政府、物业和居民的社区治理现代化综合管理系统。

3. 智慧工地

基于CIM基础平台的智慧工地系统，形成在建工程过程基于CIM施工质量安全智慧监管应用，竣工阶段基于CIM竣工图数字化备案管理，包括施工质量安全管理子系统和竣工图数字化备案子系统。实现基于CIM平台的智慧工地监管功能集成和CIM平台的辅助监管和决策功能，以及工程档案管理、竣工验收备案管理及CIM平台扩展应用数据支撑等功能。

4. 城市综合管理服务

通过运用大数据、云计算、区块链、人工智能、物联网等新一代信息技术，以基础数据、应急管理、社会舆情、经济运行、公共安全、医疗卫生、规划建设、城市管理、交通运行、营商环境、生态环境、民生服务等领域城市运行管理要素为重点，建设城市运行管理中枢。打造"感知智能""认知智能""决策智能"的城市发展新内核，实现数据全域融合、时空多维呈现、要素智能配置的城市治理服务新范式。

5. 地下空间

构建地下空间综合管理信息平台，推动城市地下空间治理能力现代化，通过数据治理工具，整合地下空间数据，集中规范存储并统一管理，形成地下空间数据库，同时提供基于CIM技术架构的三维可视化展示平台，以及结合基础数据与算法分析引擎提供像爆管分析、覆土深度分析、开挖分析等模拟分析模型，并以业务为导向提供覆盖工程规划、施工、竣工阶段的辅助审批工具，为解决数据多头管理信息不通的问题提供数据共享能力，以及提供移动巡查、智能运维等专业应用。

6. 数字孪生流域

数字孪生流域是指以物理流域为单元、时空数据为底座、数学模型为核心、水利知识为驱动，对物理流域全要素和水利治理管理全过程的数字化映射、智能化模拟，实现与物理流域同步仿真运行、虚实交互、迭代优化。通过全面感知、动态模拟、虚拟现实（VR）、增强现实（AR）等技术的融合，建立流域物理空间实体在虚拟数字空间的动态映射。

7. 数字孪生交通

基于CIM平台可以实现征拆现状摸查、线位方案比选、实际效果可视化模拟等功能，同时支持接入各监控点的实时视频信号，使交通管理人员全面掌控交通路况，以便疏导交通，提高车辆进出效率，及时应对各种交通突发事件，尽早调度救援抢险力量快速到达现场，并通过多种渠道将交通信息发布给交通参与者。

CIM承载着数字中国的新时代、新内涵、新发展，其未来将伴随新技术不断提升，形成便捷的感知网络、完善的新型设施、互动四维的模型、科学的智能决策；促进城市向智慧化方向转型，进而通过高效化政务服务、人文化公共服务、精细化空间治理、多元化协同治理为生活在城市的人提供更为精准和便捷的服务。

10.1.4　安全保障更加有力

CIM基础平台建设和应用制度设计中，已经建立起了数据和平台安全相关制度的保障，为关键信息基础设施和重要数据提供必要的安全保护措施。通过完善安全防护技术手段、加强安全监测预警、加强安全建设等手段，确保CIM基础平台建设和应用自主可控。

随着全国各地的成功实践经验，CIM基础平台的安全保障将从技术保障、人员保障、管理保障、运营保障4个层面逐步完善：（1）在技术保障层面，CIM基础平台安全保障工作将严格按照国家现行标准执行，制定安全防护策略、安全管理措施；建立安全风险综合评估，确定安全域，设计安全方案，开展等保定级和等保备案，根据不同安全域确定安全保护等级；建设对数据进行等级划分，根据分级结果划定安全保护等级及制定相应的安全保密方案；建立物理安全、主机安全、网络安全、应用安全、数据安全等构成的安全保障体系；采取统一身份认证及单点登录、权限管理、安全认证、系统日志、安全审计等措施；执行信息产生、处理、传输、存储和载体销毁全过程中的国家保密标准。（2）人员保障是关键，高级网络安全人员可以通过自身技能切实做好网络防护，及时处理各种网络安全问题，从而保障CIM基础平台的网络安全，在CIM基础平台建设和维护等领域引入更多高级网络安全人才，为网络安全提供保障。（3）加强安全管理。建立必要的安全管理制度，通过制度化的管理来操作安全管理程序，制定严格的网络安全管理制度和应急响应系统，切实提升CIM基础平台安全水平，确保可以实现对安全技术的高效管理，并能在出现平台安全事故时及时响应应急预案，将安全事件产生的风险控制在最低水平。（4）建设平台安全保障系统不仅需要加大建设方面的投入，在系统运营方面也需要给予必要的保障。在设计、开发和测试信息安全系统过程中，加强系统的监测力度，及时发现可能出现的安全问题，并采取有效措施解决相关问题。另外还要在安全系统运行过程中，加大监测和维护力度，确保整个信息安全系统处于正常运行状态。

为确保CIM基础平台安全，将加大在技术、人员等方面的投入力度，制定安全保障相关管理体系，通过技术手段来提高基础平台安全水平，确保平台可以在安全可靠的环境下运行。

10.2　基于CIM基础平台的应用展望

推进新城建是贯彻落实习近平总书记重要指示精神和党中央决策部署的重要举措，是实施扩大内需战略的重要抓手，是满足人民美好生活需要的重要着力点，是促进城市发展方式转变和提升城市治理效能的有效途径。新城建的重点任务包括全面推进城市信息模型基础平台（CIM）建设，打造智慧城市的基础平台；实施智能化市政基础设施建设，对供水、供热、燃气等市政基础设施进行升级改造和智能管理；协同发展智慧城市与智能网联汽车，打造智慧出行平台"车城网"；加快推进智慧社区建设；推动智能建造与建筑工业化协同发展；推进城市运行管理服务平台建设等。

10.2.1　在市政基础设施智能感知与监测中的应用

10.2.1.1　市政基础设施智能感知与监测应用概述

市政基础设施指的是城市功能公共性基础设施中的燃气管网、桥梁、供水管网、排水管网、水环境、供热管网等。随着我国经济的突飞猛进发展，城镇化快速推进与人口增长，许多城市的各种基础设施基本上都达到或者超过了设计寿命，普遍的超负荷运转也会大幅降低基础设施的实际寿命。可以预计，基础设施事故未来会越来越频繁、越来越严重。包括道路桥梁的塌陷断裂、各种管网的爆炸泄漏在内，可以说基础设施事故已经成为城市的最重大安全风险之一。

作为城市建设中不可或缺的一部分，市政基础设施保障着城市居民的生活质量，维系着城市的正常运转。由于在市政基础设施建设时期的技术水平有限，对建设信息未能进行详细记录与妥善保存，导致市政基础设施风险底数不清，不仅维护成本巨大，而且无法做到全面清除安全隐患。

市政基础设施的运行逻辑定义了城市运营和管理的基本模式和水平。

市政基础设施智能感知与监测应用是以整个城市基础部件安全运行为目标，摸清现有市政基础设施底数，通过对基础设施安装智能终端，利用物联网构建天地空一体化的市政感知网络；建立市政基础设施数据中心，通过大数据分析平台、安全评价模型和市政基础设施事件对基础设施数据进行分析。

基于物联网技术，实现对燃气管网、桥梁、供水管网、排水管网、水环境、供热管网等信息实时在线监测并统一管理。运用"智能终端+物联网+大数据+智能平台"等新一代信息技术，通过在各个公用基础设施的设备布点，实时采集设备运行状态，通过大数据与人工智能模型的分区，对设备运行安全状态进行研判，从而提出合理的整改意见。利用监测技术和信息技术改进传统管理模式和流程，提升检测、监测、养护业务的经济效益。通过一张覆盖所有市政基础设施的地上和地下设施传感网络，市政管理者们可以对原本分属各行业的市政公用设施进行全方位、全时段监控管理、运行调度和应急指挥，管理者们将更容易建立全局观念，从而提高城市管理的有效性和城市资源优化配置水平。

10.2.1.2　CIM+市政基础设施智能感知与监测应用

CIM+市政基础设施智能感知与监测应用，是利用物联网技术，以CIM基础平台为支撑，实现市政基础设施"物物相联"的一种新的管理模式。基于CIM基础平台，实现市政基础设施的地图浏览、查询定位、动态监测和统计决策等功能，基于标准规范坐标系构建统一、规范、高效的综合管养可视化展示，实现全局检索、设施专题展示、巡查专题展示、风险隐患专题展示、实时监控专题展示。具备三维模型展示、BIM模型动态加载、IoT数据实时接入等服务。

1. 市政基础设施一张图展示

CIM基础平台接入燃气管网数据、桥梁数据、供水排水数据、物联感知设备数据等，同时基于CIM基础数据将进行可视化管理和分析，以"一张图"为载体，二三维联动展示，生成市政基础设施一张图，提供燃气管网、桥梁、供水管网、排水管网、水环境、供热管网等设备设施信息快速检索，定位及详细信息展示。主要包括房屋综合展示、燃气管网及附属设施综合展示、物联监测设备综合展示，以及详情查看。

2. 市政基础设施体征数据可视化展示

基于CIM基础平台的技术和资源，实现对房屋、桥梁、燃气等市政基础设施基础数据以及运营体征数据进行三维建模，搭建一体化三维场景，精细化查看市政基础设施运营的详细情况，扩展完善实时监控、模拟仿真、事故预警等功能，实现基于数字孪生的市政基础设施体征实时监测预警等典型场景应用。

从宏观角度展示全市市政设施总体监测运行情况，对监测传感器实测数据和模态数据的查询对比展示、安全评估报告、安全评分管理和数据预处理功能，实现从前端数据预处理、传感器数据比较、模态分析到结构安全评估的全过程数据分析。统计各类基础、监测、运行信息，辅助领导决策。在结构报警和突发事件发生时，自动关联处置预案，实现突发事件快速精准处置。主要包括监测统计分析、市政设施运行安全评估、设施安全评估管理与分析、评估报告管理、辅助决策建议、结构高危报警和突发事件处置预案关联。

3．市政基础设施体征数据统计分析

利用CIM基础平台数据的动态性、时空相关性、数据量大的特点及强大的时空数据分析和可视化的能力，实现对市政设施的动态实时监测，对可能存在的安全隐患风险进行分析评估，从而提供预测预警信息辅助决策。根据市政设施本身属性和历史发生事件的统计分析，结合数理统计模型，对现有设施发生事故的概率进行评估模拟分析，优先选择人口密集区域、重要交通路段等易发生异常事故的管道或区域进行分析，同时叠加社会、经济人口数据，确保该区域周围管网的安全和稳定运行。

4．市政基础设施事故模拟演练

利用缓冲区分析技术，建立以不同危险距离为半径的缓冲虚拟空间，分析缓冲虚拟空间与地上地下房屋建筑、地下管网交集部分，从而分析判断得出这些市政设施的风险等级信息，确定事故影响范围，并基于算法模型，对安全事件的基本信息进行分析后，匹配推荐应急处置预案，提高应急处置预案针对性和科学性，为应急管理提供决策分析依据。数据同时提供给巡检及工单系统，让巡检维护人员能够了解自己辖区内的风险情况，提高对中高风险管网巡查频率，加强对风险小区的隐患排查。

10.2.2　在智慧城市与智能网联汽车中的应用

10.2.2.1　智慧城市与智能网联汽车发展现状

《"十四五"全国城市基础设施建设规划》中提到，到2025年，城市建设方式和生产生活方式绿色转型成效显著，基础设施体系化水平、运行效率和防风险能力显著提升，超大特大城市"城市病"得到有效缓解，基础设施运行更加高效，大中城市基础设施质量明显提升，中小城市基础设施短板加快补齐。

汽车行业的发展与城市交通息息相关。汽车产业逐渐向电动化、智能化、网联化、绿色化转型，成为我国新型城镇化进程中不可忽视的重要组成部分；城市正推进基于数字化、网络化、智能化的基础设施建设，以更好地服务于人民出行和城市治理。两者在智能化大趋势下形成协同交点，智慧城市为智能网联汽车发展提供智能基础设施和应用场景，智能网联汽车也可作为智慧城市建设的牵引力和数字化终端。妥善处理智能网联汽车与智慧城市的关系，有利于探索汽车产业转型、城市转型、社会转型新路径。

双智协同发展以加强智慧城市基础设施建设、实现不同等级智能网联汽车在特定场景下的示范应用为目标，坚持需求引领、市场主导、政府引导、循序建设、车城协同的原则，同时服务于智能网联汽车和智慧城市发展需求，规划建设城市智能基础设施，搭建汇聚动静态数据的车城网平台，开展面向智能网联汽车和智慧城市的示范应用，推动智能网联汽车和智慧城市相关领域的关键技术和产业发展，未来打造集技术、产业、数据、应用、标准等于一体的双智协同发展体系。

研究支持车路协同运行的城市道路、建筑、公共设施融合感知体系，研发耦合时空信息的城市动态感知车城网平台，开发智能网联汽车在公交、旅游、特种作业、物流运输等多场景应用技术及装备。

10.2.2.2　CIM+智慧城市与智能网联汽车

基于CIM平台可以实现征拆现状摸查、线位方案比选、实际效果可视化模拟等功能；同时支持接入各监控点的实时视频信号，使交通管理人员全面掌控交通路况，以便疏导交通，提高车辆的进出效率，及时应对各种交通突发事件，尽早调度救援抢险力量快速到达现场，并通过多种渠道将交通信息发布给交通参与者。

智慧城市与智能网联汽车基于CIM平台可以衍生出如下应用场景：

1．掘路管理应用

将项目施工期间保通道路及周边道路建成路网模型，对各节点车流绕行方案进行交通组织模拟分析，最大程度减少施工期间对市民出行的影响；

掘路管理部门通过平台监控掘路工程实施过程中不同时间点的录像、图片，全面监控现场情况，避免施工单位超过规定占用道路面积或者随意拖延工期等现象的发生，减少道路施工对交通运行效率的压力；

与掘路施工有关的房屋产权信息查询、桥梁3D浏览及信息查询、地铁防护范围3D浏览及信息查询、地下空间/管网3D浏览及信息查询。

2．路段监控应用

实现范围内所有主要路段及物流园区各时段路况信息的分析和统计，从而为城市交通运输的调度、疏导工作提供依据；可以按照实时、日、周、月、季度、年进行路段分析，掌握城市各路段的交通特点，有针对性地制订交通易堵点的解决措施；

在养护施工、事故处理、道路施救等日常交通管理中，通过与CIM基础平台的对接，不仅可以为管理部门提供即时施工动态、监管施工作业情况，也可以为公众提供道路交通封闭的实时信息。

3．养护管理应用

CIM平台中包含既有市政设施的三维实景、空间数据、市政设施属性数据，可实现市政数据支撑和形象直观的管理手段。

4．智能汽车应用

将智能网联汽车信息接入CIM基础平台进行全市数据的统一展示，并基于CIM基础平台推进道路设施智能化改造、开展自动代客泊车和智能停车场试验、布局智能汽车开放测试环境。

交通运输可视化统计/分析/模拟：可以对客流、公交/出租车运营、充电桩/停车位占用进行可视化统计，支持对交通事故、违法违章、安全隐患进行可视化分析，同时也能够支撑对客运站等重要场所进行疏散模拟，以及对交通运输建筑工地在线监控。

10.2.3　在城市运行管理服务中的应用

10.2.3.1　城市运行管理服务应用概述

近几年，尽管在城市管理中积极摸索创新，比如通过办公自动化、电子政务等科技手段来提升城市管理水平，但从总体的效果和水平来看，还有待进一步改善。主要表现在：

（1）数据采集的不完整，不利于管理的深化。城市管理中需要摸清"家底"的基础资料数字化总量偏低，现势性较差，无法形成定量的分析，对城市管理和公共服务的判断只能停留在定性的、静止的层面。虽然开发了许多应用系统，但缺少具有全局性，能够带动整个管理流程的改造、优化，并以此来突破城市管理和公共服务工作中障碍和瓶颈的信息化应用系统，更缺乏能支持决策过程的智慧化指标体系。

（2）发现问题和处理问题为单一主体，不利于问题的发现、解决和监督。在现行的管理体制中，专业管理部门承担了发现问题和处置问题的职责，但由于管理对象的数量庞大，管理区域的广泛，使得发现和处置总是处于被动状态，有时只有采用突击、专项运动的方式来集中整治，同时，由于发现和处置为同一主体，对发现和处置的效率和质量无法进行有效的监控和评价。

（3）职责的重叠与交叉，不利于管理流程的调整和建立量化的考核标准。在日常的城市管理各专业部门中，存在着职责的交叉与重叠，在管理对象的分类属性、处置标准、处理流程、业绩考评等环节的内涵和标准不一致，不利于管理流程的调整和建立量化的考核标准。

（4）日常维护设施存在权属不清等问题，无法确定维护单位，影响公共安全和市容环境。

（5）未建立快捷的部门指挥调度机制，部门间协作困难。

物联网、大数据、云计算、人工智能、工业4.0、工业互联网、边缘计算、移动互联网、区块链等前沿技术的发展，为新时代城市智能化管理的创新应用提供了广阔空间。新时代城市智能化管理通过"城管大脑"支撑和工业互联网底层技术应用，将形成以"城管大脑"为核心的城市管理中枢神经系统，以"城市部件物联网、城管事件智能识别"为末梢的城市管理感觉神经元系统，以"城管行业智能协同"为骨干的城市管理运动神经系统。通过与城市行业应用不断结合，逐步融入城市管理各行业综合管理和市民服务中，不断创造新的城市管理应用场景，实现城市神经末梢发育，形成城市管理大数据，促进城市智慧的产生与应用。"城管大脑"搭建起城市基础大数据平台与城市管理行业应用的桥梁，建立完善城管专题数据、细化落实城管应用场景和管理运行机制，更贴近城市管理行业管理，可以更精准地满足各项城市管理具体业务需要，更好地发挥城市管理行业便民服务特点为市民群众服务。

通过CIM基础平台的建设，提升城市管理服务水平，逐步建立起城市治理部门与公众之间的信息共享平台和良性互动机制，促进城市经济与社会的可持续发展，为人们创造和谐的生活信息空间，为城市管理与服务一体化，提高政府执政能力和水平，促进和谐社会建设提供可靠的先进技术保障。

10.2.3.2　CIM+城市运行管理服务

CIM基础平台作为城市运行管理服务平台的底板，基于二三维一体化的地理信息，将包括城市街区、地标点、建筑物、机动目标、管线设施等在内的城市全景和各类城市管理的数据（感知器数据、社会数据、政务数据等）进行全面挂接和直观呈现，为运管服平台各场景的具体应用提供"看得见""看得清""看得懂"的底图支撑。

1. 决策建议

基于CIM基础平台汇聚城市部件事件监管、城市管理行业应用、相关行业、督查督办、公众诉求、舆情监测、应急管理、综合评价等数据，以CIM基础平台为载体，对城市人口面积、用地概况等基础信息、运行能力和问题指数等进行二三维一体化展示，并根据业务需求，打造城市供水、燃气、供热、道桥、环卫、园林、执法等专题，为城市发展科学决策提供数据支撑。

2．指挥协调

通过CIM基础平台实时监控辖区内业务运行情况，查看全区域城市管理中上报的案件信息及案件地图分布、监督员在线情况与实时定位，还可查看全区域的城市部件信息。

3．行业应用

将道路桥梁、城市照明、地下管网等市政公共设施，建筑渣土、垃圾分类、环卫设施等市容环卫应用，园林设施、管养工作管理等园林绿化应用，综合执法管理与分析等城市管理应用等进行信息化处理，基于CIM基础平台进行二三维一体化的数字化表达，并形成以人工智能、物联网、大数据等技术为核心的信息化管理系统，使行业负责部门更精准、更便捷地获取数据，任务管理与执行更加科学高效。

4．运行监测

汇聚城市生命线各项日常运行监测数据、相关部门安全业务数据，聚焦涉及城市运行管理的自然灾害、市政基础设施建设和运行、房屋建筑施工与使用安全、交通设施运行安全、人员密集场所安全等，通过CIM基础平台实现综合调度与展示，以二三维一体化的形式呈现现状规模和风险等级，产生的影响和脆弱性，改造和监测率方面进行综合评估，实现从宏观地下生命线（燃气、排水、供水、热力）的空间分布情况、城市重大危险源点位分布情况，到微观地下设备设施的多媒体实景化展示，提供三维立体、精细化、实景化的城市场景数据展现、查询、分析、辅助管理人员直观掌握城市运行风险隐患信息，对城市安全运行重要管控对象的安全监管。

10.2.4　在智慧社区与数字家庭中的应用

10.2.4.1　智慧社区与数字家庭应用现状

智慧社区是智慧城市概念的延伸、发展和落实。通过对以社区为单位进行数字化、智能化建设，以点带面地逐渐实现整个城市的智能化。社区需要转变目前割裂的、分散的、信息化水平低的发展模式。在借助互联网、物联网发展的情况下，增强社区智能化的建设，使社区的服务功能在智慧社区这个大平台下能够充分展现，实时更新、体验丰富、趣味相间、方便快捷，满足社区居民物质需要与精神文化需求。

通过综合运用现代科学技术，整合区域内人、地、物、情、事、组织和房屋等信息，统筹公共管理、公共服务和商业服务等资源，以智慧社区综合信息服务平台为支撑，依托先进的信息基础设施，实现社区综合治理水平和小区管理现代化能力的提升，实现公共服务和便民利民服务智能化转变。开展智慧社区建设是实现新型城镇化发展目标和社区服务体系建设目标的重要举措。

10.2.4.2　CIM+智慧社区与数字家庭

以CIM作为数字底板，针对居民群众的实际需求及其发展趋势和社区管理的工作，以精细化管理、人性化的服务、信息化的方式和规范化的流程为核心，将CIM及相关技术与社区场景相融合，使社区数字底板与社区功能应用完美对接。

1．智慧社区模拟仿真

基于CIM的三维展示社区房屋建筑、市政基础设施一体化展示，以及社区运行状态"一张图"展示。通过GIS测绘，无人机倾斜摄影拍摄，利用照片人工软件建模，BIM模型翻模等方式，把社区的全景进行还原，打造与真实世界1∶1的社区虚幻场景，形成智慧社区"一张图"底座。集成社区管理信息、经济信息、物联感知信息等，融合全球物联网、移动互联网、云计算、大数据等新一轮数字化技术和网络，打造可视化、可诊断、可预测、可决策的社区级CIM平台，将建筑、社区、环境、交通、人口、经济、周边配套等方面实时运行情况形成数据资产，实现精准映射社区运行状态。

赋能日常应急管理与战时应急处置业务，打造基于应急管理"一张图"的综合应急值守、应急资源管理、应急辅助决策与应急资源管理等智能化、可视化、高效化创新应用与服务。通过平面地图、仿真三维地图，实现事件定位、人员实时定位、轨迹查看、以人找房、以房找人、基础设施、快速查询等功能。

2．智慧社区运行监控

通过CIM平台对社区基础设施智能化包括排水、电力、燃气等信息接入，以及智能设备（如智慧消防、安防等）数据接入，实现综合管理、综合安防、设施管理、人员管理、能耗管理、物业管理等信息展示，并根据各种场景应用，联动安防、消防、告警应用，实现多场景高智能化联动。

3．智慧社区隐患治理

通过CIM平台对社区基础设施公共隐患、消防隐患、高空抛物隐患、群租隐患、环境隐患、车辆监控等进行治理。比如对高空抛物隐患，在发生高空抛物事件的第一时间，录制高清视频，运用先进的AI智能分析技术，立刻锁定抛物者，最大限度地保护人民群众的财产安全。在不侵犯住户隐私的前提下，记录抛投过程，实现事件有据可循。楼层全覆盖，能有效记录高空抛洒杂物等不文明行为造成的财物损坏、人员伤亡等事故过程，便于事后回溯。

4. 智慧社区服务提升

通过CIM平台对社区家政服务、社区医疗、公共服务、社区养老、社区文体、社区生活缴费、社区报事报修、社区投诉建议等方面进行提升。比如对社区养老，老人可以通过CIM平台查询活动室中当前活动设施剩余数量信息及现场视频画面，方便老年居民足不出户就可以了解活动室是否人数饱和，进而帮助判断是否下楼去活动室。

10.2.5　在智能建造与建筑工业化中的应用

10.2.5.1　智能建造与建筑工业化发展现状

智能建造与建筑工业化是以智慧城市建设为目标，业务范围涵盖建筑业信息化、智慧工地、绿色节能建筑、多规合一等多个领域，运用移动互联网、云计算、大数据等先进技术，整合公共基础设施服务资源，加强基础建设数据和信息资源采集与动态管理，积极推进建设领域业务智能化、公共服务便捷化、市政公共设施智慧化、网络化与信息安全化，促进跨部门、跨行业、跨地区信息共享与互联互通。

10.2.5.2　CIM+智能建造与建筑工业化

1. 智慧设计

利用CIM平台中BIM模型的可视化特点，结合实时渲染插件，可实时查看模型修改后的渲染效果，极大方便了项目沟通展示，还可以模拟日照、采光等设计条件，辅助设计师优化空间品质，实现全生命周期性能优化；模拟建筑物建成后人在建筑中的工作与休闲活动场景，直观感受建筑设计的空间体验及功能合理性。

在方案审查流程中嵌入BIM模型自动审查环节，将模型的自动审核指标通过作为政府审查的前置条件。通过BIM模型的自动审查和三维地图浏览功能可大大降低审查门槛，提高审批效率，缩短项目审查时间，也避免了人为的审查失误。

2. 智慧制造

通过在预制件中植入RFID（无线射频识别）芯片，将BIM施工模型与二维码、超高频及PDA技术相结合，精确定位预制件安装位置，实现对预制件全生命周期数据的精确管理。

3. 智慧施工

通过CIM平台，提供施工现场专题地图功能，即在地图上将建筑工地分布情况完全展示出来；同时可以通过选择工地，调取出该工地的相关视频影像、属性数据（规划许可信息、项目备案信息、施工许可信息、项目竣工验收信息、房屋电子规划图纸、预算使用）等信息；利用倾斜摄影、激光扫描等影像采集技术，根据实际施工进度情况更新进度模型，并根据目标进度计划模型与实际进度模型的对比分析，向管理方提供直观的施工进度指标；装配式建筑装配率统计。

4．智慧工地应用

智慧工地与CIM平台的结合，打破传统工地现场管理的交互方式、工作方式和管理模式。基于CIM平台对工程项目进行精确设计和施工模拟，围绕施工过程管理，建立互联协调、智能生产、科学管理的施工项目信息化生态圈。基于CIM平台的实时可视化管理，让施工现场感知更透彻、互通互联更全面、智能化更深入；实时准确地掌握工程的安全、质量、进度、人员、预算等多方关心的信息；极端气候变化的预防部署、实时监测，减少了施工产生的噪声和污染，为绿色施工提供了更为可靠的数据支撑；基于移动互联网技术，支持移动办公，随时随地处理施工现场业务；同时实时掌控工地施工各环节的运行状态；利用数据合理分析项目进度，进一步充分地规划和调配资源；利用平台减少与管理部门的文件流转带来的压力，减少了部门和各层级管理间的空间地域影响，提高管理效率。

10.2.6　在城市体检中的应用

10.2.6.1　城市体检应用概述

城市体检是通过综合评价城市发展建设状况、有针对性制定对策措施，优化城市发展目标、补齐城市建设短板、解决"城市病"问题的一项基础性工作，是实施城市更新行动、统筹城市规划建设管理、推动城市人居环境高质量发展的重要抓手。

党的十九大以来，中央高度重视"城市病"治理，推动城市建设高质量发展，加强城市精细化管理，提升城市品质，创造优良人居环境，解决人民群众最关心、最直接、最迫切的问题。

2018年，住房和城乡建设部会同北京市组织开展了北京城市体检评估工作，是全国第一个城市体检评估工作。城市体检既是找问题，治理"城市病"，也是引领城市发展方向的体系，通过提出改进的诊断性建议和意见，推动城市治理体系的改革，引领实现城市高质量发展转型，激发城市的内生动力。体检重点聚焦城市发展和规划、建设、管理的核心问题和关键变量，发现当中存在的突出问题，有针对性地提出对策建议，并为五年评估积累数据信息、夯实评价基底。

2018—2022年，住房和城乡建设部连续五年开展了城市体检工作，2019年选择沈阳、南京、厦门、广州、成都、福州、长沙、海口、西宁、景德镇、遂宁11个城市开展试点。2020年，住房和城乡建设部选择36个样本城市全面推进城市体检工作。2021年，住房和城乡建设部进一步将样本城市范围扩大到59个，覆盖所有直辖市、计划单列市、省会城市和部分设区城市。除样本城市外，江西、广东、新疆、青海等也在探索在省域推进城市体检。

我国在新的发展阶段、新的经济常态下、新的城市化发展模式下，迫切需要建立长效的城市体检评估制度，对城市发展的状态和问题开展全面、深入的研究，推动城市人居环境的高质量发展和高品质提升。

城市体检工作需要实现城市体检信息的数据采集、数据管理、数据分析和报告产出，并形成制度体系和标准规范等配套文件。通过市级各部门对照城市体检指标体系各项分指标进行收集整理，并采用人工处理方式进行空间定位、分析校核，数据量较大，并且管理难度相对较大、分散，不利于日常的调用及后续工作的开展。

通过建设城市体检评估信息平台，拟通过整合现有数据，并利用市级部门的数据成果作为底层基础数据，采取部门定期更新和积极引入物联网、互联网等多源大数据，融合人工智能、大数据、GIS等信息技术，实现数据的多维度采集和分析，从而客观反映城市规划建设管理现状。同时，通过与相关部门数据平台的连接，可实现数据的共享，有利于数据的有效利用。

10.2.6.2　CIM+城市体检

城市体检可以基于CIM城市信息模型底座进行建设，在空间和时间维度上实现更加精细的体检评估。实现体检评估横向到边、纵向到底，落实到城市细胞单元，并支持各项要素的动态更新，实时把握城市发展变化的基本情况。精准定位城市"病症"所在，及时制订提升方案对具体问题具体分析、精准定位。

1. 指标数据汇聚与展示

通过CIM基础平台与各委办局建立数据共享渠道，获取包括人口、路网、用地、公共服务设施等各项指标的专题数据，确保城市体检各项指标源数据的获取更加便捷，通过设定城市体检指标计算规则，达到灵活配置城市特色指标的目的。

针对具备空间信息的指标专项，可结合地图组件在基础地图空间上进行联动展示，可以更加直观地感受体检指标的分布情况。系统对体检城市的指标内容，通过数据综合处理后，结合遥感影像、基础地理信息数据，可通过关联二维或三维地图，进行可视化综合展示，并可基于空间数据开展对应专项指标的统计分析。

2．综合分析与诊断

基于CIM基础平台，对城市体检不同指标进行综合分析，为体检评估工作提供辅助决策分析的数据依据，具体包括指标总体浏览查询、指标数据横纵向对比分析、城市体检指标详情分析、城市体检指标关联空间数据分析等，通过二三维一体化的方式，直观地反映在地图上。

3．智能预测预警

基于空间算法的体检指标预测、第三方大数据的体检指标预警、遥感影像数据的体检指标预警等，逐步实现数据汇聚、数据治理、数据分析、数据挖掘与预警的全过程自我可智能管理，从而推动城市向自我优化、内生发展、高度智慧的治理体系演进。

4．城市更新

CIM基础平台结合城市体检结果，以城市更新改造片区为空间单元进行指标分析，精准分析与诊断更新片区的建设过程中出现的短板，并为城市更新单项工作提供更新建议。通过评估诊断场景为决策者提供合理配置资源、提升治理效能的科学依据。

5．物联网实时动态信息的指标单独管理和展示

通过CIM基础平台，在多源大数据的基础上，基于人口、设施、交通、文化等城市运行管理数据，开发建设城市体征监测与认知功能，实现对城市体征精细化的感知与动态监测，将具有物联网实时动态信息的指标单独管理和展示。同时，开展城市建设重点地区的动态监测。年度体检的指标数据是按年更新的，体征感知与动态监测的数据根据具体情况可以是按日或者按月更新。体征感知与动态监测的功能可通过空间和图表的形式进行展示，支持按日或者按月进行查询。

附录 A 近年来国家各部委关于 CIM 的政策文件

发文时间	发文机构	政策文件	主要内容	应用方向
2018年11月	住房和城乡建设部	《住房和城乡建设部关于开展运用建筑信息模型系统进行工程建设项目审查审批和城市信息模型平台建设试点工作的函》（建城函〔2018〕222号）	将北京城市副中心、广州、厦门、雄安新区、南京列入"运用建筑信息模型（BIM）进行工程项目审查审批和城市信息模型（CIM）平台建设"试点城市	工程建设项目审批管理
2018年11月	住房和城乡建设部	《"多规合一"业务协同平台技术标准》（征求意见稿）	有条件的城市，可在BIM应用的基础上建立城市信息模型（CIM）平台	CIM基础平台
2019年3月	住房和城乡建设部	《工程建设项目业务协同平台技术标准》CJJ/T 296—2019	CIM应用应包含辅助工程建设项目业务协同审批功能，可包含辅助城市智能化运行管理功能	工程建设项目审批管理
2019年10月	国家发展改革委	《产业结构调整指导目录（2019年本）》	将基于大数据、物联网、GIS等为基础的城市信息模型（CIM）相关技术开发与应用，作为城镇基础设施鼓励性产业支持	CIM基础平台
2020年2月	住房和城乡建设部	《住房和城乡建设部办公厅关于印发2020年部机关及直属单位培训计划的通知》（建办人〔2020〕4号）	将城市信息模型（CIM）基础平台纳入住房和城乡建设部机关直属单位培训计划	CIM基础平台
2020年6月	住房和城乡建设部等	《住房和城乡建设部 工业和信息化部 中央网信办关于开展城市信息模型（CIM）基础平台建设的指导意见》（建科〔2020〕59号）	提出了CIM基础平台建设的基本原则、主要目标等，要求全面推进城市CIM基础平台建设和CIM基础平台在城市规划建设管理领域的广泛应用，带动自主可控技术应用和相关产业发展，提升城市精细化、智慧化管理水平	CIM基础平台
2020年7月	全国智能建筑及居住区数字化标准化技术委员会	《关于成立全国智能建筑及居住区数字化标准化技术委员会BIM/CIM标准工作组的批复》（建智标/函〔2020〕46号）	成立全国智能建筑及居住区数字化标准化技术委员会BIM/CIM标准工作组，负责开展BIM/CIM领域标准研制、主导或参与相关课题研究、跟踪参与国际标准化、标准宣贯推广及标准应用试点等工作	智能建筑
2020年8月	住房和城乡建设部等7部委	《住房和城乡建设部 中央网信办 工业和信息化部 人力资源社会保障部 商务部 银保监会关于加快推进新型城市基础设施建设的指导意见》（建改发〔2020〕73号）	全面推进城市信息模型（CIM）平台建设。深入总结试点经验，在全国各级城市全面推进CIM平台建设，打造智慧城市的基础平台。完善平台体系架构，加快形成国家、省、城市三级CIM平台体系，逐步实现三级平台互联互通	CIM基础平台

续表

发文时间	发文机构	政策文件	主要内容	应用方向
2021年3月	十三届全国人大	《中华人民共和国国民经济和社会发展第十四个五年规划和2035年远景目标纲要》	迎接数字时代，激活数据要素潜能，推进网络强国建设，加快建设数字经济、数字社会、数字政府，以数字化转型整体驱动生产方式、生活方式和治理方式变革。完善城市信息模型平台和运行管理服务平台，构建城市数据资源体系，推进城市数据大脑建设。探索建设数字孪生城市	CIM基础平台
2021年4月	国务院办公厅	《国务院办公厅关于加强城市内涝治理的实施意见》（国办发〔2021〕11号）	建立完善城市综合管理信息平台，整合各部门防洪排涝管理相关信息，有条件的城市，要与城市信息模型（CIM）基础平台深度融合，与国土空间基础信息平台充分衔接	CIM基础平台
2021年5月	住房和城乡建设部	《城市信息模型（CIM）基础平台技术导则》（修订版）	CIM基础平台总体架构应包括三个层次和两大体系，包括设施层、数据层、服务层，以及标准规范体系和信息安全与运维保障体系。横向层次的上层对其下层具有依赖关系，纵向体系对于相关层次具有约束关系	CIM基础平台
2021年12月	国务院	《"十四五"数字经济发展规划》	强化新型智慧城市统筹规划和建设运营。加强新型智慧城市总体规划与顶层设计，创新智慧城市建设、应用、运营等模式，建立完善智慧城市的绩效管理、发展评价、标准规范体系，推进智慧城市规划、设计、建设、运营的一体化、协同化，建立智慧城市长效发展的运营机制	城市规划
2022年1月	住房和城乡建设部	《"十四五"建筑业发展规划》	第三章"主要任务"的第一节"加快智能建造与新型建筑工业化协同发展"中提出完善BIM报建审批标准，建立BIM辅助审查审批的信息系统，推进BIM与城市信息模型（CIM）平台融通联动，提高信息化监管能力。第六节"稳步提升工程抗震防灾能力"中提出利用信息化手段提高工程抗震防灾管理的现代化水平，为城市信息模型（CIM）平台建设和工程建设数字化监管提供基础数据	工程建设项目审批管理
2022年1月	国家发展改革委、商务部	《国家发展改革委　商务部关于深圳建设中国特色社会主义先行示范区放宽市场准入若干特别措施的意见》（发改体改〔2022〕135号）	第六部分"放宽其他重点领域市场准入"的第二十三条"放宽城市更新业务市场准入推进全生命周期管理"中提出以建筑信息模型（BIM）、地理信息系统（GIS）、物联网（IoT）等技术为基础，整合城市地上地下、历史现状未来多维多尺度信息模型数据和城市感知数据，鼓励深圳市探索结合城市各类既有信息平台和国土空间基础信息平台形成数据底图，提高开放共享程度，健全完善城市信息模型（CIM）平台，推动智慧城市时空大数据平台应用，支撑城市更新项目开展国土空间规划评估	CIM基础平台

续表

发文时间	发文机构	政策文件	主要内容	应用方向
2022年1月	住房和城乡建设部	《住房和城乡建设部关于印发〈"十四五"推动长江经济带发展城乡建设行动方案〉〈"十四五"黄河流域生态保护和高质量发展城乡建设行动方案〉的通知》（建城〔2022〕3号）	《"十四五"推动长江经济带发展城乡建设行动方案》的第六章"城市建设创新发展行动"第52条中提出建设城市信息模型（CIM）基础平台。推广南京等CIM平台试点建设经验，全面推进长江经济带城市的CIM平台建设，实现与国家、省级平台互联互通。构建包括基础地理信息、建筑物和基础设施三维模型、标准化地址库等的CIM平台基础数据库，形成城市三维空间数据底板。《"十四五"黄河流域生态保护和高质量发展城乡建设行动方案》的第六章"实施历史文化保护利用与传承行动"中提出开展历史建筑数字化信息采集，建立数字档案，鼓励有条件的地区探索历史建筑数据库与城市信息模型（CIM）平台的互联互通	CIM基础平台
2022年3月	住房和城乡建设部	《"十四五"住房和城乡建设科技发展规划》	研究CIM构建理论、方法及标准体系；研究城市基础设施数据资源体系与要素编码及CIM多源异构数据治理、存储、调用、共享等技术；研究CIM基础平台图形引擎、城市空间仿真模拟与智能化技术，CIM典型业务场景应用范式与平台建设评估方法，以及国家、省、市CIM平台互联互通方法、技术和保障措施；研究基于CIM的市政基础设施智能化管理平台构建技术	CIM基础平台
2022年3月	住房和城乡建设部	《"十四五"建筑节能与绿色建筑发展规划》	加强与供水、供电、供气、供热等相关行业数据共享，鼓励利用城市信息模型（CIM）基础平台，建立城市智慧能源管理服务系统	智能建筑与绿色建筑发展
2021年12月	住房和城乡建设部办公厅	《住房和城乡建设部办公厅关于全面加快建设城市运行管理服务平台的通知》（建办督〔2021〕54号）	第三部分"建设内容"中提出对接城市信息模型（CIM）基础平台，纵向联通国家平台、省级平台以及县（市、区）平台，横向整合对接市级相关部门信息系统，汇聚全市城市运行管理服务数据资源，聚焦重点领域和突出问题，开发智能化应用场景，实现对全市城市运行管理服务工作的统筹协调、指挥调度、监督考核、监测预警、分析研判和综合评价，推动城市运行管理"一网统管"	CIM基础平台
2022年5月	住房和城乡建设部	《"十四五"工程勘察设计行业发展规划》	第二部分"总体要求"的第七节"推动行业数字转型，提升发展效能"中提出推进BIM软件与CIM平台集成开发公共服务平台研究与应用，积极探索工程项目数字化成果与CIM基础平台数据融合，研究建立数据同步机制	CIM基础平台

发文时间	发文机构	政策文件	主要内容	应用方向
2022年5月	住房和城乡建设部办公厅	《住房和城乡建设部办公厅关于征集遴选智能建造试点城市的通知》（建办市函〔2022〕189号）	第三部分"试点任务"的第四节"创新管理机制"中提出搭建建筑业数字化监管平台，探索建筑信息模型（BIM）报建审批和BIM审图，完善工程建设数字化成果交付、审查和存档管理体系，支撑对接城市信息模型（CIM）基础平台，探索大数据辅助决策和监管机制，建立健全与智能建造相适应的建筑市场和工程质量安全监管模式	智能建筑与绿色建筑发展
2022年6月	国务院办公厅	《城市燃气管道等老化更新改造实施方案（2022—2025年）》	第二部分"明确任务"的第三节"组织开展城市燃气等管道和设施普查"中提出充分利用城市信息模型（CIM）平台、地下管线普查及城市级实景三维建设成果等既有资料，运用调查、探测等多种手段，全面摸清城市燃气管道和设施种类、权属、构成、规模，摸清位置关系、运行安全状况等信息，掌握周边水文、地质等外部环境，明确老旧管道和设施底数，建立更新改造台账。第三部分"加快组织实施"的第三节"同步推进数字化、网络化、智能化建设"中提出有条件的地方可将燃气监管系统与城市市政基础设施综合管理信息平台、城市信息模型（CIM）基础平台等深度融合，与国土空间基础信息平台、城市安全风险监测预警平台充分衔接，提高城市管道和设施的运行效率及安全性能，促进对管网漏损、运行安全及周边重要密闭空间等的在线监测、及时预警和应急处置	智慧市政

附录 B　全国各省市地区 CIM 相关政策

发文日期	地区	城市	发文机构	政策文件	主要内容	应用方向
2021年4月1日	浙江省	—	浙江省住房和城乡建设厅	《浙江省住房和城乡建设厅关于印发〈浙江省城镇住房发展"十四五"规划〉等省级备案专项规划的通知》（浙建计〔2021〕19号）	提出到2025年，构建系统完备、高效实用、智能绿色、安全可靠的现代化市政基础设施体系等发展目标。其中提出推进智能化市政审批服务，对接CIM平台，建立市政设施CIM平台数据库；推进智慧城市建设，积极探索和应用CIM及数字孪生技术，鼓励设区市和条件较好县市建立CIM建筑模块	智慧市政
2021年4月20日	浙江省	—	浙江省人民政府办公厅	《浙江省人民政府关于推动浙江建筑业改革创新高质量发展的实施意见》（浙政办发〔2021〕19号）	主要目标是到2025年，全省建筑业改革创新取得明显成效，新型建造方式和建设组织方式推进效果显著，"浙江建造"品牌效应进一步体现，打造全国新型建筑工业化标杆省。其中提出要深入实施科技创新行动，推进建筑业创新发展强化数字化引领。推行智能建造，加强物联网、大数据、云计算、人工智能、区块链、城市信息模型（CIM）和5G等在建筑领域的集成应用	智能建筑与绿色建筑发展
2021年4月21日	浙江省	—	浙江省人民政府	《浙江省人民政府关于印发浙江省未来社区建设试点工作方案的通知》（浙政发〔2019〕8号）	第二章"主要任务"中提出打造未来建筑场景，搭建数字化规划建设管理平台，构建社区信息模型（CIM）平台，实现规划、设计、建设全流程数字化，建立数字社区基底。应用推广装配式建筑、室内装修工业化集成技术	智慧社区
2021年6月18日	浙江省	—	浙江省人民政府	《浙江省人民政府关于印发浙江省数字政府建设"十四五"规划的通知》（浙政发〔2021〕13号）	第二章"主要任务"中第三项关于"创新全域智慧的协同治理体系"提出要完善智慧融合的社会治理，推进城乡房屋安全数字化监管应用和城市CIM基础平台建设，深化城市地上地下智慧监管应用	房屋安全

续表

发文日期	地区	城市	发文机构	政策文件	主要内容	应用方向
2021年 7月12日	浙江省	温州	温州市人民政府办公室	《温州市人民政府办公室关于推动温州建筑业改革创新高质量发展的实施意见》（温政办〔2021〕74号）	第二章"重点举措"的第二小项"推动建筑行业科技创新"中提出强化数字化引领，加强物联网、大数据、云计算、人工智能、区块链、CIM和5G等在建筑领域的集成应用。争取成为新型城市基础设施建设试点城市，统筹建设城市信息模型平台（CIM），连通城市大脑，汇聚共享全市工程数字化成果，提升多跨数字化协同能力	智能建筑与绿色建筑发展
2021年 7月21日	浙江省	台州	台州市发展和改革委员会、台州市住房和城乡建设局	《市发展改革委 市建设局关于印发〈台州市住房和城乡建设事业发展"十四五"规划〉的通知》（台发改规划〔2021〕95号）	第三章"主要任务"中提出，要深入推进新型建筑工业化，积极推进智能建造，加大建筑信息模型（BIM）、城市信息模型（CIM）、物联网、大数据、云计算、人工智能、区块链、5G等新技术在建造全过程的集成和创新运用。以数字赋能为引领，推进建筑产业现代化，提高机械化施工程度，提升质量安全整体智治水平	智能建筑与绿色建筑发展
2021年 7月26日	浙江省	宁波	宁波市发展和改革委员会、宁波市住房和城乡建设局	《市发展改革委 市住建局关于印发〈宁波市城乡建设发展"十四五"规划〉的通知》	第三章"战略任务与重点行动"中提出，加快推进新型基础设施建设，加快构建城市信息模型（CIM），促进城市道路智慧化改造升级，实现城市道路的空间管理和智能化服务；提升行业信息化水平，促进BIM、CIM、大数据、区块链、云计算、物联网、5G等信息化新技术在建造全过程的集成与创新运用；构建项目建设与管理一体化全生命周期管理体系，实现基于图纸电子化的全流程互联网监管和基于BIM+CIM的辅助决策新模式	工程建设项目审批管理
2022年 2月25日	浙江省	杭州	杭州市人民政府办公厅	《杭州市人民政府办公厅关于促进我市建筑业高质量发展的实施意见》（杭政办函〔2022〕11号）	第三部分"推进建筑业转型升级高质量发展"的第七节"推动建筑行业迭代升级"中提出探索建立杭州市城市信息模型（CIM）基础信息平台，推动数字城市和物理城市同步规划、同步建设。加快应用BIM技术，探索制定BIM报建审批标准和施工图BIM审图模式，推进BIM数据与CIM平台的融通联动	工程建设项目审批管理
2019年 12月26日	广东省	广州	广州市人民政府办公厅	《广州市城市信息模型（CIM）平台建设试点工作方案》	探索建设CIM平台，为建设智慧城市提供可复制可推广的经验	CIM基础平台

续表

发文日期	地区	城市	发文机构	政策文件	主要内容	应用方向
2021年1月5日	广东省	深圳	深圳市人民政府办公厅	《深圳市人民政府关于加快智慧城市和数字政府建设的若干意见》(深府〔2020〕89号)	探索"数字孪生城市"。依托地理信息系统(GIS)、建筑信息模型(BIM)、城市信息模型(CIM)等数字化手段,开展全域高精度三维城市建模,加强国土空间等数据治理,构建可视化城市空间数字平台,链接智慧泛在的城市神经网络,提升城市可感知、可判断、快速反应的能力	CIM基础平台
2021年4月21日	广东省	—	广东省人民政府办公厅	《广东省人民政府办公厅关于印发广东省数字政府改革建设2021年工作要点的通知》(粤办函〔2021〕44号)	其中提出要建立"一网统管"标准体系,推进通用型标准和各类行业标准建设。出台推进建筑信息模型(BIM)技术应用的指导意见,加强城市信息模型(CIM)平台标准体系研究	CIM基础平台
2021年5月14日	广东省	—	广东省人民政府办公厅	《广东省人民政府办公厅关于印发〈2021年广东省推进政府职能转变和"放管服"改革重点工作安排〉的通知》(粤办函〔2021〕55号)	提出了深化工程建设项目审批制度改革、推进工程建设项目"一网通办"、加强"一网统管"建设等四十项举措,其中指出10月底前出台推进建筑信息模型(BIM)技术应用的指导意见,加强城市信息模型(CIM)平台标准体系研究	工程建设项目审批管理
2021年5月19日	广东省	广州	广州市人民政府办公厅	《广州市人民政府关于印发广州市国民经济和社会发展第十四个五年规划和2035年远景目标纲要的通知》(穗府〔2021〕7号)	其中提出要提升数字化治理能力,搭建城市信息模型(CIM)平台、数字广州基础应用平台等城市数字底座,赋能生态环境、公共安全、公共交通、政务司法等领域加快数字化发展	CIM基础平台
2021年5月21日	广东省	深圳	福田区政府	《福田区委全面深化改革委员会2021工作要点》	福田区出台2021年改革工作要点:打造最能集中代表深圳的改革新样板,深化生态领域改革,包括实施城市公共空间空气治理机制改革、构建既有建筑智慧管理CIM平台2个项目	CIM基础平台
2021年6月22日	广东省	—	广东省人民政府办公厅	《广东省人民政府办公厅关于印发广东省数字政府省域治理"一网统管"三年行动计划的通知》(粤府办〔2021〕15号)	其中提出第一章的总体目标之一是智慧城市和数字乡村创新建设,各地建筑信息模型(BIM)和城市信息模型(CIM)基础平台基本建成。其第二章主要任务中第一项是推动"数字孪生城市"建设,推动BIM技术与工程建造技术深度融合,加快建设自主可控的CIM基础平台。第四项提出要出台推进BIM技术应用的指导意见,加强CIM基础平台标准体系研究	CIM基础平台

发文日期	地区	城市	发文机构	政策文件	主要内容	应用方向
2021年7月1日	广东省	深圳	深圳市南山区人民政府	《深圳市南山区人民政府关于印发〈深圳市南山区国民经济和社会发展第十四个五年规划和二〇三五年远景目标纲要〉的通知》（深南府〔2021〕14号）	第二章"突出协调联动，构建韧性安全发展新格局"的第四节"建设更具韧性的基础设施"的第二小项提出要加快建设新型基础设施，通过"GIS+BIM+CIM"融合应用，加快数字孪生云上城市建设，奠定城市数字大脑可视化基础	CIM基础平台
2021年7月14日	广东省	一	广东省人民政府	《广东省人民政府关于印发广东省数字政府改革建设"十四五"规划的通知》（粤府〔2021〕44号）	推进新型智慧城市建设。支持广州、深圳、佛山、中山等地开展智慧城市建设综合改革试点。推进城市公共设施与5G网络、物联网、传感技术融合建设，系统化部署城市数据采集智慧感知节点网络。推动建筑信息模型（BIM）技术与工程建造技术深度融合应用，加快自主可控城市信息模型平台（CIM）发展。建设CIM平台，加快推动自主可控BIM技术在规划、勘察、设计、施工和运营维护全生命周期的应用，推进建设全省统一的基于BIM技术的房屋建筑和市政基础设施工程设计文件管理系统	智慧市政
2021年7月19日	广东省	广州	广州市住房和城乡建设局	《广州市住房和城乡建设局关于开展智慧工地试点项目工作的通知》	明确了工作目标，2021年12月底前，全市范围内建成20个基于CIM的智慧工地示范项目。提出的工作要求之一是系统数据对接，积极配合完成企业自建的安全质量管理信息化系统与一体化平台的深入融合和数据实时对接工作。按照市住房城乡建设局基于CIM的智慧工地最新进展和管理要求，改造企业自建的安全质量管理信息化系统以及落实其他基于CIM的智慧工地信息化建设的新要求	智慧工地
2021年7月21日	广东省	广州	广州市人民政府	《广州市2021年城市体检工作方案》	广州要优化城市体检指标体系，形成广州市年度城市体检指标体系和强化城市体检技术体系。从生态宜居、健康舒适、安全韧性、交通便捷、风貌特色、整洁有序、多元包容、创新活力等八个版块对城市人居环境进行分析评价。按照"数字城市""智慧城市"工作要求和"以区为主、市区联动"的城市体检工作思路，充分利用城市信息模型（CIM）等现有城市规划建设管理信息化基础，以市级广州市城市体检评估信息系统，强化市、区两级城市体检联动融合	城市体检

续表

发文日期	地区	城市	发文机构	政策文件	主要内容	应用方向
2022年3月29日	广东省	—	广东省住房和城乡建设厅	《广东省住房和城乡建设厅关于印发广东省建筑节能与绿色建筑发展"十四五"规划的通知》（粤建科〔2022〕56号）	统筹分析应用能耗统计、能源审计、能耗监测等数据信息，开展能耗信息公示及披露试点。鼓励利用城市信息模型（CIM）基础平台，建立城市智慧能源管理服务系统。逐步建立完善合同能源管理市场机制，提供节能咨询、诊断、设计、融资、改造、托管等"一站式"综合服务	智能建筑与绿色建筑发展
2022年4月13日	广东省	—	广东省工业和信息化厅	《广东省工业和信息化厅关于印发〈2022年广东省数字经济工作要点〉的通知》（粤工信数字产业函〔2022〕13号）	发展数字住建。推进"数字住建"框架下的数据资源中心、CIM基础平台、数字住房、数字城乡等五项重点工程建设，推进广州、深圳、佛山等地创建智能建造重点示范城市，推动粤安居平台推广应用，实现"住房一张图、监管一张网、服务一平台"的数字住房建设目标	CIM基础平台
2019年8月15日	江苏省	南京	南京市人民政府办公厅	《市政府办公厅关于印发运用建筑信息模型系统进行工程建设项目审查审批和城市信息模型平台建设试点工作方案的通知》（宁政办发〔2019〕44号）	1. 要遵循"顶层设计、先易后难、小步快跑、防范风险"的原则，坚持以工程建设项目审批制度改革为引领，应用BIM和CIM技术融为抓手。2. 以"多规合一"信息平台为基础，集成试点区域范围内的各类地上、地表、地下的现状和规划数据，建立具有规划审查、建筑设计方案审查、施工图审查、竣工验收备案等功能的三维可视化的CIM平台，探索建设智慧城市基础性平台。3. 立足智慧城市，结合工建改革，开展CIM平台顶层设计；以"多规合一"信息平台为基础，消除数据壁垒，在试点范围内实现基础地理信息、城市地质、城市设计、多规合一等时空信息的有效组织。4. 疏导网络、打通系统、集成数据，将工程建设项目各阶段BIM报建、CIM平台与工程建设项目审批管理系统、"多规合一"业务协同平台有效对接，依托CIM平台开展智能化审查审批，汇入全市工程建设项目审批制度改革工作总进程	CIM基础平台
2020年4月30日	江苏省	南京	南京市人民政府	《市政府关于印发南京市数字经济发展三年行动计划（2020—2022年）的通知》（宁政发〔2020〕46号）	构建国土空间基础信息平台、智慧南京时空大数据平台和城市信息模型（CIM）基础平台，建立规划资源一体化审批服务系统，推进建筑信息模型（BIM）技术在工程建设项目规划方案智能审查审批等工作中的应用	工程建设项目审批管理

发文日期	地区	城市	发文机构	政策文件	主要内容	应用方向
2020年12月31日	江苏省	苏州	苏州市人民政府办公室	《苏州市政府办公室转发关于加快推进建筑信息模型（BIM）应用的指导意见的通知》（苏府办〔2020〕321号）	1. 在新建项目全面应用BIM技术的同时，对既有大型建（构）筑物开展建筑信息模型建设的工作，为CIM和新城建提供城市数字底座。2. 以项目级BIM数据中心为数据起点，逐步打造多项目、区域级、城市级BIM数据中心，为城市信息模型（CIM）基础平台项目的建设提供数据基础，切实提升城市数据管理水平。3. 以BIM技术的多领域应用为契机，为"CIM+"示范应用工作的开展提供有力支撑，不断提高城市建设管理效率。4. 将BIM技术应用作为全市新城建、CIM建设的重要组成部分，市政府成立苏州市BIM技术应用工作领导小组，由分管副市长任组长，市发改、科技、工信、财政、资规、住建、城管、交通、水务、行政审批、人防等部门为成员	CIM基础平台
2021年7月12日	江苏省	—	江苏省住房和城乡建设厅	《江苏省"十四五"建设领域科技创新规划》	专栏5：新型城市基础设施建设与智慧管理 1. 重点研究 开展城市信息模型（CIM）研究，研究基于CIM的城市运行平台构建理论和技术体系；研究建筑、市政、交通、水务、环卫等城市基础设施数字化分类与物联网标识方式，打造智慧市政、智慧交通、智慧水务、智慧环卫等智慧城市应用的公共数字底座。 2. 推广应用 推广CIM+技术，推广智慧市政、智慧社区、城市综合管理服务等方面信息资源整合共享技术；推广智慧交通、智慧水务、智慧环卫、智慧停车系统以及大型公共建筑、地下管网、路政设施等城市部件的智能感知监测技术和产品	CIM基础平台
2021年8月13日	江苏省	—	江苏省人民政府办公厅	《江苏省"十四五"新型城镇化规划》	深化智慧城市应用实践。加快部署城市数据大脑，构建城市数字资源体系，建立城市公共设施数字档案，提升运行管理、辅助决策、风险预警和应急响应能力。依托城市信息模型（CIM），绘制完整的"智慧城市运行图"，实时掌控城市运行态势，探索建设数字孪生城市。完善数据确权、开放和安全保障机制，制定公共数据开放标准和开放目录，提高数据资源可获得性	CIM基础平台

发文日期	地区	城市	发文机构	政策文件	主要内容	应用方向
2021年8月10日	江苏省	—	江苏省人民政府办公厅	《江苏省"十四五"数字经济发展规划》	深入推进新型智慧城市建设。加快构建全域感知、融合泛在的新一代智能化城市基础设施,基于城市信息模型(CIM)基础平台技术,全面推行城市数据大脑建设,推动城市数据资源汇聚融合和运行态势全域感知,构建完整的"智慧城市运行一张图",全面支撑城市日常运行、管理、决策和应急指挥。建立智能分析、信息共享、协同作业的城市运营管理体系,加强大数据、人工智能等信息技术在城市管理领域的广泛应用,鼓励多维度、多领域智慧应用场景创新。加快智能建造和新型建筑工业化协同发展,打造江苏建造品牌。探索数字孪生城市建设。支持建设基于信息化、智能化社会管理与服务的新型智慧社区(街区),进一步加快新型智慧城市建设向基层延伸	CIM基础平台
2022年1月15日	江苏省	—	江苏省人民政府办公厅	《省政府办公厅转发省发展改革委等部门关于推动城市停车设施发展实施意见的通知》(苏政办发〔2022〕3号)	鼓励有条件的地区推进停车信息管理平台与城市信息模型(CIM)基础平台深度融合。引导和促进互联网平台企业等依法依规为公众提供实时的停车信息引导等服务	智慧停车
2022年2月9日	江苏省	—	江苏省人民政府	《省委省政府关于全面提升江苏数字经济发展水平的指导意见》(苏发〔2022〕7号)	推动城市治理数字化。鼓励各地建设"城市大脑",推动建设基于城市信息模型(CIM)、建筑信息模型(BIM)等技术的应用平台。加快建设城市运行监测一张图,完善生态环境监测监控网络、空间地理资源系统、公共安全防范体系、公共卫生应急管理体系等平台,加强市容市貌场景智能巡查、能源供应综合管控、交通治理、安全与应急预警等城市服务和管理,提升数字化管理水平。坚持数字城市与现实城市同步规划、同步建设,适度超前布局智能基础设施,探索建设精准映射、虚实融合、模拟仿真的数字孪生城市	城市规划
2020年3月17日	山东省	—	山东省住房和城乡建设厅	《山东省住房和城乡建设厅关于进一步加强城市设计工作的通知》	第三部分"提升城市设计编制水平"(三)提高信息化应用水平。积极应用新技术、新方法,通过GIS系统对接、BIM/CIM应用,建立二三维一体化空间要素数据库等新技术支撑,提升城市综合空间分析能力,辅助开展城市设计,为方案设计、评价、决策提供支持,形象化展示城市设计成果	CIM基础平台

发文日期	地区	城市	发文机构	政策文件	主要内容	应用方向
2021年1月19日	山东省	济南	济南市人民政府办公厅	《济南市加快推进新型城市基础设施建设试点及产业链发展实施方案》	确定了推进CIM（城市信息模型）平台建设、推动智能建造与建筑工业化协同发展、加快智慧物业建设和建设城市运行管理服务平台等4项主要任务。到2022年底，建成CIM（城市信息模型）平台，加快CIM平台与智能建造、智慧物业和城市运行管理等领域的融合应用；培育一批新城建骨干企业，打造一批新城建工程项目，加快推进城市建设转型升级。到2025年底，依托CIM基础平台，全面实施新型城市基础设施建设，基本完成新城建产业链建链、补链、强链、延链工作，构建核心技术自主可控、产业链高效安全、产业生态循环畅通的新城建全产业链体系，初步形成万亿级新城建产业规模	智能建筑与绿色建筑发展
2021年3月25日	山东省	济宁	济宁市城市管理局	《济宁市城市管理局2021年工作要点》	济宁今年将加快推进新城建试点市建设，建设城市运行管理服务平台，全面推进城市信息模型平台（CIM）建设，提高城市安全运行和智能化管理水平。融合城市信息模型（CIM）基础平台、城市综合管理服务、城市安全管理等系统，力争打造成为全国智慧城管的样板案例，切实实现城市运行管理工作走在全国前列的目标	CIM基础平台
2021年4月22日	山东省	济南	济南市人民政府办公厅	《济南市人民政府办公厅关于印发济南市大数据创新应用突破行动方案的通知》（济政办字〔2021〕21号）	其中提出重点任务之一是推进数字孪生城市建设。构建济南CIM（城市信息模型）平台，探索推进CIM+试点示范应用建设，促进城市建设智慧化升级，提升城市市政基础设施功能，带动城市管理理念和管理模式创新，提升城市治理效能	智慧市政
2021年4月23日	山东省	青岛	青岛市人民政府办公厅	《青岛市人民政府办公厅关于印发数字青岛2021年行动方案的通知》（青政办字〔2021〕33号）	其中提出要创建智慧管用的城市云脑"智能化"体系，建设完善基础地理信息服务、物联感知接入、视频监控资源共享、CIM基础平台四大基础支撑平台，推动全市基础地理信息服务一张图、全市动态感知数据分级分类接入、全域视频资源共享共用、全三维空间数字化展示交互应用	CIM基础平台
2021年5月14日	山东省	—	山东省住房和城乡建设厅、山东省发展和改革委员会、山东省工业和信息化厅、山东省财政厅、山东省自然资源厅等	《关于贯彻落实〈住房城乡建设部关于加强城市地下市政基础设施建设的指导意见〉的实施意见》	其中提出推动城市信息模型（CIM）基础平台、城市综合管理服务平台、智能网联汽车等新型城市基础设施建设和协同	CIM基础平台

续表

发文日期	地区	城市	发文机构	政策文件	主要内容	应用方向
2021年6月18日	山东省	—	山东省住房城乡建设厅	《山东省住房和城乡建设事业发展第十四个五年规划（2021—2025年）》	其中提出推进城市信息模型（CIM）平台建设，加快新型城市基础设施建设改造，有序开展城市体检	城市体检
2021年7月19日	山东省	青岛	青岛市住房和城乡建设局	《青岛市住房和城乡建设局关于印发〈青岛市"十四五"住房发展规划〉的通知》（青建发〔2021〕36号）	实现住房全生命周期管理。建设住房全生命周期信息化系统，实现住房从勘察、设计、施工、验收、交付、交易、使用、维修直至拆除的全生命周期数字化管理。增强对全市住房的全生命周期精细化管理。依托城市云脑二、三维GIS平台，搭建住房管理"一张图"，实现全市住房数据的空间化、可视化管理。并通过住房数据融合共享系统，开发数据接口向外共享住房本身属性、用途属性、安全属性、政策属性及市场主体等成果数据，满足住房交易、使用、维修、安全隐患排查、不动产登记、城市更新评估、治安管理、应急安全、税务管理等数据需求。加强数据交互共享，以住房为空间载体，进一步承载各类属性数据，通过数据关联综合，挖掘数据价值潜力，逐步建立地、楼、房、人、事、物多维度，广领域的数据模型，为CIM基础平台建设、智慧城市建设提供数据底座和应用场景，全面提升城市治理能力	城市治理
2022年1月14日	山东省	—	山东省人民政府	《山东省新型城镇化规划（2021—2035年）》	建设一批物联网平台，接入摄像、射频、传感、遥感和雷达等感知单元，建立"天地空三位一体"的泛在感知网络，实现物联、数联、智联，增强城镇立体化的智能感知能力。推动城镇实体感知设备和数据的统管共用，综合运用建筑信息模型（BIM）、城市信息模型（CIM）等现代化信息技术，构建城镇运行数据底图，探索建设虚实交互的城镇数字孪生底座	CIM基础平台
2022年4月13日	山东省	—	山东省住房和城乡建设厅	《山东省"十四五"绿色建筑与建筑节能发展规划》	其中"（三）积极推动建筑产业链绿色低碳发展"，3. 加快智能建造创新应用。加快推进BIM技术在建筑全寿命期的一体化集成应用，试点开展BIM报建审批和人工智能审图，积极推动与城市信息模型（CIM）的融通联动，提高信息化监管能力和产业链资源配置效率	智能建筑与绿色建筑发展
2021年9月10日	山西省	太原	太原市人民政府办公室	《关于印发太原市城市信息模型（CIM）平台建设工作方案的通知》	全面推进CIM基础平台建设，形成城市三维空间数据底板。突出抓好"智慧住建""智慧规划""城市综合管理""智能交通"重点任务建设，初步形成城市规划、建设、管理、运行"一个平台、四个应用"的信息化管理体系	CIM基础平台

发文日期	地区	城市	发文机构	政策文件	主要内容	应用方向
2020年 5月29日	山西省	—	山西省住房和城乡建设厅	《山西省住房和城乡建设厅关于印发〈住房城乡建设领域企业技术创新发展工作方案〉的通知》（晋建科函〔2020〕688号）	围绕绿色城市建设管理、智能停车与智慧交通基础设施、供热、供气、供水等设施运行安全保障、建筑节能与绿色建筑、绿色建造与装配式、地热能等可再生能源应用、5G智能化融合与CIM平台、智慧住建等我省住房城乡建设领域创新发展新需求，每年组织实施一批创新性强、具有行业前瞻性的科技计划项目，引导企业在新、高、大等起点上创新，掌握一批关键共性技术，实现创新技术快速发展	智慧市政
2020年 6月8日	山西省	—	山西省住房和城乡建设厅	《山西省住房和城乡建设厅关于进一步推进建筑信息模型（BIM）技术应用的通知》（晋建科字〔2020〕91号）	推进城市新建项目数据同步更新、集成分析和综合应用，对新、改、扩建的建筑、市政基础设施、轨道交通项目，要按照统一技术标准，同步设计、同步施工、同步竣工验收，形成完整的BIM模型数据及物联网智能设施数据。加强对现有数据整理和挖掘，对既有城市建筑、基础设施等项目，按照重点设施、安全设施优先的原则，逐步将存量的二维工程档案和数据转化成BIM档案，实现工程数据互联互通和行业资源的有效整合，为CIM平台和智慧城市建设提供基础数据支撑	智慧市政
2021年 2月18日	山西省	—	山西省住房和城乡建设厅	《山西省住房和城乡建设厅关于2020年度建筑信息模型（BIM）技术推广应用情况的通报》（晋建科函〔2021〕188号）	指出下一步，将进一步加大推进力度，鼓励有条件的市，可率先探索建立与BIM相适应的审批和监管机制。省综改区作为试点地区，要主动对标对表，以BIM应用为契机，在推进全试点区域、全生命期BIM应用的基础上，率先探索建立BIM、CIM平台，实现工程建设数据的有效共享和智能化应用	工程建设项目审批管理
2021年 5月7日	山西省	—	山西省人民政府	《山西省人民政府关于印发山西省"十四五"新业态规划的通知》（晋政发〔2021〕10号）	加快智能建筑、建筑信息模型（BIM）技术等新技术由点到面全面推进，促进我省建筑行业向智慧化、物联化和云化转型。以山西BIM联盟为平台，试点推进BIM技术在建设、勘察、设计、施工、运营维护等建筑全生命周期的集成应用，探索可视化设计与交付。探索建立BIM、城市信息模型（CIM）平台，实现工程建设数据有效共享和智能化应用	工程建设项目审批管理
2021年 6月2日	山西省	吕梁	吕梁市人民政府办公室	《吕梁市人民政府办公厅关于印发吕梁市创建国家园林城市行动方案的通知》（吕政办发〔2021〕29号）	加强城市园林绿化管理信息化建设。启动智慧城市管理CIM平台建设项目二期，建设智慧城管网格化核心平台、智慧城市园林绿化系统，实现园林绿化信息发布与社会服务信息共享，市民查询等功能，通过系统对城市园林绿化建设和管理实施动态监管，接受社会监督	园林绿化

续表

发文日期	地区	城市	发文机构	政策文件	主要内容	应用方向
2021年6月29日	山西省	—	山西省人民政府办公厅	《山西省人民政府办公厅关于印发山西省加强和改进住宅物业管理工作三年行动计划（2021—2023年）的通知》（晋政办发〔2021〕55号）	加强智慧物业管理服务能力建设。各级物业主管部门要建设通用、开放的智慧物业管理服务平台，采集住宅小区、楼幢、房屋、物业服务企业等数据，汇集购物、家政、养老、停车等生活服务数据，对接城市信息模型（CIM）和城市综合管理服务平台，共享城市管理数据，为居民提供智慧物业服务	CIM基础平台
2021年6月29日	山西省	晋城	晋城市发展和改革委员会	《晋城市人民政府关于印发晋城市国民经济和社会发展第十四个五年规划和2035年远景目标纲要的通知》（晋市政发〔2021〕13号）	加快城市信息模型（CIM）等基础平台建设，推动新一代信息技术与城市规划建设管理深度融合	CIM基础平台
2021年9月10日	山西省	太原	太原市人民政府办公室	《太原市人民政府办公室关于印发太原市城市信息模型（CIM）平台建设工作方案的通知》（并政办发〔2021〕18号）	全面推进CIM基础平台建设，形成城市三维空间数据底板。突出抓好"智慧住建""智慧规划""城市综合管理""智能交通"重点任务建设，初步形成城市规划、建设、管理、运行"一个平台、四个应用"的信息化管理体系	CIM基础平台
2019年9月14日	福建省	厦门	厦门市自然资源和规划局	《厦门市推进BIM应用和CIM平台建设2020—2021年工作方案》	为深入贯彻党的十九大精神，持续推进"放管服"改革，加快工程建设项目报建信息化，提高审批效率，为智慧城市建设奠定基础。按照《住房城乡建设部关于开展运用BIM系统进行工程建设项目报建并与"多规合一"管理平台衔接试点工作的函》（建规函〔2018〕32号）要求和住房和城乡建设部在2020年工作会议中重点提出加快构建部、省、市三级CIM平台建设框架体系要求，结合我市实际，制定本行动计划方案	工程建设项目审批管理
2021年6月2日	福建省	—	福建省城市建设品质提升工作组办公室	《福建省加强城市地下市政基础设施建设工作方案》	福州、厦门要将综合管理信息平台与城市信息模型（CIM）基础平台深度融合，与国土空间基础信息平台充分衔接	智慧市政
2021年7月7日	福建省	—	福建省人民政府	《2021年数字福建工作要点》	其中第五章中提出要加快建设新型智慧城市，建立全省统一的国土空间基础信息平台，搭建CIM城市信息模型	CIM基础平台
2021年7月9日	福建省	—	福建省人民政府	《福建省人民政府关于印发福州都市圈发展规划的通知》（闽政〔2021〕11号）	通知提出，共同推进"数字都市圈"建设，推进新型城市基础设施建设，加快建设城市信息模型（CIM）基础平台，协同发展智慧城市与智能网联汽车，推进智慧社区、智慧园区、智慧建筑建设，推动智慧建造与建筑工业化协同发展	CIM基础平台

发文日期	地区	城市	发文机构	政策文件	主要内容	应用方向
2021年10月13日	福建省	—	福建省人民政府办公厅	《福建省人民政府办公厅关于印发福建省"十四五"城乡基础设施建设专项规划的通知》（闽政办〔2021〕52号）	各城市建成市政基础设施综合管理信息平台，设区市（平潭）基本建成城市信息模型（CIM）基础平台，福州、厦门等城市"CIM+"平台应用进入全国前列	智慧市政
2022年3月17日	福建省	—	福建省人民政府办公厅	《2022年数字福建工作要点》	全面建设新型智慧城市。建设"数字孪生城市"，统筹推进城市管理网格，构建"一网统管"的城市管理系统。支持福州、厦门、泉州、漳州建设城市大脑，启动省、市级城市信息模型（CIM）基础平台和城市运行管理服务平台建设，推动福州、厦门等城市率先开展"CIM+"应用	CIM基础平台
2022年4月8日	福建省	—	福建省发展和改革委员会	《福建省做大做强做优数字经济行动计划（2022—2025年）》	传统基础设施数字化升级工程。构建智慧融合交通支撑体系，建设智慧交通云。打造天空地一体化水利感知网，建设数字水利"智慧大脑"。打造海洋综合感知网和信息通信网，建设福建"智慧海洋"大数据中心，构建海洋信息通信"一网一中心"，拓展海洋信息应用服务。推进智能化市政基础设施建设改造，设区市（平潭）基本建成城市信息模型（CIM）基础平台，省、市、县三级城市运行管理服务平台实现全覆盖	CIM基础平台
2020年11月20日	北京	—	北京市经济和信息化局	《北京市"十四五"时期智慧城市发展行动纲要（征集意见稿）》	基于"时空一张图"推进"多规合一"。探索试点区域基于城市信息模型（CIM）的"规、建、管、运"一体联动。构建基于统一网格的城市运行管理平台，加强城市管理"一网统管"。健全公众参与社会监督机制，利用随手拍、政务维基、社区曝光台等方式，快速发现城市管理问题	CIM基础平台
2021年2月23日	上海	—	上海市人民政府	《上海市人民政府印发〈关于本市"十四五"加快推进新城规划建设工作的实施意见〉的通知》（沪府规〔2021〕2号）	（1）加快推动城市管理信息平台、城市信息模型（CIM）基础平台、数据中心等新型基础设施建设，打造数据驱动、智能决策、统一指挥的智能城市信息管理中枢和基础操作平台；（2）积极推进综合杆、物联网专项建设，拓展智慧应用场景，构建CIM平台，创建"孪生城市"，依托"一网统管"平台；（3）应用CIM技术，构建"数字孪生城市"。围绕治理要素"一张图"，搭建CIM平台	CIM基础平台
2021年3月26日	上海	—	上海市城市数字化转型工作领导小组办公室	《2021年上海市城市数字化转型重点工作安排》	着力推进重点示范区域和示范工程建设，将加快提升城市基础设施数字化水平。建设数字孪生城市CIM试点示范工程	CIM基础平台

发文日期	地区	城市	发文机构	政策文件	主要内容	应用方向
2021年4月9日	上海	—	上海市人民政府	《奉贤新城"十四五"规划建设行动方案》	要超前布局新型基础设施，提高新城数字化建设水平。加快推动城市信息模型（CIM）基础平台建设，实现城市公共安全、交通、生态环境、民生保障等重点领域信息规范采集和全量接入，提升空间和治理要素数字化水平，至2025年新城道路信息通信管道覆盖率达到90%	城市规划
2020年11月30日	天津		中国共产党天津市第十一届委员会第九次全体会议	《中共天津市委关于制定天津市国民经济和社会发展第十四个五年规划和二〇三五年远景目标的建议》	加快建设B1、Z2、Z4线，启动建设一批延伸线、接驳线等轨道交通支线，畅通城市交通网络。推进新基建建设，聚焦新网络、新设施、新平台、新终端，实现5G网络全覆盖，加快布局数据中心、人工智能、物联网，构建BIM（建筑信息模型）、CIM（城市信息模型）数字城市系统，全面提升城市建设水平和运行效率	城市规划
2021年2月27日	天津	—	天津市人民政府办公厅	《天津市新型基础设施建设三年行动方案（2021—2023年）》	天津打造人工智能创新发展核心区。以中新天津生态城为试点，适度超前建设城市感知网络基础设施，打造5G全域应用创新实验室。建设北方大数据交易中心，发展权属登记、资产评估、数据交易、增值开发等业务，打造全链条数据交易服务基地。推进城市信息模型（CIM）基础平台建设，汇集各类地上、地表、地下数据，实现数字化多规合一	城市规划
2020年3月9日	重庆	—	重庆市住房和城乡建设委员会	《重庆市住房和城乡建设委员会关于统筹推进城市基础设施物联网建设的指导意见》（渝建〔2020〕18号）	主要工作任务：（1）加快平台研发，以建设项目全生命周期为主线，全力打造以"GIS+BIM+AIoT"为核心的自生长、开放式CIM平台，并依托CIM平台，集成、分析和综合应用全市各类城市基础设施物联网数据。（2）完善标准体系。强化跨行业、跨部门统筹，协调推进CIM平台标准体系建设。（3）科学有序发展。对新改扩建的城市基础设施项目，应当按照技术标准和"三同步"原则，同步设计、同步施工、同步竣工验收物联网，并将物联网数据接入CIM平台。（4）提升公共服务。依托CIM平台和物联网系统，实现对城市基础设施维护的智能化、精细化管控，以及对关联设施运行状态的综合调度，构建更加精准高效和安全可靠的智能化社会管理和公共服务体系。（5）促进协同共享。依托CIM平台，促进不同专业基础设施信息系统间的互联互通、资源共享和业务协同，避免形成新的信息孤岛	工程建设项目审批管理

续表

发文日期	地区	城市	发文机构	政策文件	主要内容	应用方向
2020年3月11日	重庆	—	重庆市住房和城乡建设委员会	《2020年建设科技与对外合作工作要点》	工作要点中提出推进智能运维，以数据赋能治理为核心，打造基于BIM基础软件的CIM平台，并逐步拓展城市级应用，建设基于数字孪生的新型智慧城市CIM示范项目	CIM基础平台
2021年1月18日	重庆	—	重庆市住房和城乡建设委员会	《重庆市住房和城乡建设委员会关于征求〈重庆市公共建筑物联网监测技术导则（征求意见稿）〉意见的函》（渝建函〔2021〕58号）	（1）公共建筑物联网监测系统作为智慧城市建设的底层物联网平台，应与重庆市CIM平台实现数据共享。（2）公共建筑物联网监测系统的数据交付、管理及应用应满足重庆市CIM相关数据标准。用于数据记录的数据库系统和软件系统宜采用云存储形式，以便实现系统的冗余和备份，保证系统数据的完整性和可靠性。（3）公共建筑监测数据、监测仪器校准数据和维护信息应纳入智慧城市管理平台分析与管理。当监测发现公共安全、消防安全、环境安全（空气污染、气体泄漏等）、结构安全（沉降、坍塌等）等隐患时，监测信息应上传至重庆市CIM平台，并报告至相关部门。（4）管理平台应与重庆市CIM平台进行数据共享，且应提供验收版本的监测设备平面点位图，包含实际设备编号等信息	CIM基础平台
2021年4月30日	重庆	—	重庆市人民政府办公厅	《重庆市人民政府办公厅关于印发加快发展新型消费释放消费潜力若干措施的通知》（渝府办发〔2021〕41号）	提出要加强信息网络基础设施建设。加快5G基站建设和应用示范，优先覆盖核心商圈、重点产业园区、重要交通枢纽和主要应用场景。通过扩大电力市场化交易、加强转供电环节价格监管等进一步降低5G基站运行电费成本。推动城市信息模型（CIM）基础平台在全市新型智慧城市建设、城市治理能力提升、城市规划建设管理等多场景应用	城市规划
2021年6月8日	广西壮族自治区	—	广西壮族自治区人民政府办公厅	《广西壮族自治区人民政府办公厅印发关于促进广西建筑业高质量发展若干措施的通知》（桂政办发〔2021〕41号）	第三章"进一步推进建筑业转型升级"中第十四项关于"推进建筑业信息化"的内容中提出加大建筑信息模型（BIM）、物联网、大数据、云计算、人工智能、区块链、城市信息模型（CIM）和第五代移动通信技术（5G）等在建筑领域的集成应用力度	CIM基础平台

续表

发文日期	地区	城市	发文机构	政策文件	主要内容	应用方向
2021年7月21日	广西壮族自治区	—	广西壮族自治区人民政府办公厅	《广西壮族自治区人民政府办公厅关于印发广西城市内涝治理实施方案的通知》（桂政办发〔2021〕66号）	重点工作之一是推进城市排水设施地理信息系统建设。各城市要积极应用地理信息、全球定位、遥感应用等技术系统，开展城市地下设施（含地下建筑、管线等）三维测绘，依托自治区数据共享交换平台和壮美广西政务云平台，建立完善城市排水设施地理信息系统，整合各部门防洪排涝管理相关信息，在排水设施关键节点、易涝积水点布设必要的雨量计、液位计、流量计、监控视频等智能化感知终端设备，满足日常管理、运行调度、灾情预判、预警预报、防汛调度、应急抢险等功能需要。有条件的城市，要与城市信息模型（CIM）基础平台深度融合，与国土空间基础信息平台充分衔接	排水防涝
2021年3月23日	河北省	—	河北省住房和城乡建设厅	《关于印发2021年全省建筑节能与科技工作要点的通知》（冀建节科函〔2021〕28号）	其中提出要加大建设科技创新力度，启动省级城市信息模型（CIM）基础平台建设工作，指导具备条件的城市推进相关工作	CIM基础平台
2021年5月6日	河北省	—	河北省人民政府办公厅	《河北省县城建设提质升级三年行动实施方案（2021—2023年）》	其中提出要提升智慧管理水平，有条件的县（市）、组团区推进建筑信息模型（BIM）和探索城市信息模型（CIM）基础平台建设，加强与其他智能化管理平台有效对接。2021年，各县（市）、组团区数字化城管平台与省市对接	CIM基础平台
2021年5月31日	河北省	—	河北省人民政府办公厅	《河北省人民政府办公厅关于印发河北省城市环境容貌整治行动实施方案的通知》（冀政办字〔2021〕66号）	其中提出重点任务之一是确保城市安全运行，推动城市管理平台提档升级，探索实践城市信息模型（CIM）、物联网等新技术在城市管理工作中的运用，分期分批对井盖等城市管理部件实施智慧化改造，提升问题处置效率，守护城市运行安全	CIM基础平台
2021年6月22日	河北省	—	河北省人民政府办公厅（转发）、河北省发展改革委、河北省住房城乡建设厅、河北省公安厅、河北省自然资源厅	《河北省人民政府办公厅转发省发展改革委等部门关于推动城市停车设施加快发展实施意见的通知》（冀政办字〔2021〕77号）	其中第三章"加快停车设施提质增效"第二小项提出要优化停车信息管理，支持有条件的城市推进停车信息管理平台与城市信息模型（CIM）基础平台深度融合。鼓励互联网平台企业等依法依规为公众提供停车信息引导等服务	智慧停车

续表

发文日期	地区	城市	发文机构	政策文件	主要内容	应用方向
2019年1月11日	河北省	雄安	河北雄安新区管理委员会	《河北雄安新区管理委员会关于印发〈雄安新区工程建设项目招标投标管理办法（试行）〉的通知》	在招标投标活动中，全面推行建筑信息模型（BIM）、城市信息模型（CIM）技术，实现工程建设项目全生命周期管理。第四十一条雄安新区工程建设项目在勘察、设计、施工等阶段均应按照约定应用BIM、CIM等技术，加强合同履约管理，积极推行合同履行信息在"雄安新区招标投标公共服务平台""河北省招标投标公共服务平台""中国招标投标公共服务平台"公开。第四十四条结合BIM、CIM等技术应用，逐步推行工程质量保险制度代替工程监理制度	工程建设项目审批管理
2021年4月15日	河北省	雄安	河北雄安新区党工委管委会党政办公室	《河北雄安新区信息化项目管理办法（试行）》	其中提出明确了与新区云资源服务、块数据平台、物联网平台、公共视频图像智能应用平台、城市信息模型（CIM）基础平台等统一接入的技术路径和措施	CIM基础平台
2021年5月28日	辽宁省		辽宁省住房和城乡建设厅、辽宁省市场监督局	《辽宁完成城市信息模型（CIM）地方标准编制》	由辽宁省住房和城乡建设厅及沈阳市政府主办的辽宁省城市更新暨第九届中国（沈阳）国际现代建筑产业博览会上，辽宁省发布了《辽宁省城市信息模型（CIM）数据标准》《辽宁省城市信息模型（CIM）基础平台建设运维标准》《辽宁省施工图建筑信息模型交付数据标准》和《辽宁省竣工验收建筑信息模型交付数据标准》	—
2021年6月24日	辽宁省	—	住房和城乡建设部、辽宁省人民政府	《住房和城乡建设部 辽宁省人民政府关于印发部省共建城市更新先导区实施方案的通知》（辽政发〔2021〕16号）	搭建城市信息模型（CIM）基础平台，沈阳、大连市和沈抚示范区建成数字孪生城市和CIM基础平台，推进CIM基础平台在城市规划建设管理和其他行业领域的广泛应用。推进城市信息模型（CIM）基础平台建设，通过统一规划、分步实施，打造智慧城市的基础平台。建设数字孪生城市，高标准构建城市大脑和网格化管理体系。推进工程建设项目审批三维电子报建，完善工程建设项目审批系统，推进CIM基础平台在城市规划建设管理和其他行业领域的广泛应用。协同发展智慧城市与智能网联汽车，依托CIM平台，适时建设城市道路、建筑、公共设施融合感知体系。建立基础档案制度，住房和城乡建设部指导辽宁省建立城市公用基础设施和房屋定期普查制度，全面摸清城市底数，利用CIM技术分类建立城市基础数字档案，建设"数字城市"，实现城市房屋、道路、桥梁、地下管线等设施的数字化管理	CIM基础平台

续表

发文日期	地区	城市	发文机构	政策文件	主要内容	应用方向
2021年7月14日	辽宁省	抚顺	抚顺市人民政府	《抚顺市国民经济和社会发展第十四个五年规划和2035年远景目标纲要》	"融入辽宁经济发展格局，推进区域协调发展"的第四节"深入推进以人为核心的新型城镇化"提出大力推进宜居城市建设，加快城市信息模型（CIM）建设和应用，加强城市精细化管理。增强城市防汛排涝能力，综合治理市容环境卫生，城区主要街路和重点区域做到"五无一规范"	排水防涝
2021年2月25日	安徽省	—	安徽省住房城乡建设厅	关于印发《2021年全省城市建设工作要点》的通知（建城函〔2021〕140号）	推进城市安全韧性建设，保障城市稳定高效运行，推进新型城市基础设施建设。积极构建新城建平台体系，推进城市基础设施综合管理信息平台等相关平台建设和功能拓展，加快城市信息模型（CIM）基础平台建设，积极推进城市市政基础设施建设和改造、智能网联汽车、智慧停车、城市综合管理服务平台建设等重点领域场景应用。协同推进芜湖市智慧燃气、合肥市生命线安全运行监测系统等试点建设	智慧市政
2020年11月11日	江西省	—	江西省人民政府办公厅	《江西省人民政府办公厅关于促进建筑业转型升级高质量发展的意见》（赣府厅发〔2020〕34号）	试点推进BIM报建审批和施工图BIM审图模式，推进与城市信息模型（CIM）基础平台的融通联动，提高信息化监管能力，提高建筑行业全产业链资源配置效率	工程建设项目审批管理
2021年4月29日	江西省	—	江西省住房和城乡建设厅	《江西省城市功能与品质提升三年行动2021年工作方案》	第二章"主要任务"的第八项"开展'治理创新'行动"中提出，加快推进城市信息模型（CIM）基础平台建设，依据智慧城市建设相关工作计划，打造一批示范项目，推进智慧城市建设	CIM基础平台
2020年12月23日	河南省	—	河南省人民政府办公厅	《河南省人民政府办公厅关于印发河南省数字政府建设总体规划（2020—2022年）实施方案的通知》（豫政〔2020〕35号）	数字住建应用。进一步完善省工程建设项目审批管理系统，汇聚各级住房城乡建设部门数据信息，形成从业人员、法人和项目特色数据库，逐步实现审批智能化。汇聚相关部门数据资源，融合遥感、城市多维地理等多源信息，推动城市信息模型基础应用，建立全流程项目管理大数据生态圈，推进建筑业数字化转型升级	工程建设项目审批管理

发文日期	地区	城市	发文机构	政策文件	主要内容	应用方向
2021年4月12日	河南省	—	河南省人民政府办公厅	《河南省人民政府办公厅关于印发河南省推进新型基础设施建设行动计划（2021—2023年）的通知》（豫政办〔2021〕18号）	智慧治理。依托省市一体化政务云等资源，建设新型智慧城市统一中枢平台，开展城市治理智能化创新应用。推进城市信息模型平台建设。加快数字城管向智慧城管升级，实施智能化市政基础设施建设和改造，协同推动智能网联汽车发展试点。基本完成地下市政基础设施普查，建立和完善集感知、分析、服务、指挥、监察于一体的城市综合管理服务信息平台，加强对城市管理工作的统筹协调、指挥监督、综合评价，推进城市管理事项"一网通管"，提升城市科学化、精细化、智能化管理水平	智慧市政
2021年4月13日	河南省	—	河南省人民政府	《河南省人民政府关于印发河南省国民经济和社会发展第十四个五年规划和二〇三五年远景目标纲要的通知》（豫政〔2021〕13号）	分级分类推进新型智慧城市建设，开展新型智慧城市试点和示范创建，推进空间地理信息与5G融合应用，探索建设城市信息模型基础平台。加快以省辖市为主体的"城市大脑"中枢平台建设，整合公共安全、市政管理、交通运输、应急管理、卫生健康、空间地理等领域信息系统和数据资源，推行城市楼宇、公共空间、地下管网等"一张图"数字化管理和城市运行一网统管。推进标准化规范化智慧小区建设，完善便民惠民智慧服务圈，打造综合集成社区服务和管理功能的一体化智慧社区	智慧社区
2021年4月28日	河南省	濮阳	濮阳市人民政府	《濮阳市人民政府关于市城区更新改造工作的指导意见》（濮政〔2021〕14号）	市自然资源和规划局会同市住房城乡建设局和辖区政府（管委会）等单位编制控制性详细规划、城市设计方案，提出建立城市信息模型（CIM），实现更新区域精细化、智慧化管理	CIM基础平台
2021年5月12日	河南省	夏邑	夏邑县人民政府	《关于印发夏邑县百城建设提质工程三年行动计划的通知》	其中提出要提升城市管理智能化水平，全面推广运用建筑信息模型（BIM），启动城市信息模型（CIM）基础平台建设，提升城市管理智能化水平。适时推动建设"城市大脑"	CIM基础平台
2021年6月1日	河南省	安阳	安阳市人民政府办公室	《安阳市人民政府办公室关于印发安阳市深化实施百城建设提质工程推动城市高质量发展三年行动实施方案的通知》（安政办〔2021〕23号）	其重点工作任务章节第六项关于"实施城市精细化管理提升行动"的措施，第6点涉及"提升城市管理智能化水平"的内容中，提到要"全面推广运用建筑信息模型（BIM），启动城市信息模型（CIM）基础平台建设，提升城市管理智能化水平，2023年全面建成城市综合管理服务平台"	CIM基础平台

发文日期	地区	城市	发文机构	政策文件	主要内容	应用方向
2022年3月27日	河南省	—	河南省发展和改革委员会	《2022年河南省数字经济发展工作方案》	其中，第三部分"重点工作"的第一节"构建高水平新型基础设施体系"中提出推进环保、水利、健康、城管等领域数字化改造，完善省生态环境综合管理平台，建设"水利大脑"、智慧健康大数据创新应用中心，在城市管理、工程监管、城市体检等重点领域推进一批"CIM+"示范应用。第四节"推进新型智慧城市深入覆盖"中提出支持基础较好的省辖市率先建设CIM平台、时空大数据平台等，打牢数字孪生城市发展根基	CIM基础平台
2022年5月19日	河南省	郑州	郑州市人民政府	《郑州国家新一代人工智能创新发展试验区建设实施方案》	其中，第三部分"重点任务"的第一节"打造一批人工智能应用场景"中提出以城市信息模型（CIM）平台建设为基础，推进智能化市政基础设施建设和改造，对城市供水、排水、燃气、热力等市政基础设施进行升级改造和智能化管理，进一步提高市政基础设施运行效率和安全性能	CIM基础平台
2021年7月23日	湖北省	—	湖北省住房和城乡建设厅	《关于开展城市信息模型（CIM）平台建设试点工作的通知》（厅头〔2021〕198号）	2021年，完成试点区域CIM平台建设顶层设计，启动CIM基础平台和城市市政基础设施综合管理信息平台建设，结合城镇房屋市政工程违法建设和违规审批专项清查、隐患排查整治以及全国第一次自然灾害普查等工作，开始房屋建筑和市政基础设施普查、地下设施普查。2022年，完成CIM基础平台建设。基于CIM基础平台部署CIM+应用，启动各项新型城市基础设施建设工作，实现市县CIM平台与省级CIM平台的数据共享、业务协同。2023年，试点区域CIM平台基本建成，为智慧城市和数字住建有效提供三维数字底座支撑，赋能"数字建设、数字城管、数字住房、数字建造"，为全省CIM平台建设提供可复制可推广的经验	智慧市政

续表

发文日期	地区	城市	发文机构	政策文件	主要内容	应用方向
2021年6月7日	湖北省	—	湖北省住房和城乡建设厅	《关于印发〈湖北省数字住建行动计划（2021—2025年）〉的通知》（鄂建〔2021〕1号）	（1）建设城市信息模型（CIM）基础平台。省级统筹建设CIM基础平台，利用三维GIS、BIM、物联网等技术，在国家统一时空基准下，整合时空基础、规划管控、资料调查、物联网感知等基础数据，开展数据清洗和转换建模，构建全要素的CIM基础平台数据库。以持续提升城市健康安全水平为目标，支持有条件的城市开展CIM平台建设，急用先行开发CIM+应用，逐步推进各城市的智慧城市运行管理平台建设，提高城市智慧治理能力。（2）以CIM基础平台为支撑，在城市体检、城市安全、数字建造、市政公用、社区治理、城市运行管理服务等方面深化CIM+应用，最终形成业务协同、数据共享的数字住建应用平台。（3）推进物联网技术应用：通过物联网传感技术，让城市"活"起来，使城市管理者能实时感知到城市的状态，实现对城市建设、城市管理、城市运行的实时在线监测、智能识别、立体感知，成为CIM基础平台的重要内容	CIM基础平台
2020年9月1日	海南省		海南省人民政府办公厅	《海南省人民政府办公厅关于印发〈海南自由贸易港博鳌乐城国际医疗旅游先行区制度集成创新改革方案〉的通知》（琼府办〔2020〕33号）	充分发挥"互联网+"、大数据、区块链、人工智能等现代信息技术作用，加强系统间集成创新，强化数据有序共享，搭建"规建管"数据查询、CIM（城市信息模型）辅助决策等系统，线上形成"一张蓝图、一个系统、一口登录、一张表单、一次性审批"极简审批服务系统，实现政务服务一网通办，提高审批服务效率	工程建设项目审批管理
2021年7月13日	四川省	成都	成都市住房和城乡建设局	《成都市住房和城乡建设局2020年工作总结和2021年工作计划》	高水平推进改革创新，促进建筑业转型升级，研究建立推进建筑信息模型（BIM）的路径和工作目标，为建立城市信息模型（CIM）提供支撑	CIM基础平台
2021年7月15日	四川省	—	四川省住房和城乡建设厅、四川省发展和改革委员会、四川省经济和信息化厅、四川省人力资源和社会保障厅等	《四川省住房和城乡建设厅等部门关于推动智能建造与建筑工业化协同发展的实施意见》（川建建发〔2021〕173号）	第三章"主要任务"中提出要创新行业监管模式，探索建立表达和管理城市三维空间全要素的城市信息模型（CIM）基础平台，推动建筑信息模型（BIM）和城市信息模型（CIM）互通相融。建立健全与智能建造相适应工程质量、安全监管模式与机制	CIM基础平台

续表

发文日期	地区	城市	发文机构	政策文件	主要内容	应用方向
2022年4月19日	四川省	—	四川省住房和城乡建设厅	《四川省住房和城乡建设厅关于印发〈2022年全省城市建设与管理工作要点〉的通知》（川建城建发〔2022〕73号）	探索推进新城建。依托城市信息模型（CIM）基础平台，加快城市"生命线"工程建设，推进市政基础设施智能化改造，推广多功能杆、智慧水务、智慧燃气、智慧环保、智慧安防等新型智慧城市公共服务领域物联网应用。优化城市供水供气等报装程序，逐步实行"一窗办、一网办、简化办、马上办、就近办"，推动相关部门实现平台并联审批。加大成都市作为国家新型城市基础设施建设、智慧城市与智慧网联汽车协同发展"双试点"探索力度	CIM基础平台
2021年1月28日	云南省	—	云南省住房和城乡建设厅、云南省教育厅、云南省科技厅、云南省工业和信息化厅、云南省自然资源厅、云南省生态环境厅、人民银行昆明中心支行、云南省市场监管局、云南银保监局	关于贯彻落实《住房和城乡建设部等部门关于加快新型建筑工业化发展的若干意见》的通知（云建规〔2021〕1号）	加强信息科技支撑，大力推广建筑信息模型（BIM）技术。加快应用大数据技术。推广应用物联网技术。推进发展智能建造技术。在新型建筑工业化建筑设计、生产、施工等环节，加强各专业协同配合和有效衔接，积极推进项目设计、构件生产及施工建造等环节实施信息共享、有效传递和协同工作。推进建筑信息模型（BIM）与城市信息模型（CIM）基础平台的融通联动	CIM基础平台
2021年3月5日	陕西省	—	陕西省住房和城乡建设厅、陕西省发展和改革委员会、陕西省教育厅陕西省科学技术厅等	《陕西省住房和城乡建设厅等部门关于推动智能建造与新型建筑工业化协同发展的实施意见》（陕建发〔2021〕1016号）	推动信息技术深度融合。搭建建筑产业互联网平台，推动工业互联网平台在建筑领域的融合应用，促进大数据技术在工程项目管理、招标投标环节和信用体系建设中的应用。围绕设计、采购、生产、施工、装修、运营维护等全生命周期，加大增材制造、物联网、区块链、BIM、CIM、5G等新技术在建造全过程的集成应用，提高建筑产业链资源配置效率和智能建造水平	智能建筑与绿色建筑发展
2021年5月11日	陕西省	—	陕西省住房和城乡建设厅	《关于组织申报2021年陕西省建设科技计划项目的通知》（陕建发〔2021〕87号）	城市精细化管理。主要包括：城市信息模型（CIM）关键技术研究与应用，城市综合管理服务评价与精细化管理技术，重大基础设施协同配置技术与管理模式研究，新一代信息技术与市政公用设施运营管理服务的深度融合技术，城市生活垃圾精细化管理与治理技术等	城市治理

发文日期	地区	城市	发文机构	政策文件	主要内容	应用方向
2020年11月26日	吉林省	—	吉林省住房和城乡建设厅、政务服务和数字化建设管理局、省委网信办	关于转发《城市信息模型（CIM）基础平台建设的指导意见》	为贯彻落实党中央、国务院关于网络强国建设行动计划，住房和城乡建设部等三部委联合印发了《开展城市信息模型（CIM）基础平台建设的指导意见》，现转发给你们。请各地高度重视、各部门密切协作，加快开展城市信息模型（CIM）基础平台建设，确保按时完成各项目标任务	CIM基础平台
2021年1月20日	甘肃省	—	甘肃省住房和城乡建设厅、甘肃省发展和改革委员会、甘肃省科学技术厅等	《关于推动智能建造与建筑工业化协同发展的实施意见》	探索建立融合遥感信息、城市多维地理信息、建筑及地上地下设施的建筑信息模型、城市感知信息等多源信息，能够表达和管理城市三维空间全要素的城市信息模型（CIM）基础平台，全面推进CIM基础平台在城市规划建设管理领域的广泛应用，提升城市精细化、智慧化管理水平。2021年底前，启动省级CIM基础平台、兰州市和酒泉市以及具备条件的其他城市的CIM基础平台建设，助推工程建设项目审批、城市体检、城市安全、城市综合管理等领域信息化应用，2025年底前，初步建成统一的、依行政区域和管理职责分层分级的CIM基础平台	CIM基础平台
2021年4月28日	青海省	—	青海省人民政府办公厅	《青海省人民政府办公厅关于印发青海省国民经济和社会发展第十四个五年规划和二〇三五年远景目标纲要任务分工方案的通知》（青政办〔2021〕29号）	推进以县城为重要载体的城镇化。加快补齐县城环境卫生、公共服务、市政设施、产业配套等方面短板弱项。加强老旧管网改造和排水防涝设施建设，支持有条件的县建设垃圾焚烧发电处理设施。加大对医疗、教育、养老托育、文化体育、社会福利和社区综合服务设施投入。优化级配合理的路网系统，加快公路客运站、公共停车场等配套设施建设，搭建城市信息模型基础平台	智慧市政

参考文献

[1] 张跃胜，李思蕊，李朝鹏. 为城市发展定标：城市高质量发展评价研究综述[J]. 管理学刊，2021，34（1）：27-42.

[2] 韩兆祥. 上海"一网统管"建设探研与思考[J]. 上海信息化，2021（2）：11-14.

[3] 信集. 智慧先行安全护航：上海"一网统管"的探索与实践[J]. 信息化建设，2021（5）：24-25.

[4] 宋杰."上云"故事之上海，一座超级都市的"一网统管"实践[J]. 中国经济周刊，2021（6）：14-20.

[5] 党安荣，王飞飞，曲葳，等. 城市信息模型（CIM）赋能新型智慧城市发展综述[J]. 中国名城，2022，36（1）：40-45.

[6] 段志军. 基于城市信息模型的新型智慧城市平台建设探讨[J]. 测绘与空间地理信息，2020，43（8）：138-139，142.

[7] 刘大同，郭凯，王本宽，等. 数字孪生技术综述与展望[J]. 仪器仪表学报，2018，39（11）：1-10.

[8] 耿丹，李丹彤. 智慧城市背景下城市信息模型相关技术发展综述[J]. 中国建设信息化，2017（15）：72-73.

[9] 胡睿博，陈珂，骆汉宾，等. 城市信息模型应用综述和总体框架构建[J]. 土木工程与管理学报，2021，38（4）：168-175.

[10] Grievesmw. Product lifecycle management: The new paradigm for enterprises[J]. International Journal of Product Development，2005, 2(1-2): 71-84.

[11] Grievesmw. Virtually perfect: Driving innovative and lean products through product lifecycle management[M]. Florida: Space Coast Press, 2011.

[12] Piascikr, Vickesj, Lowryd, et al. Technology area 12: Materials, structures, mechanical systems, and manufacturing road map[M]. Washington, DC: Nasa of the Chief Technologist, 2010.

[13] Xu S. Three-dimensional visualization algorithm simulation of construction management based on GIS and VR technology[J]. Complexity, 2021.

[14] Wang Xiaoke, Ouyang Zhiyun and Ren Yufen, et al. Perspectives in long-term studies of urban ecosystem[J]. Advances in Earthence, 2009.

[15] Xun Xu, Lieyun Ding and Hanbin Luo，et al. From building information modeling

to city information modeling[J]. Electronic Journal of Information Tecnology in Construction. 2014, 19: 292-307.

[16] Umit Isikdag and Sisi Zlatanova. Towards defining a framework for automatic generation of buildings in CityGML using Building Information Models[M]. Springer Berlin Heidelberg, 2009.

[17] Todor Stojanovski. City Information Modeling (CIM) and urbanism: Blocks, connections, territories, people and situations[J]. Simulation Series, 2013, 45: 86-93.

[18] A.L.De Amorim. Discussing City Information Modeling (CIM) and related concepts[J]. Design Management and Technology, 2015, 10 (2): 87-100.

[19] 城市信息模型（CIM）概论编委会. 城市信息模型（CIM）概论[M]. 北京：中国电力出版社，2022.

[20] 杜明芳. 数字孪生城市视角的城市信息模型及现代城市治理研究[J]. 中国建设信息化，2020（17）：54-57.

[21] 刘芝."数码城市"向我们走来[J]. 科技潮，2001（Z1）：64.

[22] 王宝令，郝聪慧. 从建筑信息模型到城市信息模型[J]. 科技风，2019（21）：118.

[23] 张宏，王海宁，刘聪，等. 城市信息模型（CIM）技术应用领域拓展与人造环境智慧化[J]. 建设科技，2018（23）：16-18.

[24] 甘惟. 国内外城市智能规划技术类型与特征研究[J]. 国际城市规划，2018，33（3）：105-111.

[25] 吴志强，甘惟. 转型时期的城市智能规划技术实践[J]. 城市建筑，2018（3）：26-29.

[26] 魏力恺，张颀. 形式追随性能——欧洲建筑数字技术研究启示[J]. 建筑学报，2014（8）：6-13.

[27] 泉州南安芯谷智慧园区基于CIM的规建管服一体化应用[J]. 中国建设信息化，2022（7）：8-9.

[28] 徐振强. 芬兰生态智慧城市（区）规划建设经验及其启示[J]. 中国名城，2016（1）：69-79.

[29] 佚名，达索系统和新加坡政府合作开发虚拟新加坡[J]. 智能制造，2015（7）：6.

[30] 石惠敏. 虚拟与实体相结合的互动数字媒体发展新貌——以新加坡为例[J]. 现代传播，2010（7）：110-113.

[31] 许浩，李珊珊，张明婕，等. 城市信息模型平台关键技术研究[J]. 自然资源信息化，2022（2）：57-62.

[32] 吴志强，甘惟，臧伟，等. 城市智能模型（CIM）的概念及发展[J]. 城市规划，2021，45（4）：106-113，118.

[33] 赵霓，魏守新. 城市信息模型（CIM）基础平台建设探析[J]. 电子质量，2021（12）：75-78.

[34] 城市信息模型（CIM）技术研究与应用编委会. 城市信息模型（CIM）技术研究与应用[M]. 北京：中国建筑工业出版社，2022.

[35] 许镇，吴莹莹，郝新田，等. CIM研究综述[J]. 土木建筑工程信息技术，2020，12（3）：1-7.

[36] 王永海，姚玲，陈顺清，等. 城市信息模型（CIM）分级分类研究[J]. 图学学报，2021，42（6）：995-1001.

[37] 王明省，邓兴栋，郭亮，等. 基于智慧时空信息云的CIM平台搭建及应用[J]. 软件，2020，41（5）：83-86.

[38] 刘胜刚，谢吉庆. 3S技术在森林监测中的应用[J]. 现代园艺，2021，44（4）：191-192.

[39] 许常善. GPS技术在工程测绘中的应用及发展趋势[J]. 工程建设与设计，2022（7）：138-140.

[40] 郭庆华，胡天宇，马勤，等. 新一代遥感技术助力生态系统生态学研究[J]. 植物生态学报，2020，44（4）：418-435.

[41] 杨晨，韩锋. 数字化遗产景观：基于三维点云技术的上海豫园大假山空间特征研究[J]. 中国园林，2018，34（11）：20-24.

[42] 段平，李佳，李海昆，等. 无人机影像点云与地面激光点云配准的三维建模方法[J]. 测绘工程，2020，29（4）：44-47.

[43] 季珏，王新歌，包世泰，等. 城市信息模型（CIM）基础平台标准体系研究[J]. 建筑，2022（14）：28-32.